# POMOLOGIE GÉNÉRALE

PAR A. MAS

SUITE DE LA PUBLICATION PÉRIODIQUE

# LE VERGER

SIXIÈME VOLUME

POIRES — Nos 385 à 480

BOURG (AIN)
CHEZ Mme ALPHONSE MAS
Rue Lalande, 20.

PARIS
LIBRAIRIE DE G. MASSON
Boulevard St-Germain, 120.

1880

# POMOLOGIE GÉNÉRALE

POIRES

TOME SIXIÈME

# POMOLOGIE GÉNÉRALE

PAR A. MAS

SUITE DE LA PUBLICATION PÉRIODIQUE

LE VERGER

SIXIÈME VOLUME

POIRES — Nos 385 à 480

| BOURG (AIN) | PARIS |
|---|---|
| CHEZ Mme ALPHONSE MAS | LIBRAIRIE DE G. MASSON |
| Rue Lalande, 20. | Boulevard St-Germain, 120. |

1880

Bourg, Imprimerie Villefranche.

# POMOLOGIE GÉNÉRALE

## MUSCAT D'AUTOMNE DE DORELL

(DÖRELL'S HERBST-MUSKATELLER)

(N° 385)

*Beschreibung neuer Obstsorten.* Liegel.
*Catalogue* Jahn. 1864.
*Sichere Führer.* Dochnahl.

Observations. — Liegel dit qu'il reçut cette variété du docteur Dorell, de Kuttenberg (Bohême), et ne donne pas d'autres renseignements sur elle. Elle fut probablement obtenue par la personne dont elle porte le nom. — L'arbre, de vigueur normale sur cognassier, s'accommode bien de la forme pyramidale. Sa fertilité est assez précoce, seulement moyenne et soutenue. Son fruit, de très-bonne qualité pour les usages du ménage, s'est montré cassant jusqu'à présent, chez moi, et cependant M. Liegel l'indique comme fondant. Sa maturité se produit en hiver, aussi sa qualification de Muscat d'automne mériterait-elle d'être réformée.

### DESCRIPTION.

**Rameaux** un peu forts, souvent courts et un peu épaissis à leur sommet, très-obscurément anguleux dans leur contour, droits, à entre-nœuds courts, verdâtres; lenticelles blanchâtres, assez petites, peu nombreuses et peu apparentes.

**Boutons à bois** gros, coniques, épais et obtus, à direction peu écartée du rameau, soutenus sur des supports saillants dont l'arête médiane se prolonge très-obscurément; écailles d'un marron rougeâtre largement bordé de gris.

**Pousses d'été** d'un vert clair et vif, à peine lavées de rouge à leur sommet et longtemps couvertes sur presque toute leur longueur d'un duvet blanc et abondant.

**Feuilles des pousses d'été** moyennes ou petites, ovales un peu allongées, un peu sensiblement atténuées vers le pétiole et se terminant presque régulièrement en une pointe courte et finement aiguë, à peine repliées sur leur nervure médiane et souvent largement contournées sur leur longueur, bordées de dents un peu larges, peu profondes, obtuses ou émoussées, mal soutenues sur des pétioles bien longs, grêles, flexibles et souvent colorés de rouge.

**Stipules** très-longues, linéaires, très-étroites.

**Feuilles stipulaires** très-fréquentes.

**Boutons à fruit** moyens, coniques, un peu renflés, obtus; écailles d'un marron très-foncé.

**Fleurs** petites; pétales elliptiques-arrondis, concaves, se touchant entre eux, à onglet court; divisions du calice courtes, bien aiguës et peu recourbées en dessous; pédicelles assez courts, peu forts et un peu duveteux.

**Feuilles des productions fruitières** petites, ovales-elliptiques, se terminant régulièrement en une pointe extraordinairement courte ou souvent nulle, bien creusées en gouttière et bien arquées, bordées de dents larges, peu profondes et bien obtuses, assez peu soutenues sur des pétioles un peu longs, très-grêles et souples.

**Caractère saillant de l'arbre**: teinte générale du feuillage d'un vert d'eau peu foncé et un peu brillant; les plus jeunes feuilles entièrement blanches par l'abondance du duvet qui les recouvre; feuilles des productions fruitières remarquablement creusées en gouttière et arquées; tous les pétioles plus ou moins grêles.

**Fruit** moyen ou presque moyen, ovoïde-piriforme, plus ou moins court et souvent bien ventru, uni ou presque uni dans son contour, atteignant sa plus grande épaisseur très-peu au-dessous du milieu de sa hauteur; au-dessus de ce point, s'atténuant par une courbe largement convexe puis largement concave en une pointe peu longue ou assez courte, peu épaisse et tronquée à son sommet; au-dessous du même point, s'atténuant par une courbe bien largement convexe pour diminuer un peu sensiblement d'épaisseur vers la cavité de l'œil.

**Peau** un peu ferme, d'abord d'un vert pâle semé de points fauves, très-petits, très-nombreux, bien régulièrement espacés et peu apparents. Rarement on trouve quelques traces de rouille sur la surface du fruit. A la maturité, **commencement et courant d'hiver**, le vert fondamental passe au jaune citron clair et le côté du soleil, sur les fruits bien exposés, se lave d'un nuage de rouge vermillon.

**Œil** grand, ouvert ou demi-ouvert, à divisions longues, étroites et recourbées en dehors, placé dans une cavité étroite, très-peu profonde et souvent finement plissée par ses bords.

**Queue** de moyenne longueur, de moyenne force, bien ligneuse, un peu courbée, attachée le plus souvent perpendiculairement dans un pli irrégulier formé par la pointe du fruit.

**Chair** blanche, assez fine, tassée, cassante, peu abondante en eau bien sucrée et parfumée.

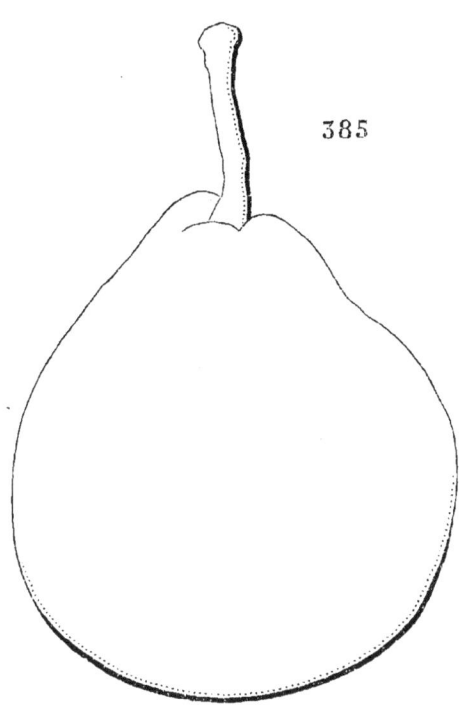
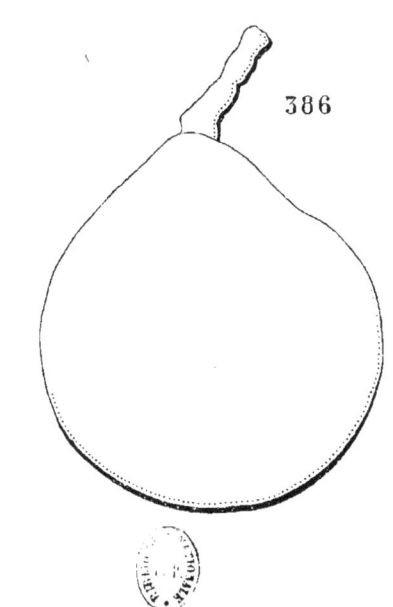

385. MUSCAT D'AUTOMNE DE DORELL. 386. POIRE JACOBS DE HANÔVRE.

# POIRE JACOBS DE HANOVRE

(HANNOVER'SCH JACOBSBIRNE)

(N° 386)

*Anleitung des besten Obstes.* Oberdieck.
*Illustrirtes Handbuch der Obstkunde.* Oberdieck.
*Sichere Führer.* Dochnahl.
HANNOVER'SCH JAKOBIBIRNE. *Beschreibung neuer Obstsorten.* Liegel.

Observations. — Oberdieck, qui remarqua cette variété dans les jardins du Hanovre, la qualifia sans doute ainsi pour la distinguer de la Poire Jacobs, de Van Mons. C'est probablement par erreur que M. Liegel écrit Jakobibirne, qui est un des synonymes attribués, en Allemagne, à la Madeleine ou Citron des Carmes. — L'arbre est d'une végétation trop insuffisante sur cognassier pour adopter ce sujet. Sa haute tige, sur franc, se comporte mieux, forme une tête de moyenne dimension et d'une bonne tenue. Sa fertilité est précoce bonne et soutenue. Son fruit, de bonne qualité, de jolie apparence, convient très-bien à la vente sur le marché, et sa maturation est assez prolongée.

### DESCRIPTION.

**Rameaux** peu forts, unis ou presque unis dans leur contour, presque droits, à entre-nœuds assez courts, d'un gris verdâtre ; lenticelles blanchâtres, petites, assez nombreuses et très-peu apparentes.

**Boutons à bois** petits, coniques, courtement aigus, à direction écartée du rameau, soutenus sur des supports un peu saillants dont l'arête médiane ne se prolonge pas ou à peine distinctement ; écailles d'un marron rougeâtre clair et brillant.

**Pousses d'été** d'un vert très-vif, lavées de rouge et peu duveteuses à leur partie supérieure.

**Feuilles des pousses d'été** moyennes, ovales un peu élargies, se terminant un peu brusquement en une pointe longue et étroite, repliées sur leur nervure médiane et bien recourbées en dessous par leur pointe, bordées de dents peu profondes, couchées et un peu aiguës, assez bien soutenues sur des pétioles un peu longs, grêles et assez fermes.

**Stipules** très-caduques.

**Feuilles stipulaires** manquant ordinairement.

**Boutons à fruit** petits, conico-ovoïdes, aigus; écailles d'un marron jaunâtre.

**Fleurs** moyennes; pétales ovales-arrondis, concaves, à onglet court, se touchant entre eux; divisions du calice de moyenne longueur et peu recourbées en dessous; pédicelles assez courts, grêles et duveteux.

**Feuilles des productions fruitières** plus grandes que celles des pousses d'été, ovales bien élargies, se terminant assez brusquement en une pointe courte, ferme et bien recourbée en dessous, très-peu repliées sur leur nervure médiane ou presque planes, bien régulièrement bordées de dents bien fines, peu profondes, bien couchées et finement aiguës, bien soutenues sur des pétioles très-inégaux entre eux, grêles et fermes.

**Caractère saillant de l'arbre** : teinte générale du feuillage d'un vert herbacé clair et gai; toutes les feuilles garnies d'une serrature formée de dents remarquablement fines et plus ou moins aiguës; tous les pétioles raides.

**Fruit** petit ou presque moyen, sphérico-ovoïde, ordinairement uni dans son contour, atteignant sa plus grande épaisseur peu au-dessous du milieu de sa hauteur; au-dessus de ce point, s'atténuant brusquement par une courbe peu convexe puis peu concave en une pointe courte, maigre et aiguë; au-dessous du même point, s'arrondissant par une courbe largement convexe jusque dans la cavité de l'œil.

**Peau** très-fine, très-mince, se détachant même assez bien de la chair à l'entière maturité, d'abord d'un vert très-clair, blanchâtre, semé de points d'un vert d'eau peu apparents et largement espacés. On ne remarque ordinairement aucune trace de rouille sur sa surface. A la maturité, **fin de juillet et commencement d'août**, le vert fondamental passe au jaune clair et brillant, et le côté du soleil est largement lavé du plus joli rouge cerise clair, rayé du même rouge un peu plus vif et sur ce rouge ressortent bien des points d'un jaune d'or.

**Œil** très-grand, bien ouvert, à divisions longues et fines, recourbées en dehors ou étalées, placé dans une cavité très-peu profonde, souvent déformée dans ses bords par des côtes très-obscures et ne le contenant pas entièrement.

**Queue** de moyenne longueur, grêle, bien élastique, charnue à son point d'attache à la pointe du fruit dont elle semble former la continuation et sur laquelle elle est souvent repoussée un peu obliquement.

**Chair** d'un blanc à peine teinté de jaune, bien fine, beurrée, fondante, abondante en eau douce, sucrée et délicatement parfumée.

# SPAE

(N° 387)

*Illustration horticole.* LEMAIRE. 1864.
*Revue horticole.* 1864.
*Dictionnaire de pomologie.* ANDRÉ LEROY.

OBSERVATIONS. — Cette variété fut obtenue par M. Spae, horticulteur à Gand. Son premier rapport eut lieu en 1861. — L'arbre, de vigueur normale aussi bien sur cognassier que sur franc, se distingue par sa végétation bien équilibrée qui le rend propre à toutes formes. Celle de pyramide lui est naturelle. Sa fertilité est assez précoce et seulement moyenne. Son fruit, de première qualité, est aussi d'une maturation prolongée.

## DESCRIPTION.

**Rameaux** assez forts, bien allongés, unis dans leur contour, presque droits, à entre-nœuds de moyenne longueur et inégaux entre eux, de couleur jaunâtre; lenticelles blanchâtres, larges, assez nombreuses et apparentes.

**Boutons à bois** petits, courts, obtus, aplatis et appliqués au rameau, soutenus sur des supports très-peu saillants dont les côtés et l'arête médiane ne se prolongent pas; écailles d'un marron très-foncé, presque noir.

**Pousses d'été** d'un vert très-clair, à peine ou non lavées de rouge et peu duveteuses à leur sommet.

**Feuilles des pousses d'été** moyennes ou assez petites, ovales-elliptiques, se terminant très-brusquement en une pointe extraordinairement courte et fine, bien creusées en gouttière et extraordinairement arquées, entières par leurs bords, se recourbant bien sur des pétioles courts, forts, redressés et bien raides.

**Stipules** en forme d'alênes assez longues, recourbées ou contournées.

**Feuilles stipulaires** se présentant quelquefois.

**Boutons à fruit** assez petits, conico-ovoïdes, bien finement aigus ; écailles d'un marron rougeâtre très-foncé et brillant.

**Fleurs** petites, parfois semi-doubles ; pétales ovales-arrondis, peu concaves, se recouvrant peu entre eux ; divisions du calice courtes, finement aiguës, étalées ou à peine recourbées en dessous ; pédicelles de moyenne longueur, de moyenne force et à peine duveteux.

**Feuilles des productions fruitières** moyennes ou assez grandes, ovales-elliptiques, se terminant un peu brusquement en une pointe courte, planes ou presque planes, entières par leurs bords, bien soutenues sur des pétioles longs, un peu forts et assez raides.

**Caractère saillant de l'arbre** : teinte générale du feuillage d'un vert herbacé peu brillant ; feuilles des pousses d'été remarquablement arquées et celles des productions fruitières, au contraire, remarquablement planes ; toutes les feuilles exactement entières ; tous les pétioles plus ou moins forts.

**Fruit** moyen, conique-piriforme et plus ou moins ventru, uni dans son contour, atteignant sa plus grande épaisseur bien au-dessous du milieu de sa hauteur ; au-dessus de ce point, s'atténuant par une courbe d'abord convexe puis largement concave en une pointe plus ou moins longue, peu épaisse et obtuse à son sommet ; au-dessous du même point, s'arrondissant brusquement par une courbe assez convexe pour diminuer sensiblement d'épaisseur vers la cavité de l'œil.

**Peau** un peu épaisse, d'abord d'un vert d'eau semé de points d'un gris vert, extraordinairement nombreux et apparents. Une rouille brune se disperse souvent en taches et en marbrures sur sa surface. A la maturité, **septembre,** le vert fondamental passe au jaune paille chaudement doré ou rarement lavé d'un soupçon de rouge rosat du côté du soleil.

**Œil** moyen, demi-fermé, placé dans une cavité étroite et peu profonde qui le contient exactement et parfois obscurément plissée par ses bords.

**Queue** courte, forte, épaissie à son point d'attache au rameau, attachée à fleur de la pointe du fruit.

**Chair** blanchâtre, très-fine, parfaitement fondante, abondante en jus bien sucré, vineux et agréablement relevé.

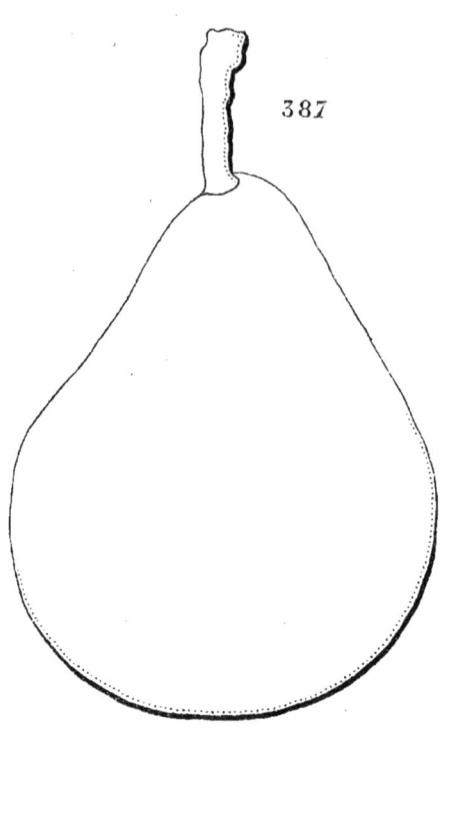

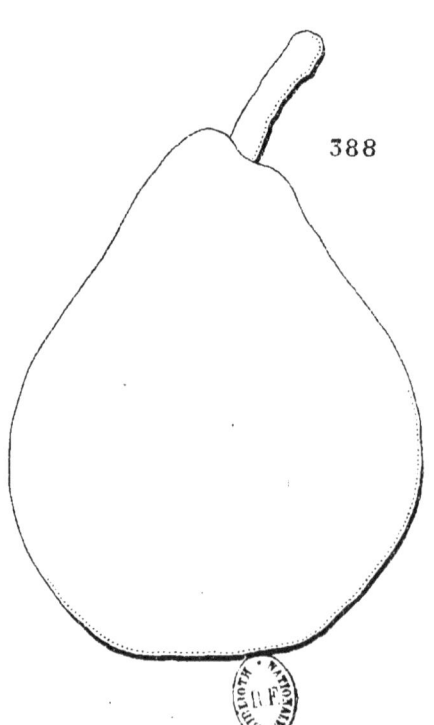

387, SPAE..    388, BEURRÉ DE PAIMPOL.

# BEURRÉ DE PAIMPOL.

(N° 388)

*Dictionnaire de pomologie.* André Leroy.

Observations. — D'après M. André Leroy, cette variété est un semis de hasard trouvé par M. Roland, cultivateur, dans un champ de la commune de Ploubazlanec, canton de Paimpol (Côtes-du-Nord). Son premier rapport eut lieu de 1830 à 1835. Sa véritable destination est la haute tige dans le verger de campagne. Son fruit, dont la qualité s'améliore par une cueillette anticipée, peut aussi être transporté pour la vente sur le marché.

DESCRIPTION.

**Rameaux** forts, épaissis à leur sommet souvent surmonté d'un bouton à fruit, presque droits, à entre-nœuds courts, finement anguleux dans leur contour, d'un brun jaunâtre peu foncé; lenticelles d'un blanc jaunâtre, peu arrondies, très-nombreuses et un peu apparentes.

**Boutons à bois** moyens, coniques, peu allongés, épais et obtus, à direction un peu écartée du rameau, soutenus sur des supports très-peu saillants dont les côtés et l'arête médiane se prolongent très-finement; écailles d'un marron foncé presque entièrement recouvert de gris blanchâtre.

**Pousses d'été** d'un brun verdâtre à leur base, colorées d'un rouge sanguin vif et cotonneuses à leur sommet.

**Feuilles des pousses d'été** ovales très-élargies ou arrondies, un peu repliées sur leur nervure médiane et arquées, crénelées plutôt que dentées dans leurs bords, se recourbant sur des pétioles un peu longs, forts et horizontaux.

**Stipules** en forme d'alênes, très-courtes et très-caduques.

**Feuilles stipulaires** manquant presque toujours.

**Boutons à fruit** ovoïdes, courts, renflés, à pointe courte et un peu émoussée ; écailles d'un marron rougeâtre bien foncé, presque noir, un peu terne et presque uniforme.

**Fleurs** grandes, assez souvent semi-doubles ; pétales très-élargis, chiffonnés, à long onglet, entièrement blancs avant et après l'épanouissement ; divisions du calice souvent annulaires ; pédicelles de moyenne longueur, forts et cotonneux.

**Feuilles des productions fruitières** moins grandes que celles des pousses d'été, ovales-élargies ou ovales-étroites, presque planes, bordées de dents très-fines, très-peu profondes et recourbées, retombant sur des pétioles courts, grêles et redressés.

**Caractère saillant de l'arbre** : ampleur et épaisseur des feuilles des pousses d'été.

**Fruit** moyen, ovoïde-piriforme ou turbiné-ovoïde, parfois un peu courbé sur sa hauteur, atteignant sa plus grande épaisseur au-dessous du milieu de sa hauteur ; au-dessus de ce point, s'atténuant par une courbe d'abord largement convexe puis un peu concave en une pointe tantôt courte, tantôt un peu longue, plus ou moins épaisse et bien obtuse à son sommet ; au-dessous du même point, s'arrondissant par une courbe largement convexe jusque dans la cavité de l'œil.

**Peau** épaisse, un peu raboteuse, d'abord d'un vert intense semé de points grisâtres, cernés d'un vert encore plus foncé, très-nombreux, bien régulièrement espacés, un peu saillants et bien apparents. Une tache d'une rouille grisâtre couvre souvent le sommet du fruit. A la maturité, **commencement de septembre,** le vert fondamental s'éclaircit très-peu en jaune, et sur le côté du soleil les points deviennent presque noirs.

**Œil** grand, demi-ouvert, à divisions d'un jaune verdâtre, souvent caduque, placé dans une cavité assez profonde et évasée.

**Queue** courte, un peu forte, d'un brun verdâtre, insérée tantôt perpendiculairement, tantôt un peu obliquement dans un pli charnu formé par la pointe du fruit.

**Chair** blanche, grossière, fondante, abondante en eau bien sucrée, vineuse, constituant un fruit d'assez bonne qualité, lorsqu'il n'est pas consommé à une époque trop avancée de maturation.

# BEURRÉ JEAN VAN GEERT

(N° 389)

*Illustration horticole.* AMBROISE VERSCHAFFELD. 1864.
*Dictionnaire de pomologie.* ANDRÉ LEROY.

OBSERVATIONS.—Cette variété est un gain de M. Jean Van Geert, horticulteur à Gand. Son premier rapport eut lieu en 1863.— L'arbre, de végétation contenue sur cognassier, de vigueur modérée sur franc, est de conduite facile et d'un rapport précoce, bon et soutenu. Son fruit, de première qualité, est de la plus grande beauté, et sa maturation est assez prolongée.

DESCRIPTION.

**Rameaux** peu forts, fluets à leur partie supérieure, finement anguleux dans leur contour, un peu flexueux, à entre-nœuds de moyenne longueur et inégaux entre eux, jaunâtres du côté de l'ombre et un peu brunis du côté du soleil; lenticelles blanchâtres, larges, peu nombreuses et apparentes.

**Boutons à bois** petits, coniques, un peu épais, courtement aigus, à direction écartée du rameau, soutenus sur des supports peu saillants dont les côtés et l'arête médiane se prolongent finement; écailles d'un marron rougeâtre foncé et bordé de gris blanchâtre.

**Pousses d'été** d'un vert très-clair et un peu teinté de jaune, non lavées de rouge et un peu soyeuses à leur sommet.

**Feuilles des pousses d'été** assez petites, ovales-arrondies, se terminant brusquement en une pointe peu longue, bien creusées en gouttière et arquées, bordées de dents un peu larges, profondes, tantôt émoussées, tantôt aiguës, bien soutenues sur des pétioles très-courts, peu forts, redressés et fermes.

**Stipules** un peu longues, linéaires, très-étroites.

**Feuilles stipulaires** très-fréquentes.

**Boutons à fruit** petits, conico-ovoïdes, aigus; écailles d'un marron bien foncé et peu brillant.

**Fleurs** assez grandes; pétales ovales, souvent aigus à leur sommet, à onglet un peu long, écartés entre eux; divisions du calice longues, étroites et bien recourbées en dessous; pédicelles de moyenne longueur, forts et peu duveteux.

**Feuilles des productions fruitières** plus grandes que celles des pousses d'été, ovales-elliptiques et un peu allongées, se terminant peu brusquement en une pointe plus ou moins longue et finement aiguë, peu concaves et à peine arquées, souvent ondulées dans leur contour, bordées de dents fines, peu profondes, couchées et émoussées, soutenues horizontalement sur des pétioles de moyenne longueur, de moyenne force, divergents et peu souples.

**Caractère saillant de l'arbre** : teinte générale du feuillage d'un vert herbacé, assez intense et peu brillant; feuilles des pousses d'été remarquablement creusées en gouttière et arquées, tendant plus ou moins à la forme arrondie.

**Fruit** assez gros, ovoïde-piriforme, parfois un peu déformé dans son contour par des élévations aplanies, atteignant sa plus grande épaisseur au-dessous du milieu de sa hauteur; au-dessus de ce point, s'atténuant par une courbe d'abord largement convexe puis largement concave en une pointe peu longue, maigre et aiguë à son sommet; au-dessous du même point, s'atténuant par une courbe largement convexe pour diminuer sensiblement d'épaisseur vers la cavité de l'œil.

**Peau** bien fine, mince, d'abord d'un vert d'eau pâle semé de points d'un gris vert, nombreux, régulièrement espacés et peu apparents. Souvent des taches d'une rouille fauve se dispersent sur la surface du fruit et surtout sur sa base. A la maturité, **septembre,** le vert fondamental passe au jaune paille largement lavé du côté du soleil d'un beau rouge vermillon vif sur lequel ressortent des points d'un jaune d'or.

**Œil** très-grand, demi-ouvert, à divisions courtes et bien dressées, placé presque à fleur de la base du fruit dans une dépression à peine indiquée ou plutôt entre des plis divergents.

**Queue** courte, forte, charnue, élastique, formant exactement et obliquement la continuation de la pointe du fruit.

**Chair** bien blanche, très-fine, entièrement fondante, abondante en eau sucrée, acidulée et relevée.

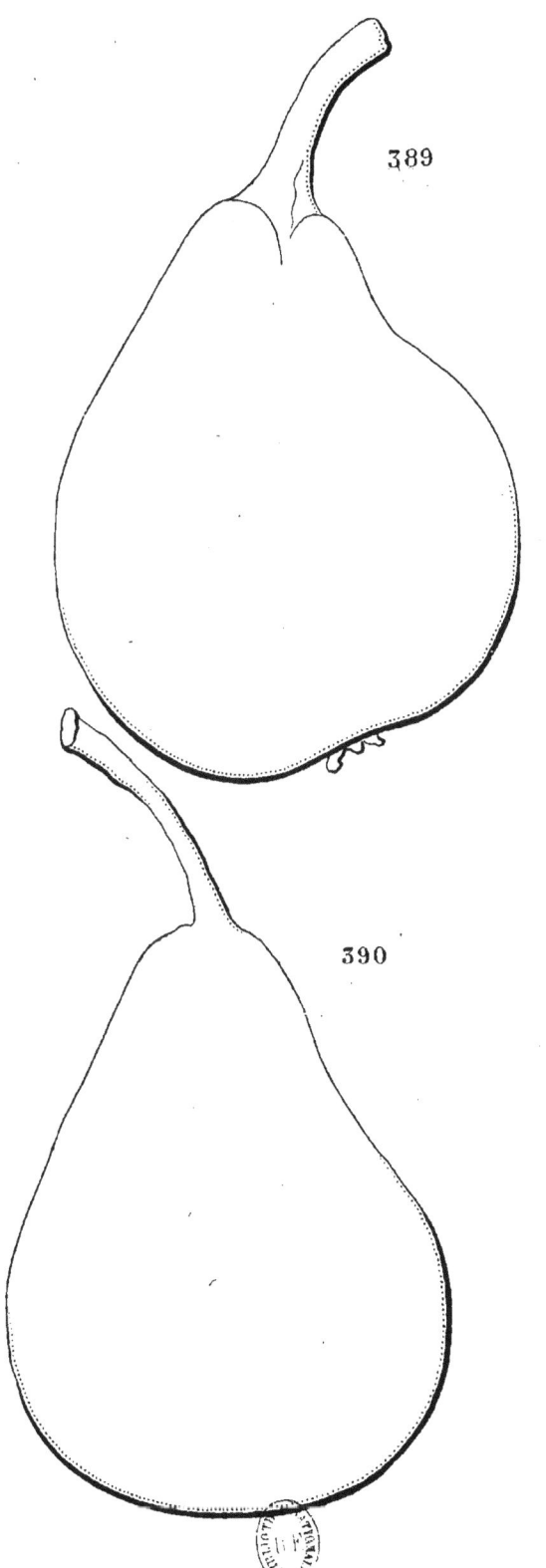

389. BEURRÉ JEAN VAN GEERT.   390. KNIGHT D'HIVER.

# KNIGHT D'HIVER

(N° 390)

*Catalogue* Van Mons. 1823.
*Jardin fruitier du Muséum.* Decaisne.
KNIGHT'S MONARCH. *Dictionnaire de pomologie.* André Leroy.
KNIGHT'S HERBSTBUTTERBIRNE. *Handbuch aller bekannten Obstsorten.* Biedenfeld.

Observations. — Comme Van Mons l'indique dans son Catalogue, cette variété est un de ses gains. M. André Leroy, dans son *Dictionnaire de pomologie*, tome II, page 321, décrit cette variété sous le nom de Knight's Monarch, sous lequel je l'ai aussi reçue de lui. Celle que j'ai reçue sous le nom de Knight d'hiver de M. Decaisne est parfaitement identique. Quant à la Knight's Monarch, dont la description suit, je la tiens de M. Thomas Rivers, de Sawbridgworth, et son fruit et son arbre sont entièrement différents. Je crois que ce serait à elle que pourrait peut-être se rapporter le Beurré Knight, décrit par M. André Leroy dans son *Dictionnaire de pomologie*, tome I, page 385. — L'arbre du Knight d'hiver présente un bois robuste, des rameaux érigés, remarquables par leur force; celui du Knight's Monarch offre moins d'apparence de vigueur, son bois est plus faible, ses rameaux souvent presque grêles. Le fruit du premier est le plus souvent bon, mais trop souvent d'une saveur astringente que l'on ne peut jamais reprocher au second, et tous les deux diffèrent beaucoup par la forme et l'apparence; souvent la forme du Knight d'hiver est moins allongée que celui représenté par notre figure. M. André Leroy cite dans son *Dictionnaire de pomologie*, tome II, page 320, une autre poire Knight d'hiver, dont la très-courte description donnée par Thompson ne semble pas pouvoir se rapporter à celle que nous décrivons.

DESCRIPTION.

**Rameaux** forts, souvent épaissis à leur sommet, obscurément anguleux dans leur contour, un peu flexueux, d'un brun un peu verdâtre du côté de l'ombre et bruns du côté du soleil; lenticelles blanches, larges, arrondies, assez nombreuses et bien apparentes.
**Boutons à bois** moyens, coniques, un peu allongés et finement aigus, à direction peu écartée du rameau, soutenus sur des supports peu saillants

dont les côtés et l'arête médiane se prolongent peu distinctement; écailles d'un marron rougeâtre foncé largement bordé de gris blanchâtre.

**Pousses d'été** d'un vert clair et vif, non colorées de rouge à leur sommet et finement duveteuses sur une assez grande partie de leur longueur.

**Feuilles des pousses d'été** moyennes, obovales-elliptiques, se terminant peu brusquement en une pointe bien finement aiguë, peu repliées sur leur nervure médiane et un peu arquées, bordées de dents larges, peu profondes, couchées et émoussées, bien soutenues sur des pétioles assez longs, grêles et redressés.

**Stipules** de moyenne longueur, en alènes bien finement aiguës.

**Feuilles stipulaires** manquant le plus souvent.

**Boutons à fruit** assez gros, conico-ovoïdes, allongés et s'atténuant en une pointe longue; écailles d'un beau marron rougeâtre, les extérieures bordées de gris blanchâtre.

**Fleurs** assez grandes; pétales ovales-arrondis, concaves, se touchant entre eux, à onglet très-court; divisions du calice de moyenne longueur, larges à leur base et cependant finement aiguës et très-recourbées en dessous; pédicelles de moyenne longueur, forts et peu duveteux.

**Feuilles des productions fruitières** plus grandes que celles des pousses d'été, ovales un peu élargies, se terminant presque régulièrement en une pointe courte et bien finement aiguë, un peu concaves, bien largement ondulées dans leur contour, bordées de dents très-couchées et finement aiguës vers l'extrémité du limbe, assez bien soutenues sur des pétioles bien longs, presque grêles, fermes et plus ou moins redressés.

**Caractère saillant de l'arbre** : teinte générale du feuillage d'un beau vert décidé; feuilles des productions fruitières remarquablement ondulées; tous les pétioles longs et cependant fermes; forme pyramidale naturelle.

**Fruit** moyen ou gros, piriforme ou conique-piriforme, le plus souvent uni dans son contour et parfois un peu irrégulier dans sa forme, atteignant sa plus grande épaisseur bien au-dessous du milieu de sa hauteur; au-dessus de ce point, s'atténuant par une courbe d'abord peu convexe puis un peu concave en une pointe peu longue, un peu épaisse et bien obtuse; au-dessous du même point, s'arrondissant par une courbe largement convexe jusque dans la cavité de l'œil.

**Peau** un peu épaisse et cependant tendre, d'abord d'un vert d'eau pâle semé de points bruns, très-nombreux, souvent un peu larges, serrés, régulièrement espacés et apparents. Une rouille brune, épaisse, se disperse souvent sur la surface du fruit et se condense sur son sommet. A la maturité, **courant d'hiver**, le vert fondamental passe au jaune paille doré ou à peine rougi du côté du soleil.

**Œil** bien grand, bien ouvert, placé dans une petite cavité bien régulière, le contenant exactement.

**Queue** de moyenne longueur, forte, d'un brun foncé, attachée le plus souvent obliquement à fleur de la pointe du fruit repoussée un peu obliquement.

**Chair** blanchâtre, fine, fondante, à peine granuleuse vers le cœur, abondante en eau sucrée, vineuse, relevée, mais souvent mélangée d'une astringence trop prononcée.

# MONARQUE DE KNIGHT

(KNIGHT'S MONARCH)

(N° 391)

*The Fruits and the fruit-trees of America.* Downing.
MONARCH. *The Fruit Manual.* Robert Hogg.
KNIGHT'S MONARC. *Handbuch aller bekannten Obstsorten.* Biedenfeld.
BEURRÉ KNIGHT. *Dictionnaire de pomologie.* André Leroy?

Observations. — Cette variété fut obtenue par M. Thomas-André Knight, de Downton-Castle (Angleterre). Son premier rapport eut lieu en 1830. — L'arbre, de vigueur un peu insuffisante sur cognassier, ne peut suffire qu'à de petites formes sur ce sujet. Il exige quelques soins pour être maintenu sous forme régulière. Son rapport se fait un peu attendre, mais sa fertilité devient bonne par la suite. Le mérite de son fruit, de première qualité, se complète de celui d'une maturation prolongée.

DESCRIPTION.

**Rameaux** peu forts et souvent épaissis en massue à leur sommet, droits, à entre-nœuds très-courts, de couleur noisette un peu teintée de rouge du côté du soleil ; lenticelles blanchâtres, très-petites, nombreuses et peu apparentes.

**Boutons à bois** assez petits, un peu courts, très-épais, renflés sur le dos, très-courtement aigus ou émoussés, parallèles ou presque parallèles au rameau, soutenus sur des supports bien saillants dont l'arête médiane se prolonge très-peu distinctement; écailles d'un marron rougeâtre peu foncé et largement maculées de gris blanchâtre.

**Pousses d'été** d'un vert clair, à peine lavées de rouge et peu duveteuses à leur sommet.

**Feuilles des pousses d'été** assez petites, souvent très-courtement et brusquement atténuées vers le pétiole, se terminant un peu brusquement en une pointe courte, bien creusées en gouttière et non arquées, bordées de dents un peu larges, assez peu profondes et émoussées, bien soutenues sur des pétioles courts, de moyenne force, raides et redressés.

**Stipules** très-courtes, très-fines et très-caduques.

**Feuilles stipulaires** manquant ordinairement.

**Boutons à fruit** à peine moyens, coniques, un peu renflés, un peu allongés et émoussés; écailles extérieures d'un marron rougeâtre clair; écailles intérieures couvertes d'un duvet fauve.

**Fleurs** petites; pétales ovales, souvent aigus, un peu concaves, à peine lavés de rose avant l'épanouissement; divisions du calice courtes, étroites et un peu dressées; pédicelles courts, grêles et presque glabres.

**Feuilles des productions fruitières** plus grandes que celles des pousses d'été, ovales bien élargies, très-courtement et très-brusquement atténuées vers le pétiole, se terminant un peu brusquement en une pointe courte et large, largement creusées en gouttière, bordées de dents très-fines, très-peu profondes, obtuses ou émoussées, soutenues horizontalement sur des pétioles de moyenne longueur, de moyenne force et divergents.

**Caractère saillant de l'arbre** : teinte générale du feuillage d'un vert intense et un peu brillant; toutes les feuilles régulièrement et remarquablement creusées en gouttière; les plus jeunes feuilles d'un vert très-clair et un peu teinté de jaune.

**Fruit** moyen, presque sphérique, tantôt plus, tantôt moins déprimé à ses deux pôles, tantôt presque uni, tantôt un peu déformé dans son contour par des élévations bien aplanies, atteignant sa plus grande épaisseur à peu près au milieu de sa hauteur; au-dessus et au-dessous de ce point, s'arrondissant par des courbes bien convexes, soit du côté de la queue, soit du côté de l'œil, vers lequel il s'atténue parfois bien plus sensiblement que du côté de la queue.

**Peau** un peu ferme, d'abord d'un vert d'eau semé de points d'un gris brun, un peu larges, nombreux, régulièrement espacés et apparents. Une large tache d'une rouille fauve couvre la cavité de l'œil et parfois presque toute la base du fruit. A la maturité, **courant d'hiver,** le vert fondamental s'éclaircit un peu en jaune, et le côté du soleil est couvert d'un ton seulement un peu plus chaud.

**Œil** petit, tantôt fermé, tantôt ouvert, placé dans une cavité peu profonde, évasée, bien unie dans ses parois et parfois ondulée par ses bords.

**Queue** assez courte, grêle, bien ligneuse, attachée tantôt à fleur du sommet du fruit, tantôt dans une cavité peu profonde, évasée, plissée dans ses parois et par ses bords.

**Chair** blanche, fine, fondante, abondante en eau sucrée, très-agréablement relevée et parfumée.

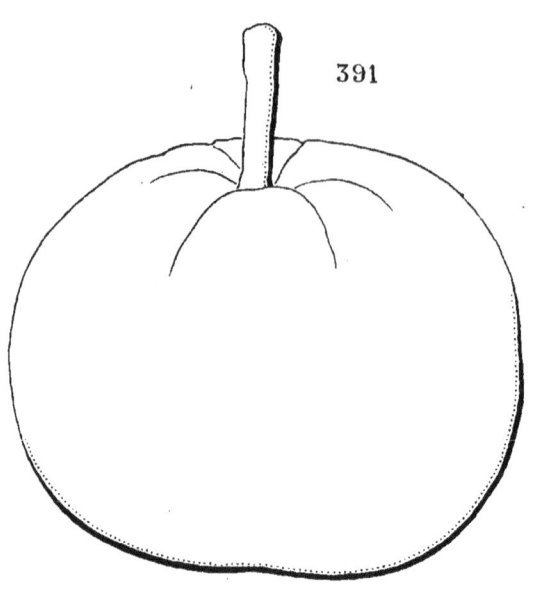

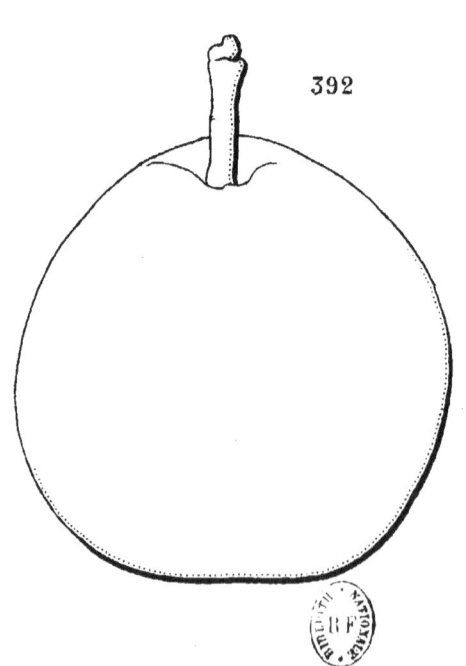

**391. MONARQUE DE KNIGHT.   392. POIRE D'AMOUR D'HIVER.**

# POIRE D'AMOUR D'HIVER

( WINTERLIEBESBIRNE )

(N° 392)

*Illustrirtes Handbuch der Obstkunde.* JAHN.

OBSERVATIONS. — D'après M. Jahn, cette variété serait d'origine allemande, et porterait aussi dans quelques localités le nom de Kirschbirne (Poire d'Eglise). Celui de *Poire d'Amour d'hiver* lui a sans doute été donné pour sa couleur qui a des rapports de vivacité de ton avec la poire *Ah-mon Dieu!* ou *Poire d'Amour* dont la description a été faite dans le *Verger* ; il existe encore une autre variété la *Gilles ô Gilles*, qui est aussi parfois appelée *Poire d'Amour*. Elle est entièrement différente de celle-ci sous tous les rapports. — L'arbre, d'une bonne vigueur et d'une très-grande fertilité, convient parfaitement à la grande culture par sa rusticité ; et son fruit, dont la consommation se prolonge pendant longtemps, très-propre aux usages du ménage, sera bien apprécié du cultivateur des campagnes.

DESCRIPTION.

**Rameaux** de moyenne force, à peine anguleux dans leur contour, droits, à entre-nœuds inégaux entre eux, d'un brun rougeâtre ; lenticelles blanchâtres, petites, souvent un peu allongées, nombreuses et peu apparentes.

**Boutons à bois** petits, coniques, aigus, à direction très-peu écartée du rameau ou parallèle, soutenus sur des supports bien saillants dont l'arête médiane se prolonge seule et un peu distinctement ; écailles entièrement recouvertes de gris blanchâtre.

**Pousses d'été** d'un vert clair et un peu jaune, lavées de rouge à leur sommet et longtemps couvertes sur une assez grande partie de leur longueur d'un duvet court et peu serré.

**Feuilles des pousses d'été** moyennes, obovales-elliptiques, se terminant brusquement en une pointe extraordinairement courte et fine, presque planes, bordées de dents remarquablement fines et peu profondes, souvent peu appréciables, bien soutenues sur des pétioles très-longs, peu forts et redressés.

**Stipules** très-caduques.

**Feuilles stipulaires** manquant toujours.

**Boutons à fruit** gros, conico-ovoïdes, renflés, à pointe courte; écailles d'un marron rougeâtre foncé.

**Fleurs** petites; pétales ovales-elliptiques, un peu concaves, très-peu écartés entre eux, à onglet court; divisions du calice de moyenne longueur et recourbées en dessous; pédicelles courts, peu forts et un peu duveteux.

**Feuilles des productions fruitières** de même grandeur que celles des pousses d'été, ovales-cordiformes ou cordiformes-arrondies, se terminant brusquement en une pointe très-courte, très-fine et recourbée, à peine repliées sur leur nervure médiane ou à peine concaves, entières ou très-peu profondément dentées par leurs bords garnis d'un duvet blanc et fin, soutenues horizontalement sur des pétioles extraordinairement longs, peu forts et peu souples.

**Caractère saillant de l'arbre** : teinte générale du feuillage d'un vert d'eau peu foncé; toutes les feuilles peu repliées ou presque planes; tous les pétioles d'une longueur vraiment caractéristique.

**Fruit** petit ou presque moyen, conique ou conico-sphérique, tantôt court, tantôt un peu allongé, uni dans son contour, atteignant sa plus grande épaisseur tantôt bien au-dessous, tantôt presque au milieu de sa hauteur; au-dessus de ce point, s'atténuant par une courbe largement convexe en une pointe tantôt courte et épaisse, tantôt un peu moins courte et toujours un peu obtuse; au-dessous du même point, s'arrondissant par une courbe bien convexe jusque dans la cavité de l'œil.

**Peau** épaisse, ferme, un peu rude au toucher, d'abord d'un vert d'eau peu foncé semé de points bruns, nombreux et assez apparents, mais souvent difficiles à distinguer parce qu'ils se confondent avec des traits d'une rouille brune qui s'étend aussi souvent en larges taches sur une partie de sa surface. A la maturité, **octobre, novembre,** le vert fondamental presse au jaune paille pâle et le côté du soleil, sur une large étendue, est recouvert d'un rouge groseille des plus vifs à sa partie centrale et un peu bruni sur ses bords; sur ce rouge ressortent distinctement des points d'un gris blanchâtre.

**Œil** moyen, à divisions courtes et souvent caduques, placé dans une petite cavité étroite, un peu profonde, bien régulière, tantôt unie, tantôt un peu ondulée par ses bords.

**Queue** tantôt courte, tantôt un peu longue, un peu forte, de couleur bois, attachée le plus souvent perpendiculairement dans un pli bien contracté.

**Chair** blanche, grossière, cassante, un peu pierreuse vers le cœur, suffisante en eau richement sucrée, vineuse et un peu musquée.

# BELLE DE NOISETTE

(N° 393)

*Plusieurs Catalogues français.*
*Handbuch aller bekannten Obstsorten.* Biedenfeld.
DUC DE LA FORCE. *Dictionnaire de pomologie.* André Leroy.

Observations. — La synonymie Duc de la Force employée par M. André Leroy ne me semble pas justifiée. Je tiens la variété Duc de la Force ou Foppen peer de Knoop, de M. Jahn qui l'avait reçue du célèbre pépiniériste hollandais Ottolander et elle est bien différente de la Belle de Noisette. M. André Leroy veut aussi attribuer à la Belle de Noisette, pour synonyme, la Winterliebesbirne ou Poire d'Amour d'hiver de Jahn qui l'a décrite dans le *Illustrirtes Handbuch*, et qui voulut bien me la communiquer. C'est encore une variété bien distincte comme peuvent le prouver les figures et les descriptions données, soit par M. Jahn, soit par moi. Quant à rapporter la Belle de Noisette à la Dame-Jeanne ou Rousse de la Mertière de la Quintinye, c'est encore une prétention bien douteuse, car il est difficile de fonder une certitude sur la très-courte description donnée par cet auteur; aussi croyons-nous qu'il est prudent, jusqu'à plus ample informé, de considérer son origine comme encore inconnue. — L'arbre, de bonne vigueur aussi bien sur cognassier que sur franc, s'accommode facilement des formes régulières et surtout de celles de pyramide et de vase. Sa fertilité, assez précoce, est bonne et soutenue. Son fruit, de bonne conservation, n'est propre qu'aux usages du ménage.

## DESCRIPTION.

**Rameaux** assez forts, bien anguleux dans leur contour, presque droits ou peu flexueux, à entre-nœuds courts ou de moyenne longueur, d'un brun olivâtre; lenticelles blanches, un peu allongées, assez nombreuses et apparentes.

**Boutons à bois** gros, coniques, bien aigus, à direction écartée du rameau, soutenus sur des supports bien saillants dont les côtés et l'arête médiane se prolongent bien distinctement; écailles d'un marron rougeâtre presque entièrement recouvert de gris blanchâtre.

**Pousses d'été** d'un vert vif, à peine ou non lavées de rouge et duveteuses à leur sommet.

**Feuilles des pousses d'été** moyennes, ovales ou ovales-elliptiques, se terminant régulièremeut en une pointe bien ferme et bien aiguë, peu repliées sur leur nervure médiane et un peu arquées, bordées de dents assez profondes, bien couchées et un peu aiguës, bien fermes sur leurs pétioles courts, un peu forts, redressés et raides.

**Stipules** en alènes de moyenne longueur et bien dressées.

**Feuilles stipulaires** manquant ordinairement.

**Boutons à fruit** gros, conico-ovoïdes, bien aigus; écailles d'un marron bien foncé.

**Fleurs** moyennes ou assez grandes ; pétales arrondis très-élargis, concaves, se recouvrant largement entre eux ; divisions du calice de moyenne longueur, bien aiguës et recourbées en dessous ; pédicelles courts ou très-courts, un peu forts et un peu duveteux.

**Feuilles des productions fruitières** plus grandes que celles des pousses d'été, ovales-élargies ou ovales-elliptiques, bien échancrées vers le pétiole, se terminant très-brusquement en une pointe très-courte, à peine repliées sur leur nervure médiane ou à peine concaves, bordées de dents assez peu profondes, bien couchées et un peu aiguës, bien fermes sur leurs pétioles de moyenne longueur, assez forts, peu redressés et bien raides.

**Caractère saillant de l'arbre** : teinte générale du feuillage d'un vert bleu intense et assez brillant; tous les pétioles plus ou moins forts et bien raides; aspect général d'une grande vigueur.

**Fruit** gros, ovoïde, court et épais ou turbiné-ovoïde, atteignant sa plus grande épaisseur au-dessous du milieu de sa hauteur; au-dessus de ce point, s'atténuant par une courbe largement convexe en une pointe plus ou moins courte, épaisse et bien obtuse à son sommet souvent surmonté d'une sorte de mamelon; au-dessous du même point, s'arrondissant par une courbe un peu plus convexe pour s'aplatir ensuite sur une petite étendue autour de la cavité de l'œil.

**Peau** épaisse, un peu chagrinée, d'abord d'un vert d'eau semé de points d'un gris brun, très-nombreux, serrés et bien régulièrement espacés. Une tache de rouille d'un rouge brun et dense couvre la cavité de la queue et rarement se disperse sur la surface du fruit. A la maturité, **courant d'hiver,** le vert fondamental passe au jaune citron conservant par places des teintes verdâtres, et le côté du soleil se couvre d'un nuage de rouge vineux sur lequel ressortent peu des points grisâtres.

**Œil** très-grand, ouvert, à divisions courtes, fermes, dressées, placé dans une cavité étroite, peu profonde, obscurément plissée dans ses parois et un peu ondulée par ses bords.

**Queue** courte, forte, ligneuse, à peine courbée, tantôt semblant former la continuation de la pointe du fruit, tantôt un peu repoussée et attachée obliquement dans un pli peu prononcé.

**Chair** blanche, assez fine, tassée, cassante, marcescente, peu abondante en jus sucré, acidulé et peu parfumé.

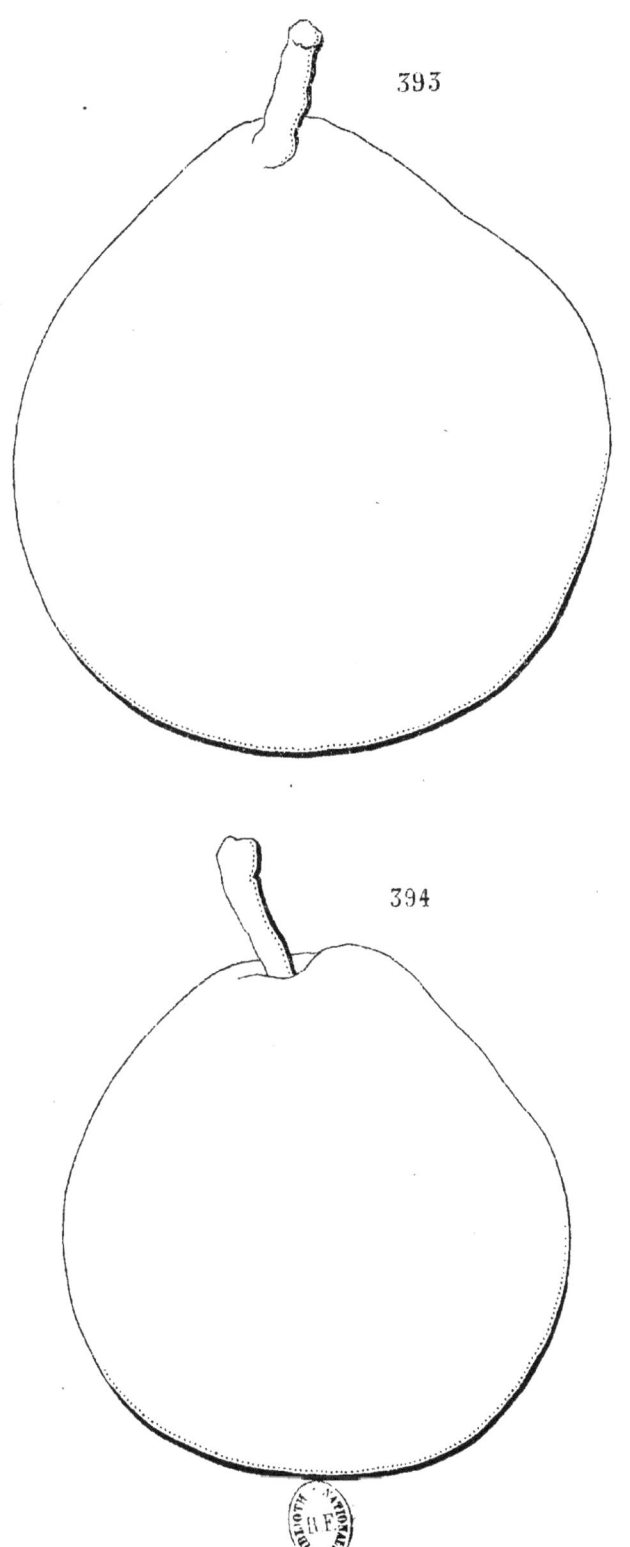

393. BELLE DE NOISETTE.   394, ABBÉ DE BEAUMONT.

# ABBÉ DE BEAUMONT

(N° 394)

*Dictionnaire de pomologie.* André Leroy.

Observations. — Cette variété fut obtenue par M. André Leroy et dédiée par lui à M. l'abbé de Beaumont, ancien vice-président du Comice horticole d'Angers. Son premier rapport eut lieu en 1864. — L'arbre, de vigueur contenue sur cognassier, s'accommode assez mal des formes régulières. Sa fertilité, seulement moyenne, est interrompue par des alternats. Son fruit, qui rappelle le faciès du Colmar d'Arenberg, en restant toujours moins gros, lui est bien supérieur par sa qualité.

DESCRIPTION.

**Rameaux** de moyenne force, presque unis dans leur contour, droits, à entre-nœuds courts et inégaux entre eux, d'un brun verdâtre du côté de l'ombre et bruns du côté du soleil; lenticelles grisâtres, petites, assez peu nombreuses et peu apparentes.
**Boutons à bois** moyens, coniques un peu allongés et finement aigus, à direction parallèle ou presque parallèle au rameau, soutenus sur des supports peu saillants dont l'arête médiane se prolonge très-peu distinctement; écailles d'un marron foncé et terne.
**Pousses d'été** d'un vert clair, bien colorées de rouge sur une grande longueur et peu duveteuses à leur sommet.
**Feuilles des pousses d'été** assez petites, ovales ou ovales-arrondies, se terminant peu brusquement en une pointe courte, creusées en gouttière et non arquées, régulièrement bordées de dents un peu profondes, couchées

et aiguës, tantôt soutenues horizontalement, tantôt dressées sur des pétioles courts, grêles et bien fermes.

**Stipules** en alênes fines et de moyenne longueur.

**Feuilles stipulaires** fréquentes.

**Boutons à fruit** moyens, coniques, aigus; écailles d'un marron rougeâtre peu foncé et largement maculé de gris blanchâtre.

**Fleurs** petites; pétales ovales-elliptiques, presque aigus à leur sommet, peu concaves, à onglet court, un peu écartés entre eux; divisions du calice courtes, très-finement aiguës et à peine recourbées en dessous.

**Feuilles des productions fruitières** petites, un peu obovales ou obovales-elliptiques, se terminant peu brusquement en une pointe courte, peu concaves, régulièrement bordées de dents très-fines, extraordinairement peu profondes et aiguës, mollement soutenues sur des pétioles assez courts, grêles et flexibles.

**Caractère saillant de l'arbre** : teinte générale du feuillage d'un vert herbacé peu foncé ; toutes les feuilles petites; tous les pétioles grêles; feuilles stipulaires bien développées, fréquentes et nombreuses.

**Fruit** moyen, conique, un peu court et bien épais, un peu tronqué du côté de la queue et beaucoup plus largement tronqué du côté de l'œil, souvent un peu déformé dans son contour par des élévations aplanies, atteignant sa plus grande épaisseur plus ou moins au-dessous du milieu de sa hauteur ; au-dessus de ce point, s'atténuant par une courbe peu convexe ou à peine concave en une pointe peu longue, épaisse et tronquée à son sommet; au-dessous du même point, s'arrondissant par une courbe largement convexe pour s'aplatir ensuite un peu autour de la cavité de l'œil.

**Peau** un peu ferme, d'abord d'un vert pâle semé de points bruns, larges, irrégulièrement espacés, se confondant sous un réseau d'une rouille brune qui s'étend sur une partie de la surface du fruit et qui se condense soit sur son sommet, soit sur sa base. A la maturité, **fin d'août et commencement de septembre,** le vert fondamental passe au jaune paille et le côté du soleil, sur les fruits bien exposés, est lavé de rouge rosat.

**Œil** petit, fermé, à divisions courtes, enfoncé dans une cavité étroite et un peu profonde, obscurément plissée par ses bords.

**Queue** courte, forte, attachée dans une cavité étroite, peu profonde, un peu plissée dans ses bords et ces plis se prolongent très-obscurément sur la hauteur du fruit.

**Chair** blanche, bien fine, entièrement fondante, abondante en eau douce, bien sucrée, relevée d'un parfum délicat et vraiment agréable.

# REYNAERT BEERNAERT

(N° 395)

*Bulletin de la Société Van Mons.* 1862. 1863. 1866.
*Catalogue* Papeleu. 1860-1861. 1862-1863.

Observations. — Je n'ai pu trouver d'autres renseignements sur cette variété que ceux donnés par la Société Van Mons et M. Papeleu, qui indiquent M. Bivort comme son obtenteur. Elle semble avoir été négligée des pomologistes, et peut-être doit-on attribuer cet oubli à la qualité de son fruit, qu'après quelques années d'observations j'ai trouvé toujours de qualité inférieure, malgré une apparence qui promet plus. C'est à regretter, car l'arbre est vigoureux, d'une végétation bien équilibrée et se prêtant bien aux formes régulières. J'en ai formé des fuseaux très-bien établis qui, chargés de leurs beaux fruits, attirent les yeux des meilleurs connaisseurs qui ne peuvent croire aux renseignements que je leur donne sur leur valeur.

DESCRIPTION.

**Rameaux** assez forts et souvent surmontés d'un bouton à fruit à leur sommet, obscurément anguleux dans leur contour, presque droits, à entre-nœuds courts, un peu rougeâtres et un peu ombrés de gris ; lenticelles blanchâtres, assez petites, tantôt arrondies, tantôt allongées et peu apparentes.
**Boutons à bois** gros, coniques, à direction parallèle ou presque parrallèle au rameau vers lequel ils se recourbent par leur pointe, soutenus sur des supports saillants et dont l'arête médiane se prolonge seul et peu distinctement ; écailles entièrement recouvertes d'un duvet gris de souris.

**Pousses d'été** d'un vert vif, cotonneuses sur toute leur longueur et surtout à leur partie supérieure, non colorées de rouge.

**Feuilles des pousses d'été** obovales ou obovales-elliptiques, se terminant un peu brusquement en une pointe peu longue et fine, à peine repliées sur leur nervure médiane et souvent très-largement ondulées ou contournées, bordées de dents assez profondes et émoussées, s'abaissant bien, mal soutenues sur des pétioles longs, forts et cependant bien flexibles, couverts d'un duvet cotonneux aussi bien que les feuilles.

**Stipules** moyennes, en alènes très-fines, très-caduques.

**Feuilles stipulaires** rares.

**Boutons à fruit** assez gros, conico-ovoïdes et bien aigus; écailles d'un marron peu foncé, celles intérieures recouvertes d'un duvet fauve.

**Fleurs** assez grandes; pétales ovales-allongés, concaves, assez écartés entre eux, un peu lavés de rose avant l'épanouissement; divisions du calice longues, étroites, blanchâtres et cotonneuses aussi bien que les pédicelles de moyenne longueur et assez grêles.

**Feuilles des productions fruitières** plus grandes, plus allongées que celles des pousses d'été, ovales ou ovales-elliptiques, se terminant un peu brusquement en une pointe un peu large et longue, repliées sur leur nervure médiane et arquées, bordées de dents assez peu profondes, couchées et peu aiguës, mal soutenues sur des pétioles bien longs, un peu forts et cependant bien souples.

**Caractère saillant de l'arbre** : teinte générale du feuillage d'un vert bleu ; les feuilles les plus jeunes teintées d'un rouge bronzé voilé par un duvet cotonneux ; tous les pétioles longs, forts et bien souples.

**Fruit** moyen ou presque gros, sphérique, tronqué à ses deux pôles, ordinairement uni dans son contour, atteignant sa plus grande épaisseur à peu près au milieu de sa hauteur; au-dessus et au-dessous de ce point, s'arrondissant par des courbes presque également convexes et presque de même longueur jusque dans la cavité de la queue et jusque dans la cavité de l'œil.

**Peau** un peu épaisse, d'abord d'un vert d'eau un peu mat semé de points gris, larges, nombreux et bien régulièrement espacés. A la maturité, **novembre,** le vert fondamental passe au vert jaunâtre terne, le côté du soleil se dore ou se couvre d'un nuage de couleur orange, et une tache d'une rouille fauve recouvre la cavité de l'œil.

**Œil** grand, fermé ou demi-fermé, placé dans une cavité en forme de soucoupe, étroite, peu profonde, unie dans ses parois et régulière par ses bords.

**Queue** courte, forte, un peu courbée, insérée profondément dans une cavité très-étroite et dont les bords sont ordinairement réguliers.

**Chair** blanchâtre, grossière, demi-fondante, insuffisante en eau sucrée, vineuse mais sans parfum appréciable, constituant un fruit que l'on peut à peine considérer comme de seconde qualité.

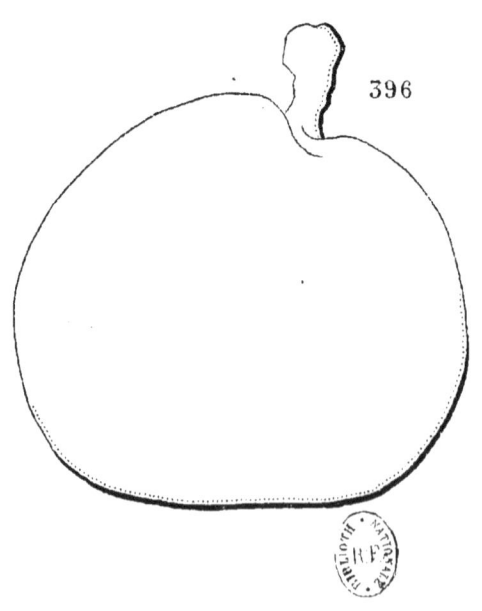

**395. REYNAERT BEERNAERT. 396. JEAN-BAPTISTE DEDIEST.**

# JEAN-BAPTISTE DEDIEST

(N° 396)

*Notice pomologique.* DE LIRON D'AIROLES.
*Catalogue* SIMON-LOUIS, de Metz.

OBSERVATIONS. — Cette variété fut obtenue par M. Xavier Grégoire, de Jodoigne. Son premier rapport eut lieu en 1839. — L'arbre, de bonne vigueur sur cognassier, s'accommode bien des formes régulières et surtout de celle de pyramide. Sa fertilité, assez précoce, est moyenne et soutenue. Son fruit ne peut être considéré que comme propre aux usages du ménage.

DESCRIPTION.

**Rameaux** assez forts, unis ou très-obscurément anguleux dans leur contour, très-flexueux, à entre-nœuds un peu longs, d'un vert jaunâtre; lenticelles blanchâtres, larges, un peu allongées et apparentes.

**Boutons à bois** gros, très-courts, très-épais, obtus, à direction écartée du rameau, souvent éperonnés, soutenus sur des supports bien saillants dont l'arête médiane ne se prolonge pas ou seulement très-obscurément; écailles entièrement recouvertes de gris blanchâtre.

**Pousses d'été** d'un vert un peu terne, lavées de rouge clair et duveteuses sur une assez grande longueur à leur partie supérieure.

**Feuilles des pousses d'été** ovales ou un peu obovales et allongées, se terminant presque régulièrement en une pointe bien aiguë, creusées en gouttière et non arquées, bordées de dents bien couchées, profondes et peu aiguës, s'abaissant un peu sur des pétioles longs, un peu forts et cependant souples.

**Stipules** en alênes assez longues et souvent recourbées.

**Feuilles stipulaires** se présentant quelquefois.

**Boutons à fruit** assez petits, coniques, très-courts, un peu épais et émoussés; écailles d'un marron foncé.

**Fleurs** moyennes; pétales ovales-élargis, concaves, un peu roses avant l'épanouissement; divisions du calice bien longues et recourbées en dessous; pédicelles courts, un peu forts et peu duveteux.

**Feuilles des productions fruitières** moyennes, ovales-elliptiques, un peu allongées et souvent peu larges, se terminant régulièrement en une pointe bien aiguë, bien creusées en gouttière et à peine ou non arquées, bordées de dents extraordinairement couchées et si peu profondes que souvent elles sont peu appréciables, mal soutenues sur des pétioles longs, grêles et flexibles.

**Caractère saillant de l'arbre** : teinte générale du feuillage d'un vert pré mat et peu foncé; toutes les feuilles un peu allongées; tous les pétioles longs et souples.

**Fruit** moyen, sphérico-conique, très-largement déprimé du côté de l'œil, souvent un peu irrégulier dans son contour, atteignant sa plus grande épaisseur au-dessous du milieu de sa hauteur; au-dessus de ce point, s'atténuant promptement par une courbe largement convexe en une pointe courte, très-épaisse et obtuse à son sommet; au-dessous du même point, s'arrondissant par une courbe bien convexe pour ensuite s'aplatir un peu autour de la cavité de l'œil.

**Peau** épaisse, ferme, d'abord d'un vert clair semé de points bruns, larges, inégaux entre eux, irrégulièrement espacés et se confondant avec des traits ou des taches d'une rouille de même couleur qui se dispersent en grand nombre sur la surface du fruit et se condensent largement, soit dans la cavité de l'œil, soit sur son sommet. A la maturité, **commencement d'hiver,** le vert fondamental passe au jaune citron intense et le côté du soleil, sur les fruits bien exposés, est lavé de rouge orangé.

**Œil** très-grand, ouvert ou demi-ouvert, à divisions courtes, fermes, presque dressées ou peu étalées, placé dans une cavité assez peu profonde, très-largement évasée, souvent un peu plissée dans ses parois et divisée dans ses bords en des côtes épaisses et très-aplanies.

**Queue** courte, forte, boutonnée à son point d'attache au rameau, attachée tantôt perpendiculairement, tantôt obliquement dans un pli irrégulier ou dans une petite cavité.

**Chair** jaunâtre, demi-fine, demi-beurrée, marcescente, suffisante en eau sucrée, un peu parfumée, mais souvent entachée d'âpreté.

# AGUA DE VALENCE

(N° 397)

Inédite.

Observations. — J'ai reçu, il y a déjà longtemps, cette variété de M. Adrien Sénéclauze, pépiniériste à Bourg-Argental (Loire). Le nom, sous lequel il me l'a envoyée, semblerait indiquer qu'elle est originaire des environs du chef-lieu de la Drôme dont ses cultures sont assez rapprochées. — L'arbre, d'une végétation un peu faible sur cognassier, s'accommode bien de la forme pyramidale et convient encore mieux à la haute tige sur franc. Sa fertilité est très-précoce et très-grande. Son fruit, de bonne qualité, doit être cueilli longtemps d'avance.

## DESCRIPTION.

**Rameaux** assez peu forts, finement anguleux dans leur contour, presque droits, à entre-nœuds de moyenne longueur, d'un brun olivâtre du côté de l'ombre et un peu teintés de rouge du côté du soleil; lenticelles blanchâtres, très-petites, rares et un peu apparentes.

**Boutons à bois** moyens, coniques, bien aigus, à direction écartée du rameau, soutenus sur des supports bien saillants dont l'arête médiane se prolonge bien finement; écailles d'un marron rougeâtre peu foncé et ombré de gris.

**Pousses d'été** d'un vert gai, à peine lavées de rouge et un peu duveteuses à leur sommet.

**Feuilles des pousses d'été** moyennes, ovales-elliptiques, se terminant un peu brusquement en une pointe un peu longue et finement aiguë, presque planes, non arquées, entières ou irrégulièrement découpées dans leur contour plutôt que dentées, assez peu soutenues sur des pétioles de moyenne longueur, de moyenne force et presque horizontaux.

**Stipules** en alênes de moyenne longueur et finement aiguës.

**Feuilles stipulaires** fréquentes.

**Boutons à fruit** gros, conico-ovoïdes, aigus; écailles d'un marron rougeâtre peu foncé et largement maculé de gris.

**Fleurs** petites; pétales elliptiques-arrondis, concaves, à onglet peu long, se touchant presque entre eux; divisions du calice de moyenne longueur, étroites et bien réfléchies en dessous; pédicelles peu longs, grêles et un peu laineux.

**Feuilles des productions fruitières** plus petites que celles des pousses d'été, exactement ovales, quelques-unes un peu étroites, se terminant presque régulièrement en une pointe un peu longue, un peu concaves et un peu arquées, entières par leurs bords, assez peu soutenues sur des pétioles assez longs, grêles, divergents et fermes.

**Caractère saillant de l'arbre** : teinte générale du feuillage d'un vert gai et brillant; arbre élégant dans son port et dans sa tenue.

**Fruit** moyen, irrégulièrement sphérique, souvent déformé dans son contour par des élévations bien aplanies, un peu plus atténué et largement tronqué du côté de la queue, atteignant sa plus grande épaisseur à peu près au milieu de sa hauteur; au-dessous de ce point, s'arrondissant par une courbe largement convexe jusque dans la cavité de l'œil.

**Peau** fine, tendre, d'abord d'un vert clair et vif semé de points d'un vert plus foncé, larges, nombreux, régulièrement espacés et bien apparents. On remarque parfois un peu de rouille fauve dans la cavité de l'œil. A la maturité, **milieu d'août,** le vert fondamental passe au jaune citron conservant un ton un peu verdâtre, les points deviennent encore plus apparents et le côté du soleil, sur les fruits bien exposés, est lavé d'un soupçon de rouge sanguin sur lequel ressortent des points jaunâtres.

**Œil** grand, ouvert, à divisions longues et finement aiguës, placé dans une cavité un peu profonde, un peu évasée, souvent largement plissée dans ses parois et par ses bords, et ces plis se continuent par des côtes aplanies qui se prolongent très-obscurément et rarement jusque vers le ventre du fruit.

**Queue** un peu longue, forte, bien courbée, bien ligneuse, bien ferme, attachée entre des plis divergents ou des rudiments de côtes qui se prolongent peu et très-obscurément sur la hauteur du fruit.

**Chair** bien blanche, demi-fine, tendre, un peu creuse, bien fondante, abondante en eau douce, sucrée et agréablement parfumée.

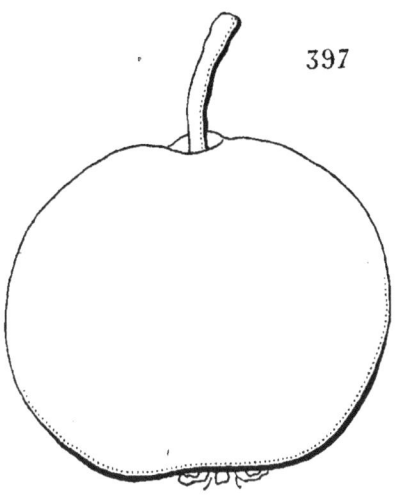
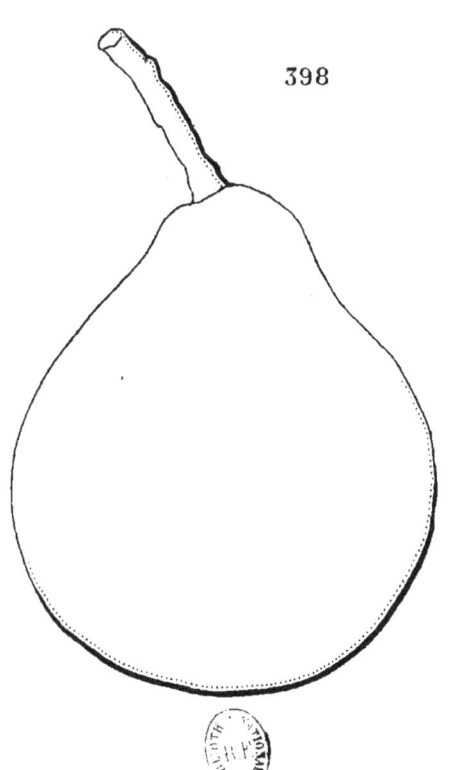

397, AGUA DE VALENCE.   398, WIEST.

# WIEST

(N° 398)

*The Fruits and the fruit-trees of America.* Downing.
*The American fruit Culturist.* Thomas.

Observations. — Cette variété, d'après Downing, serait originaire de l'Etat de Pensylvanie. — L'arbre, de vigueur moyenne sur cognassier, ne peut être soumis aux formes régulières qu'en conduisant ses branches sur un treillage. Sa haute tige sur franc est plus vigoureuse et forme une tête de moyenne dimension. Sa fertilité est assez précoce, bonne, mais interrompue par des alternats complets. Son fruit est de première qualité.

DESCRIPTION.

**Rameaux** grêles, bien allongés, bien fluets à leur partie supérieure, unis ou presque unis dans leur contour, à entre-nœuds longs, de couleur jaunâtre; lenticelles blanchâtres, un peu larges, assez nombreuses et peu apparentes.

**Boutons à bois** petits, coniques, maigres, finement aigus, à direction écartée du rameau, soutenus sur des supports peu saillants dont l'arête médiane ne se prolonge pas ou très-peu distinctement; écailles d'un marron clair.

**Pousses d'été** d'un vert clair, non lavées de rouge à leur sommet et duveteuses sur une grande partie de leur longueur.

**Feuilles des pousses d'été** petites, ovales, un peu brusquement atténuées vers le pétiole, se terminant un peu brusquement en une pointe courte et fine, peu repliées sur leur nervure médiane et souvent convexes par leurs côtés, peu arquées, bordées de dents un peu larges, un peu profondes, un peu couchées et aiguës, soutenues horizontalement sur des pétioles courts, peu forts, peu redressés et fermes.

**Stipules** en alènes de moyenne longueur ou un peu longues.

**Feuilles stipulaires** ne manquant presque jamais.

**Boutons à fruit** petits, conico-ovoïdes, maigres, allongés et finement aigus ; écailles d'un marron clair.

**Fleurs** petites ; pétales ovales-elliptiques, un peu concaves, peu écartés entre eux ; divisions du calice courtes, finement aiguës et recourbées en dessous ; pédicelles de moyenne longueur, de moyenne force et un peu duveteux.

**Feuilles des productions fruitières** moyennes, ovales-elliptiques, se terminant un peu brusquement en une pointe courte, large et cependant finement aiguë, planes ou presque planes et peu arquées, bordées de dents larges, un peu profondes et obtuses, mal soutenues sur des pétioles longs, grêles et flexibles.

**Caractère saillant de l'arbre** : teinte générale du feuillage d'un beau vert bleu vif et brillant ; feuilles des productions fruitières mollement soutenues sur des pétioles bien allongés et grêles.

**Fruit** assez petit ou presque moyen, ovoïde-piriforme ou sphérico-ovoïde, parfois un peu bosselé dans son contour, atteignant sa plus grande épaisseur au-dessous du milieu de sa hauteur ; au-dessus de ce point, s'atténuant par une courbe d'abord convexe puis largement concave en une pointe peu longue, peu épaisse et obtuse à son sommet ; au-dessous du même point, s'atténuant par une courbe assez convexe pour ensuite s'aplatir sur une petite étendue autour de la cavité de l'œil.

**Peau** un peu épaisse et cependant tendre, d'abord d'un vert intense semé de points bruns, larges et apparents, parfois se confondant avec un réseau d'une rouille de la même couleur qui s'étend sur quelques parties de sa surface. Une tache d'une rouille fauve couvre le sommet du fruit et une tache semblable s'étend dans la cavité de l'œil. A la maturité, **fin d'août**, le vert fondamental passe au jaune conservant un ton un peu verdâtre, et le côté du soleil est lavé d'un rouge sanguin sombre ou seulement doré.

**Œil** petit, ouvert ou demi-ouvert, placé dans une cavité étroite, peu profonde, ordinairement régulière et qui le contient exactement.

**Queue** de moyenne longueur, de moyenne force, attachée le plus souvent entre des plis peu prononcés, divergents et qui se prolongent peu sur la hauteur du fruit.

**Chair** d'un blanc à peine teinté de vert, fine, beurrée, entièrement fondante, suffisante en eau richement sucrée, vineuse et parfumée.

# WOODSTOCK

(TRONC D'ARBRE)

(N° 399)

The Fruits and the fruit-trees of America. DOWNING.

OBSERVATIONS. — D'après Downing, cette variété est originaire de l'Etat de Vermont (Etats-Unis). Sa végétation est très-modérée sur cognassier et sa fertilité, très-précoce et très-grande, exige une taille courte nécessaire à maintenir le volume et la qualité de son fruit qui est assez bonne.

DESCRIPTION.

**Rameaux** peu forts, à peine coudés à leurs entre-nœuds inégaux entre eux, de couleur noisette du côté de l'ombre, d'un brun peu foncé du côté du soleil; lenticelles jaunâtres, petites, un peu allongées, irrégulièrement groupées et un peu apparentes.
**Boutons à bois** petits, coniques, très-courts, un peu épais et peu aigus, à direction un peu écartée du rameau, soutenus sur des supports presque nuls et dont l'arête médiane se prolonge seule et obscurément; écailles d'un marron rougeâtre très-foncé.
**Pousses d'été** d'un vert clair, lavées de rouge et peu duveteuses à leur sommet.

**Feuilles des pousses d'été** petites, ovales un peu élargies, se terminant brusquement en une pointe courte et bien fine, creusées en gouttière et arquées, bordées de dents peu profondes, couchées et un peu aiguës, se recourbant sur des pétioles de moyenne longueur, grêles et redressés.

**Stipules** de moyenne longueur, filiformes.

**Feuilles stipulaires** se présentant assez rarement.

**Boutons à fruit** très-petits, un peu ovoïdes, à pointe courte et un peu aiguë ; écailles d'un marron jaunâtre.

**Fleurs** presque moyennes ; pétales obovales-elliptiques, peu concaves, à onglet peu long, peu écartés entre eux ; divisions du calice de moyenne longueur, bien recourbées en dessous ; pédicelles longs, grêles et peu duveteux.

**Feuilles des productions fruitières** petites, obovales un peu allongées, se terminant un peu brusquement en une pointe peu longue et bien fine, peu repliées sur leur nervure médiane ou presque planes, bordées de dents très-inégales, peu profondes et obtuses, mal soutenues sur des pétioles de moyenne longueur, très-grêles et flexibles.

**Caractère saillant de l'arbre** : teinte générale du feuillage d'un vert clair et gai ; toutes les feuilles très-finement acuminées ; branchage et feuillage menus.

**Fruit** moyen ou presque moyen, turbiné-sphérique ou ovoïde-piriforme, bien uni dans son contour, atteignant sa plus grande épaisseur tantôt à peu près au milieu de sa hauteur, tantôt un peu plus au-dessous ; au-dessus de ce point, s'atténuant peu par une courbe peu convexe en une pointe courte, épaisse et largement tronquée à son sommet ; au-dessous du même point, s'arrondissant par une courbe bien convexe jusque dans la cavité de l'œil.

**Peau** fine, mince, unie, d'abord d'un vert pâle semé de très-petits points, assez nombreux, très-régulièrement espacés et très-peu visibles. Il est assez rare de trouver quelques traces de rouille sur sa surface. A la maturité, **fin d'août,** le vert fondamental passe au jaune pâle, seulement un peu doré du côté du soleil.

**Œil** grand, ouvert, placé dans une cavité assez profonde, bien évasée, en forme de soucoupe, plissée dans ses parois, mais régulière par ses bords.

**Queue** plus ou moins longue, un peu forte, attachée le plus souvent perpendiculairement dans un pli charnu plus ou moins irrégulier.

**Chair** blanche, assez fine, fondante, abondante en eau douce, sucrée, agréablement musquée, sans que ce parfum soit trop développé.

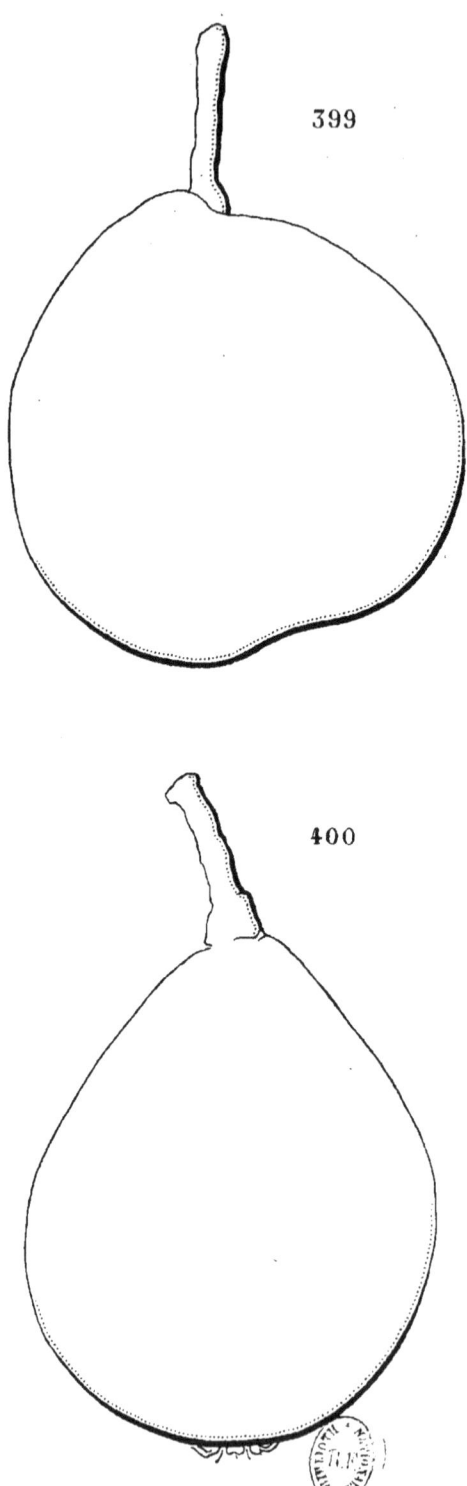

**399. WOODSTOCK. 400. BEURRÉ BLANC DE NANTES.**

# BEURRÉ BLANC DE NANTES

(N° 400)

*Pomologie de la Seine-Inférieure.* Prévost.
*Dictionnaire de pomologie.* André Leroy.

Observations. — Cette variété cultivée surtout aux environs de la ville dont elle porte le nom semblerait en être originaire. — L'arbre, de vigueur insuffisante sur cognassier, s'accommode bien sur franc de la forme pyramidale. Toutefois, son meilleur emploi est la haute tige dans le verger de campagne, où peuvent le faire apprécier la richesse de ses récoltes et la propriété de résistance au transport de son fruit qui n'atteint que la troisième qualité.

DESCRIPTION.

**Rameaux** assez peu forts, anguleux dans leur contour, flexueux, à entre-nœuds de moyenne longueur et de couleur jaunâtre; lenticelles blanchâtres, petites, peu nombreuses et peu apparentes.

**Boutons à bois** moyens, coniques, finement aigus, à direction tantôt un peu écartée du rameau, tantôt parallèle, soutenus sur des supports bien saillants dont l'arête médiane se prolonge distinctement; écailles d'un marron rougeâtre peu foncé.

**Pousses d'été** d'un vert clair, lavées de rouge et peu duveteuses à leur sommet.

**Feuilles des pousses d'été** moyennes, ovales-allongées, sensiblement atténuées vers le pétiole, se terminant presque régulièrement en une pointe fine, un peu concaves, à peine ou non arquées, bordées de dents fines, un peu profondes et souvent émoussées, assez peu soutenues sur des pétioles un peu longs, peu forts et un peu souples.

**Stipules** très-caduques.

**Feuilles stipulaires** manquant ordinairement.

**Boutons à fruit** moyens, conico-ovoïdes, bien aigus; écailles d'un marron rougeâtre peu foncé.

**Fleurs** grandes; pétales obovales-élargis, tronqués à leur sommet et souvent irréguliers par leurs bords, lavés de rose avant l'épanouissement; divisions du calice courtes, élargies à leur base et recourbées en dessous par leur pointe; pédicelles de moyenne longueur, forts et peu duveteux.

**Feuilles des productions fruitières** un peu plus grandes que celles des pousses d'été, ovales-elliptiques, courtement et brusquement atténuées vers le pétiole, se terminant presque régulièrement en une pointe finement aiguë, largement creusées en gouttière et non arquées, bien régulièrement bordées de dents fines, peu profondes, un peu couchées et peu aiguës, mal soutenues sur des pétioles extraordinairement longs, de moyenne force et bien souples.

**Caractère saillant de l'arbre** : teinte générale du feuillage d'un vert pré peu foncé et mat; toutes les feuilles plus ou moins longuement pétiolées, surtout celles des productions fruitières, et toutes bien régulièrement garnies d'une serrature fine et peu profonde.

**Fruit** moyen, tantôt ovoïde, tantôt turbiné-ovoïde et court, uni dans son contour, atteignant sa plus grande épaisseur un peu au-dessous du milieu de sa hauteur; au-dessus de ce point, s'atténuant par une courbe à peine convexe en une pointe peu longue, un peu épaisse et obtuse à son sommet; au-dessous du même point, s'arrondissant par une courbe largement convexe jusque vers l'œil.

**Peau** un peu épaisse et cependant tendre, d'abord d'un vert pâle semé de points d'un gris brun, très-petits et peu apparents. Une rouille d'un brun fauve s'étend souvent largement sur la surface du fruit et couvre toujours son sommet. A la maturité, **septembre,** le vert fondamental passe au jaune paille terne, et le côté du soleil se distingue par un ton plus chaud et parfois par un nuage de rose tendre.

**Œil** grand, ouvert, placé presque à fleur de la base du fruit dans une dépression très-peu profonde et souvent plissée dans ses parois.

**Queue** de moyenne longueur, un peu forte, un peu souple, attachée tantôt à fleur de la pointe du fruit, tantôt dans un pli charnu et repoussée un peu obliquement.

**Chair** d'un blanc jaunâtre, demi-fine, demi-beurrée, insuffisante en eau sucrée et dépourvue de parfum.

# DOYENNÉ FRADIN

(N° 401)

*Catalogue* BRUANT, de Poitiers.

OBSERVATIONS. — D'après les renseignements que nous tenons de l'obligeance de M. Bruant, cette variété est probablement un gain de M. Parigot, président à Poitiers et pomologue passionné, qui l'aurait dédiée à M. Fradin, amateur d'arboriculture et fondateur d'une pépinière pour laquelle il n'eut pas de successeur après sa mort. — L'arbre, de vigueur normale sur cognassier, s'accommode bien des formes régulières. Sa fertilité est précoce et bonne, et son fruit, de maturation prolongée, est au moins de première qualité.

DESCRIPTION.

**Rameaux** de moyenne force et un peu épaissis à leur sommet, unis dans leur contour, bien coudés à leurs entre-nœuds courts, d'un vert olive un peu teinté de jaune; lenticelles grisâtres, très-petites, assez peu nombreuses et très-peu apparentes.
**Boutons à bois** gros, coniques, épais et peu aigus, à direction parallèle ou presque parallèle au rameau, soutenus sur des supports saillants dont les côtés et l'arête médiane ne se prolongent pas; écailles d'un marron noirâtre brillant et presque entièrement recouvert de gris argenté.
**Pousses d'été** d'un vert terne, lavées de rouge à leur sommet et vers les nœuds, très-peu duveteuses sur une partie de leur longueur.
**Feuilles des pousses d'été** moyennes, ovales un peu élargies, se terminant presque régulièrement en une pointe très-courte, à peine concaves

ou presque planes et non arquées, bordées de dents un peu profondes, couchées et émoussées, assez peu soutenues sur des pétioles un peu longs, un peu forts et cependant flexibles.

**Stipules** très-longues, lancéolées-étroites.

**Feuilles stipulaires** assez fréquentes.

**Boutons à fruit** gros, ellipsoïdes, obtus; écailles extérieures d'un marron foncé; écailles intérieures d'un marron plus clair et bordées d'un duvet fauve et très-court.

**Fleurs** presque grandes; pétales ovales, bien concaves, veinés d'un joli rose avant l'épanouissement; divisions du calice courtes, bien aiguës et étalées; pédicelles forts, de moyenne longueur et peu duveteux.

**Feuilles des productions fruitières** moyennes, presque elliptiques, se terminant un peu brusquement en une pointe extraordinairement courte, un peu concaves, bordées de dents couchées, peu profondes et émoussées, souvent peu appréciables, assez peu soutenues sur des pétioles de moyenne longueur, grêles et flexibles.

**Caractère saillant de l'arbre** : teinte générale du feuillage d'un vert herbacé clair; longueur caractéristique des stipules.

**Fruit** moyen, sphérique-épaissi, bien déprimé à ses deux pôles, ordinairement uni dans son contour ou parfois un peu déformé par des élévations bien aplanies, atteignant sa plus grande épaisseur à peu près au milieu de sa hauteur; au-dessus et au-dessous de ce point, s'arrondissant brusquement par des courbes presque également convexes, soit du côté de l'œil, soit du côté de la queue vers laquelle il finit quelquefois en une petite pointe très-courte, épaisse et tronquée.

**Peau** ferme, épaisse, d'abord d'un vert d'eau semé de points bruns, larges, nombreux, bien régulièrement espacés et apparents. On remarque aussi ordinairement une large tache de rouille couvrant le sommet du fruit et la cavité de l'œil, hors de laquelle elle s'étend largement pour aussi quelquefois se disperser irrégulièrement sur sa surface. A la maturité, **courant et fin d'hiver,** le vert fondamental passe au jaune citron, le côté du soleil se dore, et sur les fruits bien exposés, les points plus larges prennent un ton rougeâtre.

**Œil** moyen, fermé, à divisions courtes, réfléchies en dedans, placé dans une cavité peu profonde, évasée, presque unie dans ses parois et presque régulière par ses bords.

**Queue** de moyenne longueur, un peu forte, ligneuse, attachée tantôt perpendiculairement, tantôt obliquement entre des plis charnus formés par la pointe du fruit.

**Chair** blanchâtre, fine, fondante, à peine pierreuse vers le cœur, abondante en eau sucrée, vineuse et richement parfumée.

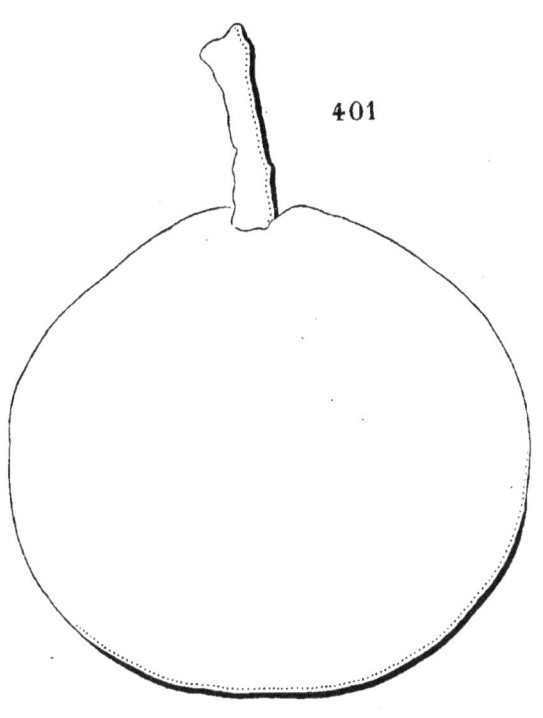

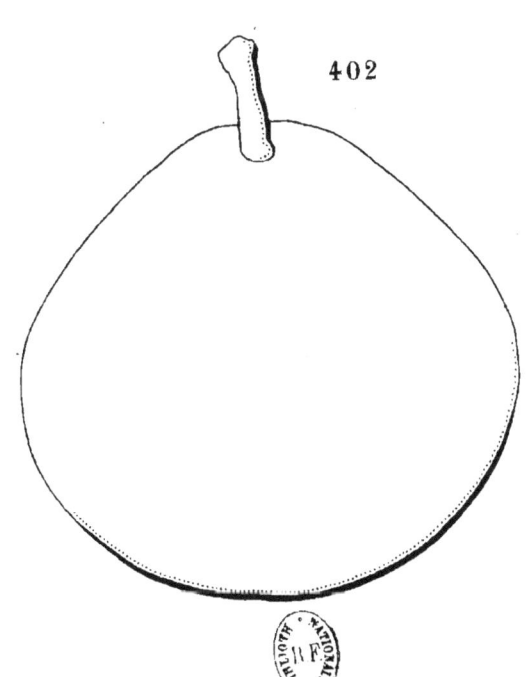

401. DOYENNÉ FRADIN. 402. BERGAMOTTE DE TOURNAY.

# BERGAMOTTE DE TOURNAY

(N° 402)

*Pomone Tournaisienne.* Du Mortier.

Observations. — Cette variété fut obtenue de semis par M. du Mortier, président de la Société d'horticulture de Tournay, et couronnée par elle le 1ᵉʳ décembre 1857. — L'arbre, de vigueur normale sur cognassier, s'accommode assez bien des formes régulières et surtout de celle de vase. Sa fertilité n'est pas précoce et devient ensuite seulement moyenne. Son fruit est de bonne qualité.

DESCRIPTION.

**Rameaux** de moyenne force, bien anguleux dans leur contour, droits, à entre-nœuds de moyenne longueur ou assez courts, olivâtres du côté de l'ombre et un peu brunis du côté du soleil; lenticelles blanches, très-petites, assez peu nombreuses et peu apparentes.

**Boutons à bois** moyens, coniques, courts, épaissis à leur base et courtement aigus, à direction parallèle au rameau, soutenus sur des supports bien saillants dont les côtés et l'arête médiane se prolongent distinctement; écailles d'un marron noir brillant et largement maculé de blanc argenté.

**Pousses d'été** d'un vert jaune, lavées de rouge et soyeuses à leur sommet.

**Feuilles des pousses d'été** assez petites, ovales un peu élargies, brusquement atténuées vers le pétiole, se terminant régulièrement en une pointe peu aiguë, un peu concaves et non arquées, ondulées dans leur contour, entières, soutenues horizontalement sur des pétioles courts, grêles et peu redressés.

**Stipules** de moyenne longueur ou assez longues, linéaires-lancéolées et souvent recourbées.

**Feuilles stipulaires** manquant ordinairement.

**Boutons à fruit** gros, conico-ovoïdes, épais et assez courtement aigus; écailles d'un marron noirâtre.

**Fleurs** grandes ; pétales obovales-élargis et largement tronqués à leur sommet, concaves, à onglet peu long, un peu écartés entre eux ; divisions du calice de moyenne longueur, larges, recourbées en dessous seulement par leur pointe bien aiguë ; pédicelles courts, forts et peu duveteux.

**Feuilles des productions fruitières** moyennes, ovales ou ovales-elliptiques, se terminant régulièrement en une pointe très-courte, planes ou même un peu convexes, entières, s'abaissant sur des pétioles de moyenne longueur, de moyenne force et un peu flexibles.

**Caractère saillant de l'arbre** : teinte générale du feuillage d'un vert pré vif et gai ; feuilles des pousses d'été remarquablement ondulées dans leur contour ; feuilles des productions fruitières remarquablement planes ou mêmes un peu convexes ; toutes les feuilles entières.

**Fruit** moyen, tantôt turbiné-sphérique, tantôt turbiné-conique, bien uni dans son contour, atteignant sa plus grande épaisseur peu au-dessus du milieu de sa hauteur ; au-dessus de ce point, s'atténuant plus ou moins promptement par une courbe largement convexe ou parfois à peine concave en une pointe courte, épaisse et bien obtuse à son sommet ; au-dessous du même point, s'arrondissant par une courbe largement convexe jusque vers l'œil.

**Peau** un peu ferme, bien unie, d'abord d'un vert pâle, blanchâtre, semé de points d'un gris brun, très-petits, nombreux, très-peu apparents et manquant quelquefois sur certaines parties. Une rouille fine, de couleur cannelle claire, couvre le sommet du fruit et forme une tache assez large autour de l'œil. A la maturité, **octobre**, le vert fondamental passe au jaune paille et le côté du soleil est seulement un peu doré.

**Œil** très-grand, ouvert ou demi-ouvert, presque saillant dans une dépression très-peu profonde, évasée et plissée dans ses parois.

**Queue** courte ou de moyenne longueur, peu forte, bien ligneuse, droite ou à peine courbée, attachée tantôt perpendiculairement, tantôt un peu obliquement dans un pli peu prononcé formé par la pointe du fruit.

**Chair** blanche, assez fine, beurrée, fondante, abondante en eau richement sucrée, vineuse et délicatement parfumée.

# COLMAR D'ÉTÉ

(N° 403)

*Pomologie de la Seine-Inférieure.* Prévost.
*Jardin fruitier du Muséum.* Decaisne.
*The Fruits and the fruit-trees of America.* Downing.
*Dictionnaire de pomologie.* André Leroy.
HARDENPONTS FRÜHZEITIGE COLMAR. *Systematische Beschreibung der Kernobstsorten.* Diel.
*Systematisches Handbuch der Obstkunde.* Dittrich.
*Sichere Führer.* Dochnahl.
HARDENPONTS FRÜHE COLMAR. *Illustrirtes Handbuch der Obstkunde.* Jahn.

Observations. — Cette variété fut obtenue par M. d'Hardenpont et envoyée par lui à Diel sous le nom de Passe-Colmar. — L'arbre, de vigueur moyenne sur cognassier, s'accommode bien des formes régulières et surtout de celle de pyramide. Il exige un sol riche pour suffire à sa fertilité très-précoce, grande et bien soutenue. Son fruit, par sa saveur, est de première qualité, mais sa maturation est trop peu prolongée.

DESCRIPTION.

**Rameaux** de moyenne force, bien anguleux dans leur contour, un peu flexueux, à entre-nœuds de moyenne longueur, d'un brun foncé ; lenticelles blanchâtres, assez rares et peu apparentes.

**Boutons à bois** gros, coniques, courtement aigus, à direction parallèle au rameau, soutenus sur des supports bien saillants dont les côtés et l'arête médiane se prolongent bien distinctement ; écailles d'un marron rougeâtre très-foncé et largement bordé de gris blanchâtre.

**Pousses d'été** d'un vert clair et teinté de jaune, non colorées de rouge et peu duveteuses à leur sommet.

**Feuilles des pousses d'été** situées à leur partie supérieure, petites, ovales-elliptiques, se terminant brusquement en une pointe un peu longue et bien fine, concaves, bordées de dents très-fines, très-peu profondes, bien couchées, peu appréciables ; celles situées à leur partie inférieure beaucoup plus amples, ovales bien élargies, se terminant brusquement en une pointe un peu longue, repliées sur leur nervure médiane, bordées de dents peu profondes, bien couchées et émoussées; toutes bien soutenues sur des pétioles courts, grêles et redressés.

**Stipules** longues, linéaires.

**Feuilles stipulaires** manquant ordinairement.

**Boutons à fruit** assez gros ou gros, conico-ovoïdes, aigus ; écailles d'un beau marron rougeâtre foncé.

**Fleurs** presque moyennes ; pétales elliptiques, bien concaves, ne pouvant s'étaler, peu lavés de rose avant l'épanouissement; divisions du calice courtes, étroites et aiguës; pédicelles assez longs, assez forts et presque glabres.

**Feuilles des productions fruitières** grandes, cordiformes-ovales et élargies, se terminant brusquement en une pointe courte, largement creusées en gouttière et un peu arquées, bordées de dents irrégulières et très-peu profondes, à peine appréciables, mal soutenues sur des pétioles longs, un peu forts et cependant bien flexibles.

**Caractère saillant de l'arbre** : teinte générale du feuillage d'un beau vert herbacé; différence d'ampleur très-remarquable entre les plus jeunes feuilles et les feuilles adultes, soit des pousses d'été, soit des productions fruitières; pétioles des feuilles des productions fruitières de couleur jaune.

**Fruit** assez petit, ovoïde, court et ventru, parfois un peu plus allongé que notre figure, ordinairement uni dans son contour, atteignant sa plus grande épaisseur à peine au-dessous du milieu de sa hauteur; au-dessus de ce point, s'atténuant par une courbe largement concave en une pointe courte, un peu épaisse, obtuse ou tronquée à son sommet; au-dessous du même point, s'atténuant par une courbe à peine convexe pour diminuer sensiblement d'épaisseur vers la cavité de l'œil.

**Peau** un peu épaisse, d'abord d'un vert clair et gai semé de points d'un vert plus foncé, si nombreux qu'ils se touchent presque entre eux. On ne trouve ordinairement aucune trace de rouille sur la surface du fruit. A la maturité, **fin d'août et commencement de septembre,** le vert fondamental passe au jaune citron mat, et le côté du soleil est seulement doré.

**Œil** assez grand, demi-ouvert, à divisions dressées, placé dans une cavité étroite, peu profonde, qu'il dépasse souvent.

**Queue** longue, peu forte, attachée le plus souvent perpendiculairement à fleur de la pointe du fruit ou dans une cavité étroite et peu profonde.

**Chair** jaunâtre, fine, beurrée, fondante, à peine un peu granuleuse vers le cœur, abondante en eau richement sucrée et parfumée.

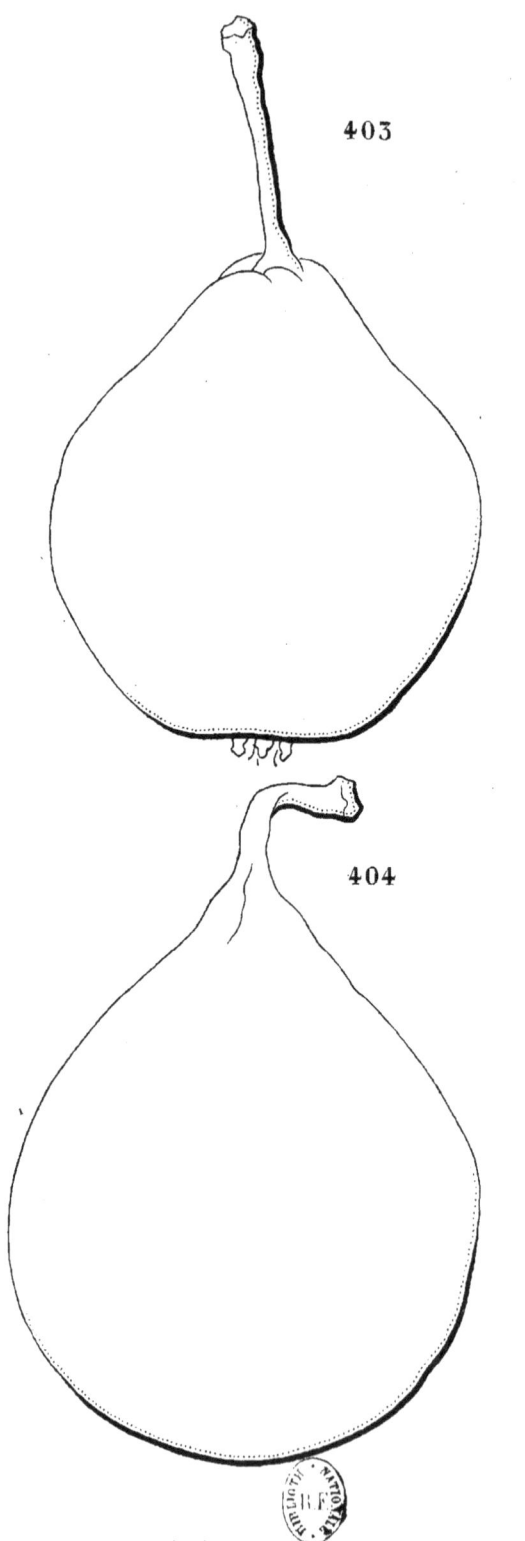

403, COLMAR D'ÉTÉ.   404, ESTHER COMTE.

# ESTHER COMTE

(N° 404)

*Catalogue* Narcisse Gaujard, de Wetteren. 1869-1870.
ESTHER CONTE. *Catalogue* Duvesse, d'Orléans. 1857.

Observations. — Je n'ai pu obtenir de renseignements sur l'origine de cette variété. — L'arbre, de bonne vigueur sur cognassier, exige une taille courte si l'on veut en obtenir des formes régulières; ses boutons à bois étant très-disposés à rester endormis. Sa fertilité, assez précoce, est seulement moyenne et sujette à des alternats complets. Son fruit est d'assez bonne qualité.

DESCRIPTION.

**Rameaux** de moyenne force, unis dans leur contour, droits, à entre-nœuds extraordinairement courts, d'un vert olivâtre du côté de l'ombre et brunis du côté du soleil, d'un rouge lie de vin intense à leur partie supérieure; lenticelles blanchâtres, un peu larges, arrondies, nombreuses et apparentes.
**Boutons à bois** moyens, coniques, bien aigus, à direction bien écartée du rameau, soutenus sur des supports peu saillants dont les côtés et l'arête médiane ne se prolongent pas; écailles d'un marron rougeâtre clair.
**Pousses d'été** d'un vert d'eau, de bonne heure lavées de rouge sanguin et duveteuses sur la plus grande partie de leur longueur.
**Feuilles des pousses d'été** petites, obovales, courtement et sensiblement atténuées vers le pétiole, se terminant un peu brusquement en une pointe finement aiguë, largement creusées en gouttière et largement ondulées

dans leur contour, un peu recourbées en dessous seulement par leur pointe, irrégulièrement et très-peu profondément découpées plutôt que dentées par leurs bords garnis d'un duvet laineux, assez bien soutenues sur des pétioles très-courts, un peu grêles et redressés.

**Stipules** en alênes de moyenne longueur, bien fines et très-caduques.

**Feuilles stipulaires** fréquentes.

**Boutons à fruit** moyens, conico-ovoïdes, aigus; écailles d'un marron jaunâtre.

**Fleurs** petites; pétales elliptiques-élargis, peu concaves, à onglet court, se recouvrant un peu entre eux; divisions du calice bien longues, étroites, finement aiguës et peu recourbées en dessous; pédicelles courts, grêles et peu laineux.

**Feuilles des productions fruitières** plus grandes que celles des pousses d'été, elliptiques bien allongées et étroites, se terminant presque régulièrement en une pointe finement aiguë, bien creusées en gouttière et à peine arquées, bordées de dents très-peu profondes, bien couchées et émoussées, assez bien soutenues sur des pétioles courts, grêles et un peu fermes.

**Caractère saillant de l'arbre** : teinte générale du feuillage d'un vert herbacé vif et brillant; les plus jeunes feuilles lavées de rouge et bordées d'un duvet laineux; feuilles des productions fruitières remarquablement allongées et creusées en gouttière; tous les pétioles plus ou moins courts.

**Fruit** moyen ou presque moyen, ovoïde-piriforme, un peu ventru, ordinairement uni dans son contour, atteignant sa plus grande épaisseur au-dessous du milieu de sa hauteur; au-dessus de ce point, s'atténuant par une courbe d'abord largement convexe puis à peine concave en une pointe plus ou moins longue, maigre et aiguë à son sommet; au-dessous du même point, s'atténuant par une courbe peu convexe pour diminuer plus ou moins sensiblement d'épaisseur vers la cavité de l'œil.

**Peau** fine et cependant un peu ferme, d'abord d'un vert clair et gai semé de points d'un gris brun, petits, nombreux, régulièrement espacés et assez apparents. Une rouille fine et d'un fauve clair couvre ordinairement la cavité de l'œil et parfois le sommet du fruit. A la maturité, **courant et fin d'hiver,** le vert fondamental passe au jaune clair conservant souvent un teinte un peu verdâtre et le côté du soleil, un peu doré, est parfois aussi, sur les fruits bien exposés, pointillé de rouge brun.

**Œil** moyen, demi-ouvert, à divisions fermes, dressées, placé presque à fleur de la base du fruit dans une dépression très-peu profonde, évasée, un peu plissée dans ses parois et par ses bords.

**Queue** tantôt assez courte, tantôt de moyenne longueur, de moyenne force, ligneuse, courbée ou contournée, formant exactement la continuation de la pointe du fruit.

**Chair** blanchâtre, assez fine, demi-fondante, à peine ou peu granuleuse vers le cœur, abondante en eau douce, sucrée et délicatement parfumée ou relevée d'une saveur rafraîchissante.

# ESTURION

(N° 405)

Catalogue BIVORT. 1851-1852.
Catalogue PAPELEU, de Wetteren. 1856-1857.
Catalogue GAUJARD, de Wetteren. 1868-1869.
Catalogue THIERY, de Haelen.

OBSERVATIONS. — Je n'ai pu trouver aucune trace de l'origine de cette variété sur laquelle les pépiniéristes cités n'ont pas donné d'indications. Je l'ai reçue de M. Papeleu, et cependant il attribue dans son Catalogue une époque bien plus tardive de maturité à son fruit que celle que j'ai pu constater déjà depuis longtemps. — L'arbre, de vigueur contenue sur cognassier, s'accommode bien de la forme pyramidale. Il est rustique et sa fertilité est bonne. Son fruit est de première qualité.

DESCRIPTION.

**Rameaux** assez forts et souvent un peu épaissis à leur sommet, obscurément anguleux ou presque unis dans leur contour, à peine flexueux, à entre-nœuds un peu longs et inégaux entre eux, d'un brun olivâtre; lenticelles blanchâtres, un peu larges, assez nombreuses et apparentes.

**Boutons à bois** assez gros, coniques, un peu épais, un peu renflés sur le dos, peu aigus, tantôt à direction écartée du rameau lorsqu'ils sont situés à sa partie inférieure, tantôt parallèles ou presque appliqués au rameau, lorsqu'ils sont situés à sa partie inférieure, soutenus sur des supports bien saillants dont l'arête médiane ne se prolonge pas ou très-obscurément sur le rameau ; écailles presque entièrement recouvertes de gris blanchâtre.

**Pousses d'été** d'un vert très-pâle, non lavées de rouge et glabres à leur sommet.

**Feuilles des pousses d'été** moyennes, régulièrement ovales, se terminant presque régulièrement en une pointe un peu longue et finement aiguë, bien creusées en gouttière et non arquées, bordées de dents larges, profondes, couchées et un peu aiguës, s'abaissant sur des pétioles de moyenne longueur, un peu forts et un peu souples.

**Stipules** courtes, filiformes et très-caduques.

**Feuilles stipulaires** manquant ordinairement.

**Boutons à fruit** moyens, coniques-allongés, maigres et longuement aigus; écailles rougeâtres et largement maculées de gris blanchâtre.

**Fleurs** assez petites; pétales elliptiques-arrondis, bien concaves, lavés de rose vif avant et après l'épanouissement, à onglet court, se touchant un peu entre eux; divisions du calice assez longues, étroites et un peu recourbées en dessous seulement par leur pointe; pédicelles courts, grêles et peu duveteux.

**Feuilles des productions fruitières** un peu moins grandes que celles des pousses d'été, très-exactement ovales, se terminant régulièrement en une pointe extraordinairement courte et fine, planes ou presque planes, bordées de dents bien couchées, peu profondes et peu aiguës, s'abaissant peu sur des pétioles de moyenne longueur, de moyenne force, bien divergents et peu flexibles.

**Caractère saillant de l'arbre** : teinte générale du feuillage d'un vert un peu bleu et un peu brillant; la plupart des feuilles bien exactement ovales.

**Fruit** assez petit, exactement conique, bien uni dans son contour, atteignant sa plus grande épaisseur bien près de sa base; au-dessus de ce point, s'atténuant par une courbe à peine convexe ou à peine concave en une pointe longue, assez maigre et aiguë à son sommet; au-dessous du même point, s'arrondissant par une courbe bien convexe jusque vers l'œil.

**Peau** assez fine, d'abord d'un vert pâle sur lequel les points très-nombreux sont très-peu visibles. On remarque ordinairement un peu de rouille fauve, soit dans la cavité de l'œil, soit sur le sommet du fruit. A la maturité, **septembre, octobre**, le vert fondamental passe au jaune mat, et le côté du soleil est lavé ou pointillé d'un rouge léger.

**Œil** grand, demi-ouvert, un peu serré dans une dépression très-étroite et très-peu profonde dans laquelle des plis ou des perles charnues alternent avec ses divisions.

**Queue** courte ou très-courte, forte, attachée à fleur de la pointe du fruit.

**Chair** un peu jaune, bien fine, bien fondante, abondante en eau bien sucrée et agréablement parfumée.

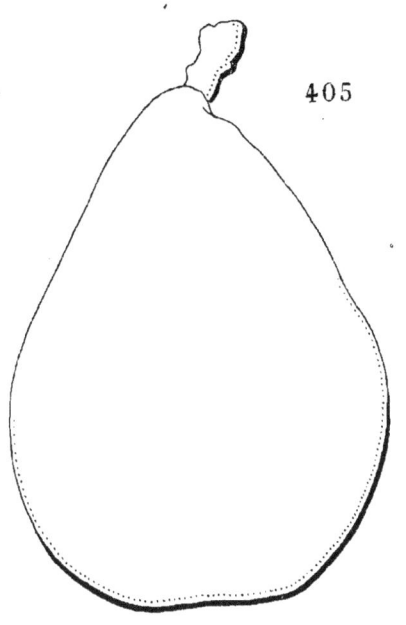
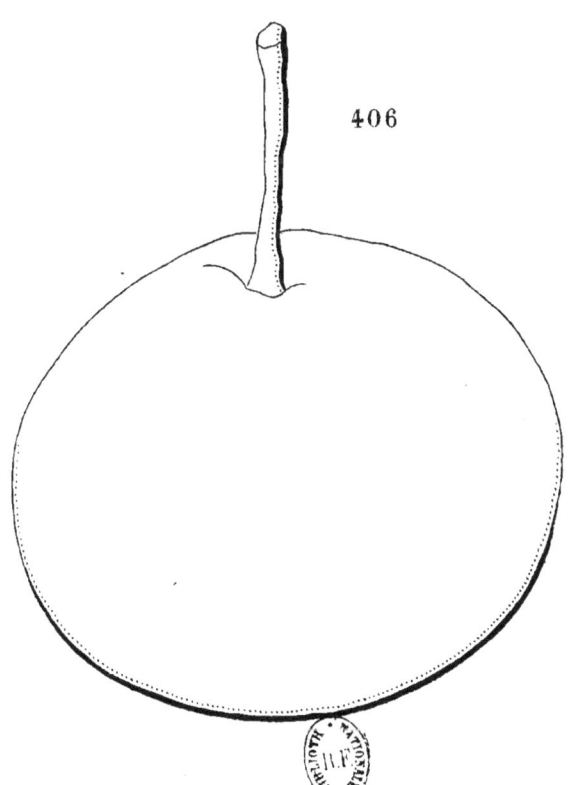

405. ESTURION.  406. EYEWOOD.

# EYEWOOD

(N° 406)

*The Fruit Manual.* ROBERT HOGG.
*The Fruits and the fruit-trees of America.* DOWNING.
*The American fruit Culturist.* THOMAS.
*Illustrirtes Handbuch der Obstkunde.* FLOTOW.
*Jardin fruitier du Muséum.* DECAISNE.
*Dictionnaire de pomologie.* ANDRÉ LEROY.

OBSERVATIONS. — Cette variété fut obtenue à Downton-Castle, par M. Knight, président de la Société d'horticulture de Londres. Son premier rapport eut lieu vers 1822. Son nom, qui signifie Œil de bois, lui a sans doute été donné pour la raideur des divisions calicinales qui est vraiment caractéristique. — L'arbre, de bonne vigueur aussi bien sur cognassier que sur franc, s'accommode bien de la forme pyramidale et aussi bien de celle de vase à laquelle le dispose bien la solidité de ses productions fruitières. Sa haute tige sur franc forme une tête robuste sur laquelle ses fruits restent bien attachés. Ses fruits, réunis en bouquets, lui assurent une grande fertilité qui est aussi précoce et soutenue, et leur chair présente quelque rapport de saveur avec la Crassane.

DESCRIPTION.

**Rameaux** peu forts et fluets à leur partie supérieure, presque droits, à entre-nœuds très-courts, rougeâtres ; lenticelles très-petites, assez peu nombreuses et peu apparentes.

**Boutons à bois** assez petits, très-courts, très-épais, très-obtus, à direction plus ou moins écartée du rameau, soutenus sur des supports peu saillants dont les côtés et l'arête médiane ne se prolongent pas ; écailles d'un marron rougeâtre foncé et largement maculé de gris blanchâtre.

**Pousses d'été** d'un vert clair, un peu lavées de rouge et peu duveteuses sur une assez grande longueur à leur sommet.

**Feuilles des pousses d'été** moyennes, ovales-elliptiques, se terminant peu brusquement en une pointe courte, un peu creusées en gouttière et à peine arquées, souvent très-largement ondulées ou contournées sur leur longueur, bordées de dents larges, profondes, couchées et aiguës, s'abaissant sur des pétioles un peu longs, peu forts et souples.

**Stipules** longues, linéaires ou linéaires-lancéolées.

**Feuilles stipulaires** très-fréquentes.

**Boutons à fruit** gros, conico-ovoïdes, courts, très-épais et courtement aigus ; écailles d'un marron rougeâtre terne et largement maculé de gris blanchâtre.

**Fleurs** petites; pétales elliptiques-arrondis, presque planes, à onglet court, se touchant entre eux ; divisions du calice courtes, obtuses et recourbées en dessous ; pédicelles de moyenne longueur, de moyenne force et peu duveteux.

**Feuilles des productions fruitières** moins grandes que celles des pousses d'été, ovales-elliptiques, un peu sensiblement atténuées vers le pétiole, se terminant régulièrement ou presque régulièrement en une pointe courte, concaves, largement ondulées, bordées de dents bien couchées, peu profondes, obtuses ou émoussées, assez bien soutenues sur des pétioles longs, grêles et cependant un peu fermes.

**Caractère saillant de l'arbre** : teinte générale du feuillage d'un vert herbacé peu foncé et peu brillant; la plupart des feuilles largement ondulées ou contournées sur leur longueur.

**Fruit** moyen ou presque moyen, irrégulièrement sphérique, tantôt presque uni dans son contour, tantôt un peu déformé par des côtes très-épaisses et bien aplanies, atteignant sa plus grande épaisseur un peu au-dessus du milieu de sa hauteur; au-dessus de ce point, s'arrondissant par une courbe assez convexe en une demi-sphère bien déprimée ; au-dessous du même point, s'atténuant sensiblement par une courbe largement convexe pour se terminer en une base tronquée sur une petite étendue autour de la cavité de l'œil.

**Peau** fine, assez mince, cependant un peu ferme sous le couteau, d'abord d'un vert d'eau très-pâle, mat et recouvert d'une sorte de fleur blanchâtre qui le ternit encore, semé de points d'un gris noirâtre, un peu larges, bien apparents, nombreux et bien régulièrement espacés. A la maturité, **octobre**, le vert fondamental prend une teinte d'un jaune verdâtre, les points sont plus apparents, et sur le côté du soleil, un peu doré, on remarque quelques taches d'une rouille d'un brun foncé intense qui se retrouvent aussi le plus souvent dans la cavité de l'œil où elles prennent un ton fauve.

**Œil** moyen, ouvert, à divisions fines, fermes, étalées, au milieu desquelles persistent longtemps les étamines, placé dans une cavité large, profonde, bien régulière dans ses parois et par ses bords.

**Queue** longue, grêle, souvent contournée, ligneuse, verte du côté du fruit, d'un brun brillant à son point d'attache au rameau, attachée perpendiculairement dans une cavité large et profonde, des bords de laquelle naissent trois ou quatre sillons plus ou moins prononcés qui parfois se prolongent sur toute la hauteur du fruit et semblent le partager en trois ou quatre parties égales.

**Chair** d'un blanc un peu teinté de jaune, assez fine, un peu granuleuse, fondante, suffisante en eau sucrée, hautement parfumée et relevée d'un acide rafraichissant très-agréable.

# FONDANTE DE ROME OU SUCRÉ-ROMAIN

(RÖMISCHE SCHMALZBIRNE)

(N° 407)

*Systematisches Handbuch der Obstkunde.* Dittrich.
*Illustrirtes Handbuch der Obstkunde.* Jahn.
*Sichere Führer.* Dochnahl.
PARADENBIRNE. *Versuch einer Systematischen Beschreibung der Kernobstsorten.* Diel.

Observations. — Diel, en parlant de la Fondante de Rome, dit qu'il l'avait reçue de Harlem et ne s'est pas aperçu qu'il l'avait probablement déjà décrite sous le nom de Paradenbirne ; du moins c'est l'opinion de M. Jahn, et certainement en lisant ses deux descriptions de ces deux variétés, on est frappé de la concordance qui existe entre elles. — L'arbre, de vigueur contenue sur cognassier, est disposé naturellement à la forme pyramidale et semble s'accommoder encore mieux de la haute tige sur franc. Sa fertilité est précoce, grande, mais interrompue par des alternats complets. Son fruit est seulement de seconde qualité.

DESCRIPTION.

**Rameaux** de moyenne force, presque unis dans leur contour, bien droits, à entre-nœuds assez courts, d'un vert jaunâtre du côté de l'ombre, verdâtres du côté du soleil ; lenticelles blanchâtres, un peu allongées, assez nombreuses et peu apparentes.

**Boutons à bois** moyens, coniques, courts, bien élargis à leur base, émoussés ou très-courtement aigus, comprimés et appliqués au rameau, soutenus sur des supports très-peu saillants dont les côtés et l'arête médiane ne se prolongent pas ou très-peu distinctement; écailles d'un marron peu foncé.

**Pousses d'été** d'un vert terne et laineuses sur une assez grande longueur.

**Feuilles des pousses d'été** moyennes, ovales, se terminant brusquement en une pointe courte et très-finement aiguë, bien creusées en gouttière et arquées, irrégulièrement bordées de dents écartées entre elles, très-peu profondes et aiguës, soutenues horizontalement sur des pétioles longs, un peu forts, redressés et un peu souples.

**Stipules** en alènes de moyenne longueur et très-caduques.

**Feuilles stipulaires** fréquentes.

**Boutons à fruit** gros, conico-ovoïdes, allongés et bien aigus; écailles d'un beau marron brillant.

**Fleurs** petites; pétales obovales-arrondis, un peu concaves, à onglet court, peu écartés entre eux; divisions du calice de moyenne longueur, étroites et bien réfléchies en dessous; pédicelles de moyenne longueur, grêles et peu duveteux.

**Feuilles des productions fruitières** assez petites, régulièrement ovales, peu concaves ou presque planes, presque entières ou bordées de dents très-peu appréciables, bien soutenues sur des pétioles longs, grêles et cependant assez fermes.

**Caractère saillant de l'arbre** : teinte générale du feuillage d'un vert vif et brillant; feuilles des pousses d'été remarquablement creusées en gouttière et très-finement acuminées; toutes les feuilles très-régulièrement et très-peu profondément dentées.

**Fruit** presque moyen, conique-piriforme, bien uni dans son contour, atteignant sa plus grande épaisseur bien au-dessous du milieu de sa hauteur; au-dessus de ce point, s'atténuant par une courbe d'abord à peine convexe puis à peine concave en une pointe assez longue, maigre et aiguë à son sommet; au-dessous du même point, s'arrondissant par une courbe bien convexe pour ensuite s'aplatir un peu autour de la cavité de l'œil.

**Peau** fine, mince, unie, d'abord d'un vert clair et vif semé de points gris cernés d'un vert un peu plus foncé et assez peu apparents. On ne remarque le plus souvent aucune trace de rouille sur sa surface. A la maturité, **fin d'août**, le vert fondamental passe au beau jaune doré clair et vif, et le côté du soleil est largement lavé d'un beau rouge cramoisi traversé par des raies du même rouge plus foncé et semé de petits points nombreux et d'un jaune doré.

**Œil** moyen, bien ouvert, placé dans une dépression étroite, peu profonde, ordinairement unie et qui le contient à peine.

**Queue** longue, grêle, bien souple, ordinairement courbée, formant exactement la continuation de la pointe du fruit.

**Chair** jaunâtre, un peu grossière, cassante, marcescente, peu abondante en eau douce, sucrée et peu parfumée.

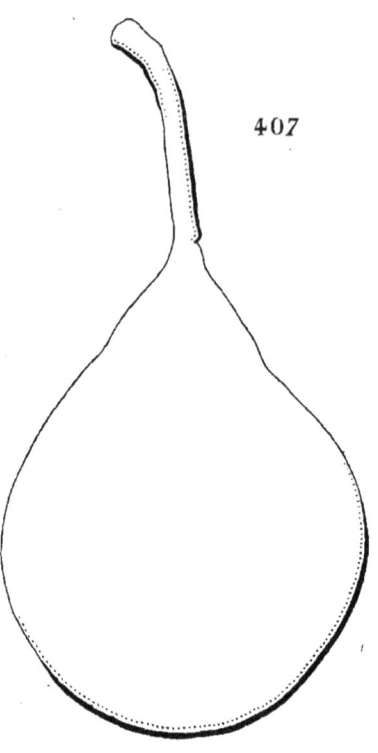

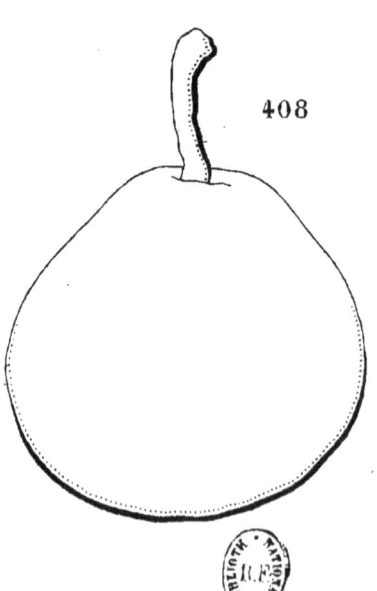

407. FONDANTE DE ROME.   408. ORANGE DE BRIEL.

# ORANGE DE BRIEL

(BRIELSCHE POMERANZENBIRNE)

(N° 408)

*Versuch einer Systematischen Beschreibung der Kernobstsorten.* Diel.
*Anleitung des besten Obstes.* Oberdieck.
*Illustrirtes Handbuch der Obstkunde.* Jahn.
*Sichere Führer.* Dochnahl.

Observations. — Diel dit qu'il reçut cette variété du jardinier Stein, de Harlem, et qu'elle est probablement originaire de Hollande où elle porte le nom de Briels'che Orange peer. Elle semble avoir beaucoup de rapports avec le fruit qui porte en France le nom d'Orange tulipée, mais je n'ai pu encore constater son entière identité. — L'arbre, de vigueur moyenne sur cognassier, exige quelques soins pour se plier aux formes régulières. Sa fertilité est précoce, bonne, mais sujette à des alternats assez marqués. Son fruit est seulement de seconde qualité.

DESCRIPTION.

**Rameaux** assez grêles, finement anguleux dans leur contour, droits, à entre-nœuds de moyenne longueur, d'un brun jaunâtre clair ; lenticelles blanchâtres, très-petites, rares et peu apparentes.

**Boutons à bois** petits, coniques, un peu épais et courtement aigus, à direction peu écartée du rameau, soutenus sur des supports saillants dont l'arête médiane se prolonge finement et distinctement; écailles d'un marron rougeâtre très-foncé.

**Pousses d'été** d'un vert d'eau, lavées de rouge rosat et finement duveteuses à leur sommet.

**Feuilles des pousses d'été** assez petites, ovales-allongées et peu larges, se terminant régulièrement en une pointe finement aiguë, largement creusées en gouttière, peu arquées et souvent ondulées, entières ou bordées de dents très-peu appréciables, retombant sur des pétioles de moyenne longueur, grêles et un peu souples.

**Stipules** courtes, fines et caduques.

**Feuilles stipulaires** manquant ordinairement.

**Boutons à fruit** moyens ou assez petits, conico-ovoïdes, courtement aigus; écailles d'un marron peu foncé.

**Fleurs** assez petites ou presque moyennes; pétales ovales-élargis, à onglet un peu long, un peu écartés entre eux; divisions du calice assez courtes et peu recourbées en dessous; pédicelles courts, forts et peu duveteux.

**Feuilles des productions fruitières** presque moyennes, ovales-élargies, brusquement et courtement atténuées vers le pétiole, se terminant régulièrement en une pointe ordinairement contournée, presque planes et souvent largement ondulées, entières par leurs bords, assez peu soutenues sur des pétioles un peu courts, bien grêles et un peu souples.

**Caractère saillant de l'arbre** : teinte générale du feuillage d'un vert d'eau clair et longtemps recouvert d'un duvet aranéeux; presque toutes les feuilles largement ondulées; tous les pétioles remarquablement grêles.

**Fruit** petit ou presque moyen, sphérico-conique, court, uni dans son contour, atteignant sa plus grande épaisseur au-dessous du milieu de sa hauteur; au-dessus de ce point, s'atténuant par une courbe à peine convexe en une pointe très-courte, épaisse et tronquée à son sommet; au-dessous du même point, s'arrondissant par une courbe bien convexe pour ensuite s'aplatir un peu autour de la cavité de l'œil.

**Peau** un peu épaisse, d'abord d'un vert d'eau semé de petits points fauves, nombreux et serrés. Parfois on remarque un peu de rouille fauve dans la cavité de l'œil. A la maturité, **milieu et fin d'août**, le vert fondamental passe au jaune paille brillant, et le côté du soleil est lavé d'un joli rouge vermillon vif sur lequel ressortent des points jaunes, très-petits et très-nombreux.

**Œil** grand, ouvert, placé dans une petite cavité peu profonde, évasée et ordinairement unie par ses bords.

**Queue** assez courte, forte, bien ligneuse, attachée dans un pli ou dans une cavité dans laquelle elle est souvent repoussée un peu obliquement par une bosse charnue.

**Chair** blanchâtre, assez fine, demi-beurrée, peu abondante en eau douce, sucrée et peu relevée.

# RAYMOND

(N° 409)

*The Fruits and the fruit-trees of America.* Downing.
*The American fruit Culturist.* Thomas.

Observations. — Cette variété, originaire de l'Etat du Maine, est née sur la ferme du docteur I. Wright, dans les environs de la ville de Raymond. — L'arbre, de vigueur un peu insuffisante sur cognassier, exige une taille courte pour être maintenu sous une forme régulière. Sa fertilité est très-précoce, très-grande et soutenue. Son fruit, de beau volume, est aussi de bonne qualité.

DESCRIPTION.

**Rameaux** de moyenne force, finement anguleux dans leur contour, droits, à entre-nœuds courts, de couleur jaunâtre et à peine teintés de rouge du côté du soleil; lenticelles blanches, petites, arrondies, assez nombreuses et un peu apparentes.

**Boutons à bois** petits, coniques, courts, épaissis à leur base, courtement aigus, à direction écartée du rameau, soutenus sur des supports saillants dont les côtés et l'arête médiane se prolongent finement; écailles d'un marron rougeâtre foncé, brillant et bordé de gris argenté.

**Pousses d'été** d'un vert très-clair, lavées de rouge et presque glabres à leur sommet.

**Feuilles des pousses d'été** petites, obovales-elliptiques, se terminant assez brusquement en une pointe longue, large et cependant finement aiguë, régulièrement concaves, bordées de dents fines, très-peu profondes et un peu émoussées, bien soutenues sur des pétioles longs, très-grêles et cependant fermes et redressés.

**Stipules** de moyenne longueur ou assez longues, linéaires, très-fines, presque filiformes.

**Feuilles stipulaires** manquant le plus souvent.

**Boutons à fruit** gros, ovoïdes, bien aigus ; écailles d'un marron foncé et terne.

**Fleurs** très-petites; pétales ovales-elliptiques, étroits, peu concaves, à onglet court, très-écartés entre eux; divisions du calice de moyenne longueur, fines et finement aiguës, bien recourbées en dessous; pédicelles assez courts, peu forts et peu duveteux.

**Feuilles des productions fruitières** moyennes, elliptiques, se terminant régulièrement en une pointe courte et acérée, régulièrement concaves, irrégulièrement bordées de dents très-peu profondes et émoussées, souvent presque entières, s'abaissant sur des pétioles de moyenne longueur, de moyenne force et un peu souples.

**Caractère saillant de l'arbre** : teinte générale du feuillage d'un vert bleu ; toutes les feuilles exactement concaves et bordées d'une serrature très-peu profonde ; élégance dans son port et dans sa végétation.

**Fruit** gros, sphérico-ovoïde, uni dans son contour, atteignant sa plus grande épaisseur au-dessous du milieu de sa hauteur; au-dessus de ce point, s'atténuant par une courbe largement convexe en une pointe courte, très-épaisse et largement obtuse à son sommet; au-dessous du même point, s'arrondissant par une courbe plus convexe jusque dans la cavité de l'œil.

**Peau** assez mince, unie, d'abord d'un vert pâle semé de points d'un gris vert, largement et régulièrement espacés et apparents. Une rouille fine, de couleur fauve forme ordinairement une tache de peu d'étendue sur le sommet du fruit et couvre la cavité de l'œil. A la maturité, **septembre,** le vert fondamental passe au jaune paille, et le côté du soleil est doré ou lavé d'un léger nuage de rouge orangé.

**Œil** petit, fermé, à divisions courtes, placé dans une cavité peu profonde, un peu évasée et plissée dans ses parois.

**Queue** de moyenne longueur, forte, bien ligneuse, attachée le plus souvent obliquement à fleur de la pointe du fruit qui est comme écrasée ou un peu recourbée.

**Chair** blanche, fine, beurrée, suffisante en eau douce, sucrée et délicatement parfumée.

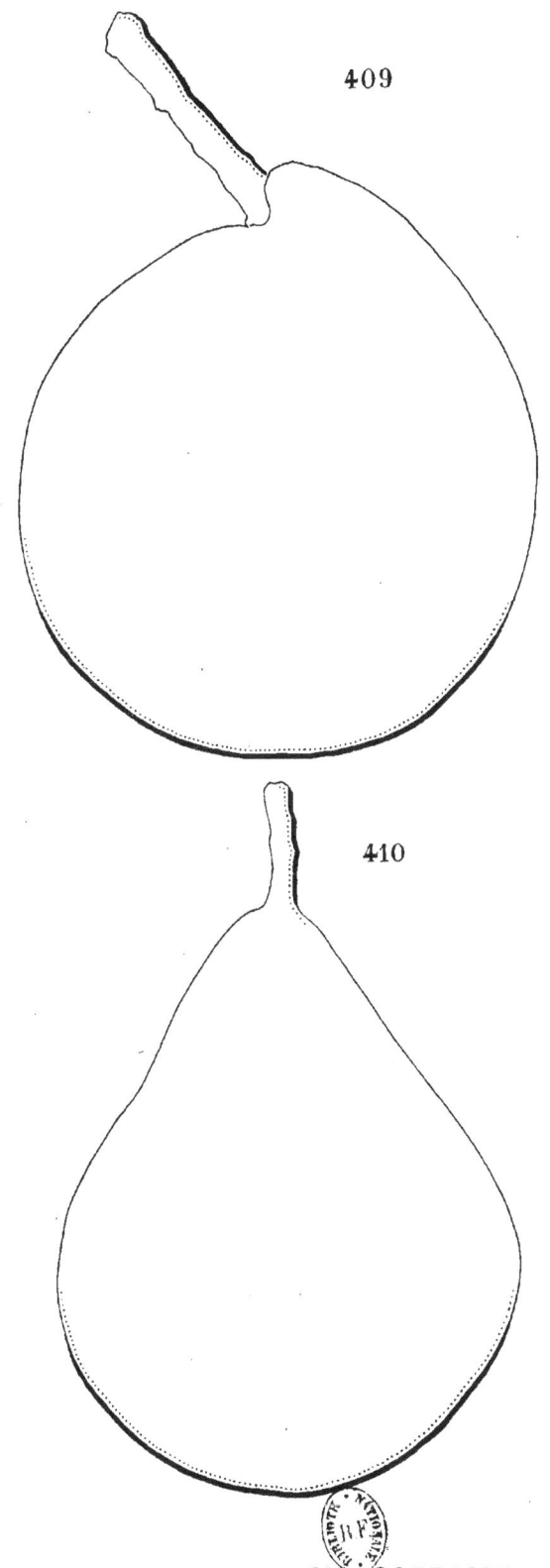

409, RAYMOND. 410, SARRASIN.

# SARRASIN

(N° 410)

*Traité des Arbres fruitiers.* DUHAMEL.
*Versuch einer Systematischen Beschreibung der Kernobstsorten.* DIEL.
*Systematisches Handbuch der Obstkunde.* DITTRICH.
*Handbuch uber die Obstbaumzucht.* CHRIST.
*Illustrirtes Handbuch der Obstkunde.* JAHN.
*Dictionnaire de pomologie.* ANDRÉ LEROY.

OBSERVATIONS. — Cette variété est d'origine ancienne et inconnue. — L'arbre, de bonne vigueur aussi bien sur cognassier que sur franc, exige quelques soins pour être maintenu sous formes régulières et se trouve bien d'être appuyé à un treillage. Il se comporte bien en haute tige. Sa fertilité, peu précoce est seulement moyenne lorsqu'il est soumis à la taille, et meilleure s'il est abandonné à lui-même. Son fruit est de bonne qualité pour la saison très-tardive où il peut être consommé.

DESCRIPTION.

**Rameaux** de moyenne force, presque unis dans leur contour, flexueux, à entre-nœuds longs et souvent inégaux entre eux, de couleur verdâtre et un peu brunis du côté du soleil; lenticelles blanchâtres, larges, nombreuses et bien apparentes.

**Boutons à bois** petits, coniques, courts, courtement aigus, souvent éperonnés, à direction écartée du rameau, soutenus sur des supports peu saillants dont l'arête médiane ne se prolonge pas ou très-peu distinctement; écailles d'un marron rougeâtre foncé et brillant.

**Pousses d'été** d'un vert d'eau lavé de rouge vineux à leur sommet, couvertes sur la plus grande partie de leur longueur d'un duvet laineux et épais.

**Feuilles des pousses d'été** moyennes, ovales-elliptiques, se terminant un peu brusquement en une pointe fine et très-courte, peu repliées sur leur nervure médiane et arquées, bordées de dents un peu profondes, un peu recourbées et émoussées, s'abaissant peu sur des pétioles un peu longs, de moyenne force et peu redressés.

**Stipules** courtes, filiformes.

**Feuilles stipulaires** manquant ordinairement.

**Boutons à fruit** assez petits, conico-ovoïdes, aigus ; écailles d'un marron rougeâtre clair et vif.

**Fleurs** moyennes ; pétales elliptiques-arrondis, un peu concaves, remarquablement ondulés dans leur contour, à onglet peu long, peu écartés entre eux ; divisions du calice de moyenne longueur, très-fines, très-finement aiguës et peu recourbées en dessous ; pédicelles de moyenne longueur, assez grêles et un peu cotonneux.

**Feuilles des productions fruitières** moyennes, ovales-elliptiques et un peu élargies, se terminant un peu brusquement en une pointe courte, large et recourbée, peu repliées sur leur nervure médiane et bien arquées, sensiblement ondulées, bordées de dents fines, extraordinairement peu profondes et émoussées, s'abaissant sur des pétioles longs, grêles et souples.

**Caractère saillant de l'arbre** : teinte générale du feuillage d'un vert d'eau souvent un peu teinté ou marbré de jaune ; feuilles des productions fruitières remarquablement ondulées et arquées ; tous les pétioles plus ou moins longs et grêles.

**Fruit** moyen, ovoïde-piriforme, uni dans son contour, atteignant sa plus grande épaisseur bien au-dessous du milieu de sa hauteur ; au-dessus de ce point, s'atténuant par une courbe d'abord à peine convexe puis à peine concave en une pointe un peu longue, un peu épaisse, peu obtuse ou presque aiguë à son sommet ; au-dessous du même point, s'atténuant par une courbe largement convexe pour diminuer sensiblement d'épaisseur vers la cavité de l'œil.

**Peau** un peu épaisse et ferme, d'abord d'un vert décidé et brillant semé de points d'un gris brun, un peu larges, nombreux et assez apparents. Une rouille bronzée forme des taches sur la base du fruit et couvre ordinairement son sommet. A la maturité, **fin d'hiver et printemps,** le vert fondamental passe au jaune conservant un ton un peu verdâtre et le côté du soleil, sur les fruits bien exposés, est lavé d'un peu de rouge vermillon.

**Œil** assez grand, ouvert, à divisions bien étalées, placé presque à fleur de la base du fruit dans une cavité très-étroite, très-peu profonde et ne le contenant pas entièrement.

**Queue** de moyenne longueur, de moyenne force, droite ou courbée, formant la continuation de la pointe du fruit.

**Chair** blanchâtre, fine, tassée, demi-beurrée ou demi-cassante à l'entière maturité, peu abondante en eau richement sucrée et musquée.

# ASTON TOWN

(N° 411)

*A Guide to the Orchard.* LINDLEY.
*The Fruit Manual.* ROBERT HOGG.
*The Fruits and the fruit-trees of America.* DOWNING.
*Dictionnaire de pomologie.* ANDRÉ LEROY.

OBSERVATIONS. — Cette variété, d'origine anglaise, fut décrite pour la première fois, en 1831, par Lindley qui en fait ainsi l'éloge en indiquant le lieu de sa naissance : « Cette très-excellente poire est encore peu connue dans la plus grande partie de l'Angleterre. Elle est cependant bien connue et cultivée dans de grandes proportions dans le Nord-Ouest des comtés de Lancaster, de Chester et d'Hereford. Dans ce dernier comté, particulièrement à Shobden-Court et à Garnstone, elle est produite en grande abondance par des arbres en espalier et en plein vent qui fournissent des récoltes d'un fruit très-parfait, d'une égale qualité à celui de la Crassane à laquelle il ressemble un peu. » Cette variété fut obtenue il y a quelques années à Aston, dans le comté de Chester.— L'arbre, de bonne vigueur sur cognassier, affecte naturellement la forme pyramidale et s'accommode bien des formes régulières. Sa fertilité, assez précoce, est bonne, mais interrompue par des alternats. Son fruit, d'assez bonne qualité, est d'une conservation peu prolongée.

### DESCRIPTION.

**Rameaux** forts, allongés, à peine anguleux dans leur contour, presque droits, à entre-nœuds de moyenne longueur et inégaux entre eux, d'un brun olivâtre ; lenticelles blanchâtres, bien larges, assez peu nombreuses et bien apparentes.

**Boutons à bois** petits, courts, épatés, peu aigus, appliqués au rameau, soutenus sur des supports peu saillants dont l'arête médiane ne se prolonge pas ou peu distinctement; écailles d'un marron noirâtre et sombre.

**Pousses d'été** d'un vert jaunâtre terne, un peu colorées de rouge violet à leur sommet, couvertes d'un duvet très-léger sur presque toute leur longueur.

**Feuilles des pousses d'été** moyennes, ovales-elliptiques, se terminant un peu brusquement en une pointe courte, peu concaves, un peu recourbées en dessous seulement par leur pointe, irrégulièrement bordées de dents très-peu profondes et manquant souvent, soutenues horizontalement sur des pétioles peu longs, grêles et un peu redressés.

**Stipules** moyennes, lancéolées et souvent un peu recourbées.

**Feuilles stipulaires** manquant ordinairement.

**Boutons à fruit** petits, coniques, courts, peu aigus; écailles d'un marron bien foncé et peu brillant.

**Fleurs** assez petites; pétales arrondis-élargis, un peu concaves, à onglet court, se touchant presque entre eux; divisions du calice courtes et un peu recourbées en dessous; pédicelles de moyenne longueur, de moyenne force et peu duveteux.

**Feuilles des productions fruitières** plus grandes que celles des pousses d'été, ovales-élargies, se terminant en une pointe très-courte et bien recourbée, presque planes et peu arquées, entières ou irrégulièrement et très-peu profondément découpées par leurs bords, assez bien soutenues sur des pétioles assez longs, peu forts, dressés et un peu fermes.

**Caractère saillant de l'arbre** : teinte générale du feuillage d'un vert d'eau un peu luisant; feuilles le plus souvent bien recourbées par leur pointe; feuillage peu touffu.

**Fruit** à peine moyen, presque sphérique ou sphérico-ovoïde, uni dans son contour, atteignant sa plus grande épaisseur à peu près au milieu de sa hauteur; au-dessus de ce point, s'atténuant par une courbe largement convexe pour se terminer tantôt en demi-sphère, tantôt en une pointe courte, épaisse et obtuse; au-dessous du même point, s'arrondissant par une courbe plus convexe pour ensuite s'aplatir un peu autour de la cavité de l'œil.

**Peau** épaisse, d'abord d'un vert d'eau pâle semé de points bruns, larges, nombreux et bien apparents. Souvent des taches d'une rouille de même couleur se dispersent sur la surface du fruit. A la maturité, **septembre**, le vert fondamental passe au jaune pâle, et le côté du soleil est seulement un peu doré.

**Œil** moyen, demi-ouvert, placé dans une cavité peu profonde, évasée, bien unie dans ses parois et par ses bords.

**Queue** de moyenne longueur, bien ligneuse et ferme, attachée à fleur de la pointe du fruit ou un peu repoussée dans un pli peu prononcé.

**Chair** d'un blanc verdâtre, fine, fondante, abondante en eau douce, sucrée et légèrement parfumée.

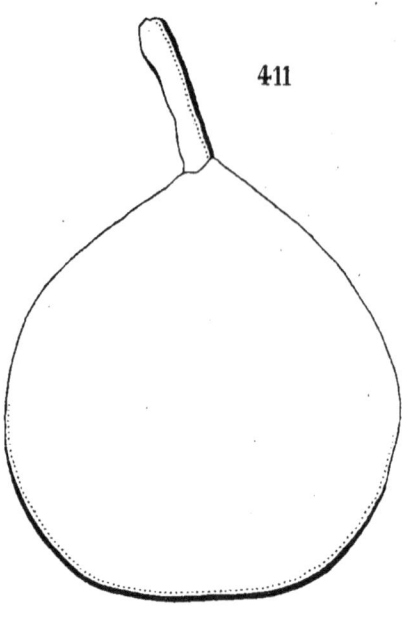
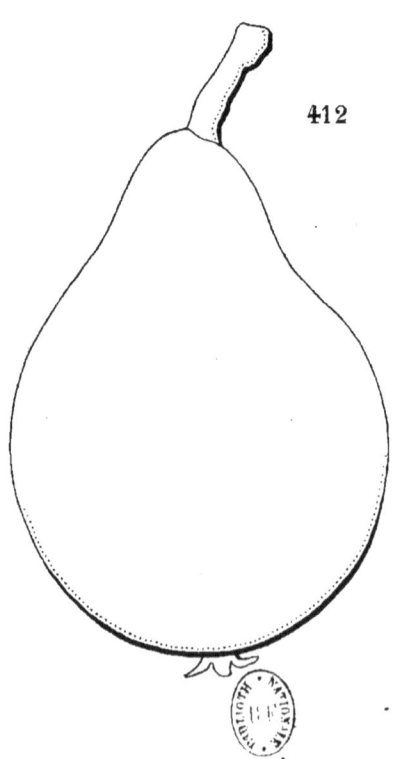

411. ASTON TOWN.   412. MÉLANIE MICHELIN.

# MÉLANIE MICHELIN

(N° 412)

*Revue horticole*. 1866. Boisbunel fils.

Observations. — Cette variété est un gain de M. Boisbunel fils, de Rouen, et fut dédiée par lui à la femme de M. Michelin, le membre zélé de la Commission pomologique de la Société centrale d'horticulture. — L'arbre, de bonne vigueur sur cognassier, s'accommode assez bien des formes régulières. Sa fertilité est précoce, bonne et soutenue. Son fruit est de bonne qualité.

DESCRIPTION.

**Rameaux** de moyenne force, souvent bien épaissis en massue à leur sommet, unis dans leur contour, droits, à entre-nœuds plus ou moins longs, d'un vert jaunâtre du côté de l'ombre, d'un brun rougeâtre du côté du soleil; lenticelles blanchâtres, peu larges, très-rares et apparentes.

**Boutons à bois** moyens, régulièrement coniques, aigus, à direction très-peu écartée du rameau, soutenus sur des supports peu saillants dont l'arête médiane ne se prolonge pas ; écailles d'un marron rougeâtre presque noir et largement recouvert de gris blanchâtre.

**Pousses d'été** d'un vert un peu teinté de jaune, lavées de rouge et un peu soyeuses à leur sommet.

**Feuilles des pousses d'été** moyennes ou assez petites, ovales-elliptiques, se terminant presque régulièrement en une pointe large et peu aiguë, repliées sur leur nervure médiane et peu arquées, bordées de dents larges, un peu profondes, obtuses du côté du pétiole, un peu aiguës vers l'autre extrémité de la feuille, assez peu soutenues sur des pétioles de moyenne longueur, grêles et un peu souples.

**Stipules** en alênes courtes, fines et très-caduques.

**Feuilles stipulaires** manquant ordinairement.

**Boutons à fruit** gros, exactement ovoïdes, peu aigus; écailles d'un beau marron foncé et brillant.

**Fleurs** moyennes; pétales elliptiques un peu élargis, bien concaves, à onglet long, un peu écartés entre eux; divisions du calice de moyenne longueur, étroites, très-finement aiguës, recourbées en dessous seulement par leur pointe; pédicelles de moyenne longueur ou assez longs, grêles et à peine laineux.

**Feuilles des productions fruitières** moyennes ou assez petites, ovales bien élargies, courtes et un peu échancrées vers le pétiole, se terminant peu brusquement en une pointe large et courte, concaves et un peu recourbées en dessous seulement par leur pointe, bordées de dents peu profondes, couchées et émoussées, mollement soutenues sur des pétioles de moyenne longueur, très-grêles et souples.

**Caractère saillant de l'arbre** : teinte générale du feuillage d'un vert pré peu foncé et peu brillant; toutes les feuilles courtes et assez sensiblement élargies; tous les pétioles remarquablement grêles et souples.

**Fruit** moyen, ovoïde-piriforme, uni dans son contour, atteignant sa plus grande épaisseur bien au-dessous du milieu de sa hauteur; au-dessus de ce point, s'atténuant par une courbe d'abord très-peu convexe puis largement concave en une pointe plus ou moins longue, plus ou moins maigre et aiguë à son sommet; au-dessous du même point, s'arrondissant par une courbe largement convexe jusque vers l'œil.

**Peau** un peu épaisse, d'abord d'un vert blanchâtre semé de points d'un vert un peu plus foncé, assez nombreux, assez larges, peu apparents et manquant souvent. Des traits d'une rouille fine et d'un fauve clair se dispersent souvent sur sa surface et se condensent ordinairement sur le sommet du fruit. A la maturité, **milieu et fin de juillet,** le vert fondamental s'éclaircit un peu plus en prenant un ton un peu jaune et le côté du soleil, sur les fruits bien exposés, est flammé d'un rouge rosat très-léger.

**Œil** moyen ou assez grand, demi-ouvert, à divisions recourbées en dehors, placé presque à fleur de la base du fruit dans une dépression très-peu sensible et souvent un peu plissée dans ses parois.

**Queue** tantôt assez courte, tantôt un peu longue, ligneuse, un peu courbée, un peu charnue à son point d'attache à la pointe du fruit dont elle semble former la continuation.

**Chair** blanchâtre, à peine teintée de vert, tendre, un peu moëlleuse, entièrement fondante, abondante en eau douce, sucrée et délicatement parfumée.

# HENRI CAPRON

(N° 413)

Catalogue Bivort. 1851-1852.
Catalogue Papeleu, de Wetteren.
Catalogue Thiery, de Haelen.
Handbuch aller bekannten Obstsorten. Biedenfeld.
Dictionnaire de pomologie. André Leroy.
CAPRONS SCHMALZBIRNE. Sichere Führer. Dochnahl.

Observations. — Cette variété est un gain de Van Mons. C'est à tort que Dochnahl lui donne pour synonyme le nom de Docteur Capron qui appartient à une variété différente. — L'arbre, de bonne vigueur sur cognassier, s'accommode bien des formes régulières et surtout de celle de pyramide. Sa fertilité est précoce, bonne et constante. Son fruit est de première qualité.

DESCRIPTION.

**Rameaux** de moyenne force, unis dans leur contour, flexueux, à entre-nœuds de moyenne longueur et un peu inégaux entre eux, d'un brun jaunâtre peu foncé et terne; lenticelles grisâtres, assez nombreuses et un peu apparentes.

**Boutons à bois** assez gros, coniques, peu aigus, à direction écartée du rameau, soutenus sur des supports un peu renflés dont les côtés et l'arête médiane ne se prolongent pas; écailles d'un marron jaunâtre, largement maculé de gris blanchâtre.

**Pousses d'été** d'un vert décidé, à peine ou non lavées de rouge et couvertes d'un duvet très-court à leur sommet.

**Feuilles des pousses d'été** moyennes, ovales, tantôt étroites, tantôt un peu élargies, se terminant plus ou moins brusquement en une pointe bien longue, bien repliées sur leur nervure médiane et arquées, bordées de dents un peu profondes, couchées et plus ou moins aiguës, s'abaissant peu sur des pétioles très-courts, grêles, fermes et redressés.

**Stipules** en alênes de moyenne longueur et finement aiguës.

**Feuilles stipulaires** se présentant quelquefois.

**Boutons à fruit** assez petits, coniques, un peu allongés, peu renflés et un peu aigus; écailles d'un marron rougeâtre peu foncé.

**Fleurs** grandes, presque toujours semi-doubles; pétales extérieurs ovales, larges, légèrement veinés de rose avant l'épanouissement; divisions du calice assez longues, élargies et un peu recourbées en dessous; pédicelles assez longs, grêles et un peu laineux.

**Feuilles des productions fruitières** un peu plus grandes que celles des pousses d'été, ovales-élargies, se terminant presque régulièrement en une pointe bien recourbée, bien creusées en gouttière et un peu arquées, bordées de dents très-peu profondes et souvent peu appréciables, assez bien soutenues sur des pétioles courts, grêles, fermes et redressés.

**Caractère saillant de l'arbre** : teinte générale du feuillage d'un vert vif et bien luisant; feuilles peu développées, bien creusées en gouttière ou bien repliées sur leur nervure médiane ; celles des pousses d'été très-épaisses, très-fermes et très-longuement acuminées; tous les pétioles courts.

**Fruit** moyen, ovoïde ou ovoïde-piriforme, ordinairement un peu courbé sur sa hauteur, atteignant sa plus grande épaisseur tantôt un peu au-dessus, tantôt un peu au-dessous du milieu de sa hauteur ; au-dessus de ce point, s'atténuant assez brusquement par une courbe d'abord peu convexe puis largement concave en une pointe peu longue, peu épaisse, un peu obtuse ou presque aiguë à son sommet; au-dessous du même point, s'atténuant par une courbe à peine convexe pour diminuer bien sensiblement d'épaisseur vers les bords de la cavité de l'œil.

**Peau** un peu épaisse, d'abord d'un vert très-clair sur lequel il est difficile de reconnaître de véritables points. On remarque à peine quelques traces d'une rouille très-fine dans la cavité de l'œil et cette rouille se disperse aussi en taches ou traits circulaires vers le point d'attache de la queue. A la maturité, **octobre, novembre,** le vert fondamental passe au jaune citron clair et mat du côté de l'ombre, plus vif et brillant ou lavé de rouge orangé du côté du soleil.

**Œil** moyen, ouvert, à divisions fragiles, placé dans une cavité étroite, très-peu profonde, un peu plissée dans ses parois et par ses bords.

**Queue** de moyenne longueur, un peu forte, un peu épaissie à son point d'attache au rameau, élastique, à peine courbée et semblant former la continuation de la pointe du fruit.

**Chair** blanche, fine, beurrée, fondante, suffisante en eau douce, sucrée, relevée d'une saveur agréable et rafraîchissante.

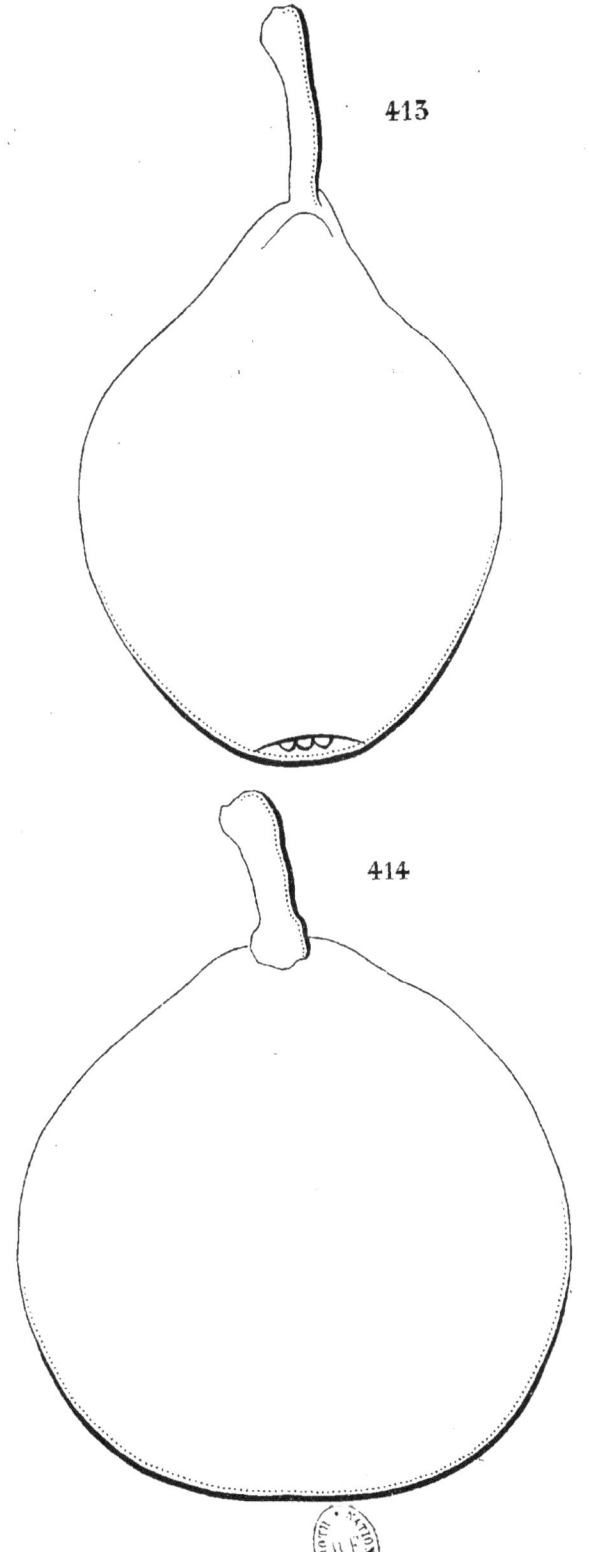

413. HENRI CAPRON. 414. BEURRÉ DU CHAMP CORBIN.

# BEURRÉ DU CHAMP CORBIN

(N° 414)

*Notices pomologiques.* DE LIRON D'AIROLES.

OBSERVATIONS. — Cette variété, d'après M. de Liron d'Airoles, fut obtenue par M. Jacques Jalais d'un semis de pepins mélangés fait en 1846, et son premier rapport eut lieu en 1858. Elle fut ainsi nommée par la Société d'horticulture de Nantes, probablement du lieu où elle prit naissance. — L'arbre, de bonne vigueur sur cognassier, s'accommode bien de la forme pyramidale, mais est surtout propre à la haute tige. Sa fertilité est peu précoce et seulement moyenne sur sujet soumis à la taille. Son fruit, d'assez bonne qualité, est d'une apparence flatteuse, et par la consistance de sa peau supporte très-bien les chances du transport.

DESCRIPTION.

**Rameaux** de moyenne force, bien allongés et fluets à leur partie supérieure, flexueux, à entre-nœuds de moyenne longueur ou un peu longs, jaunâtres; lenticelles blanchâtres, larges, un peu allongées, assez nombreuses et apparentes.

**Boutons à bois** assez gros, coniques, émoussés, à direction très-écartée du rameau, souvent éperonnés, soutenus sur des supports bien renflés dont les côtés et l'arête médiane ne se prolongent pas; écailles d'un marron bien foncé et bordé de gris blanchâtre.

**Pousses d'été** d'un vert pâle, lavées de rouge sanguin et presque glabres à leur sommet.

**Feuilles des pousses d'été** moyennes, régulièrement obovales, se terminant très-brusquement en une pointe extraordinairement fine, concaves et non arquées, bordées de dents profondes, un peu couchées et un peu aiguës, assez peu soutenues sur des pétioles courts, assez grêles et un peu souples.

**Stipules** longues, linéaires-étroites.

**Feuilles stipulaires** fréquentes.

**Boutons à fruit** moyens, coniques, un peu renflés et obtus; écailles intérieures d'un marron clair; écailles extérieures entièrement recouvertes de gris blanchâtre.

**Fleurs** petites; pétales ovales-elliptiques, concaves, à onglet peu long, écartés entre eux; divisions du calice courtes et peu recourbées en dessous; pédicelles très-courts, forts et duveteux.

**Feuilles des productions fruitières** à peine aussi grandes que celles des pousses d'été, obovales, moins atténuées vers le pétiole, se terminant brusquement en une pointe courte et large, à peine concaves ou presque planes, bordées de dents fines, très-peu profondes, couchées et aiguës, soutenues horizontalement sur des pétioles courts, de moyenne force, peu redressés et un peu souples.

**Caractère saillant de l'arbre**: teinte générale du feuillage d'un vert herbacé, peu foncé et assez brillant; feuilles des pousses d'été remarquablement obovales et très-finement acuminées; tous les pétioles plus ou moins courts.

**Fruit** moyen, sphérico-ovoïde, court et épais, ordinairement uni dans son contour, atteignant sa plus grande épaisseur à peu près au milieu de sa hauteur; au-dessus de ce point, s'arrondissant presque en demi-sphère du côté de la queue; au-dessous du même point, s'arrondissant par une courbe largement convexe pour ensuite s'aplatir un peu autour de la cavité de l'œil.

**Peau** un peu épaisse, d'abord d'un vert d'eau semé de points bruns, larges, arrondis, bien régulièrement espacés et apparents, souvent cachés sous une couche de rouille qui s'étend sur presque toute la surface du fruit en se condensant surtout du côté du soleil. A la maturité, **décembre**, le vert fondamental passe au jaune citron mat, la rouille s'éclaire et le côté du soleil se couvre d'un ton un peu plus chaud.

**Œil** assez petit, demi-fermé, à divisions courtes, dressées et un peu recourbées en dehors, placé dans une cavité étroite, peu profonde, à peine plissée dans ses parois et unie par ses bords.

**Queue** plus ou moins courte, très-forte, élastique, souvent un peu charnue, attachée à fleur du sommet du fruit souvent surmonté d'une petite excroissance.

**Chair** jaunâtre, demi-fine, beurrée, demi-fondante, peu abondante en eau sucrée et assez agréablement parfumée.

# DÉLICES D'HIVER

(N° 415)

*Catalogue* Dauvesse, d'Orléans.

Observations. — J'ai reçu cette variété, il y a quelques années, de M. Dauvesse, d'Orléans, et depuis je ne l'ai vu citée dans aucun Catalogue, ni dans aucun ouvrage pomologique. Je suis donc encore entièrement à ignorer son origine. — L'arbre, de bonne vigueur sur cognassier, s'accommode bien des formes régulières et surtout de celle de pyramide. Sa fertilité est précoce, bonne et soutenue. Son fruit est d'assez bonne qualité lorsqu'il n'est pas entaché d'une acidité trop prononcée.

## DESCRIPTION.

**Rameaux** de moyenne force et bien soutenue jusqu'à leur partie supérieure, obscurément anguleux dans leur contour, droits, à entre-nœuds courts, de couleur olivâtre foncé ; lenticelles blanches, peu larges, assez peu nombreuses et apparentes.

**Boutons à bois** moyens, un peu courts, courtement aigus, à direction parallèle ou presque parallèle au rameau, soutenus sur des supports saillants dont l'arête médiane se prolonge obscurément ; écailles d'un marron rougeâtre très-foncé et en partie recouvert de gris argenté.

**Pousses d'été** d'un vert intense, à peine lavées de rouge et un peu duveteuses à leur sommet.

**Feuilles des pousses d'été** moyennes, ovales-élargies, se terminant peu brusquement en une pointe longue et bien finement aiguë, bien concaves et recourbées en dessus par leur pointe, bordées de dents un peu larges, assez profondes, couchées et un peu aiguës, soutenues presque horizontalement sur des pétioles de moyenne longueur, forts, bien raides et peu redressés.

**Stipules** moyennes, presque filiformes, très-caduques.

**Feuilles stipulaires** assez fréquentes.

**Boutons à fruit** assez petits, ovoïdes, très-courtement aigus ; écailles d'un beau marron rougeâtre foncé.

**Fleurs** presque moyennes, souvent semi-doubles ; pétales exactement elliptiques, à peine concaves, peu écartés entre eux, peu colorés de rose avant l'épanouissement ; divisions du calice courtes, étroites et très-finement aiguës ; pédicelles de moyenne longueur, grêles et peu duveteux.

**Feuilles des productions fruitières** plus petites que celles des pousses d'été, exactement ovales, se terminant presque régulièrement en une pointe courte et bien fine, creusées en gouttière et à peine arquées, bordées de dents inégales entre elles, très-peu profondes, souvent peu appréciables, irrégulièrement soutenues sur des pétioles courts, bien grêles, divergents et bien raides.

**Caractère saillant de l'arbre** : teinte générale du feuillage d'un vert intense ; feuilles des pousses d'été bien épaisses ; toutes les feuilles bien finement acuminées ; raideur générale de tous les organes de l'arbre.

**Fruit** moyen ou assez gros, turbiné-ovoïde ou turbiné-piriforme, bien ventru, parfois à peine irrégulier dans son contour, atteignant sa plus grande épaisseur plus ou moins au-dessous du milieu de sa hauteur ; au-dessus de ce point, s'atténuant promptement par une courbe entièrement convexe ou d'abord convexe puis largement concave en une pointe plus ou moins courte et aiguë ; au-dessous du même point, s'arrondissant par une courbe largement convexe pour diminuer sensiblement d'épaisseur du côté de l'œil et s'aplatir ensuite un peu autour de sa cavité.

**Peau** un peu épaisse, d'abord d'un vert gai semé de points grisâtres, larges, nombreux et bien régulièrement espacés. On remarque aussi sur sa surface quelques traces d'une rouille fine d'un gris brun et qui se condensent surtout dans la cavité de l'œil et sur la base du fruit. A la maturité, **décembre**, le vert fondamental passe au jaune très-clair conservant souvent une teinte un peu verdâtre, et le côté du soleil se distingue par un ton un peu plus chaud ou parfois se recouvre d'un léger nuage de rouge sur lequel ressortent des points de la même couleur plus foncée.

**Œil** grand, ouvert, placé dans une cavité régulière, étroite, peu profonde, le contenant exactement ou quelquefois un peu plus large.

**Queue** de moyenne longueur, peu forte, un peu épaissie à son point d'attache au rameau, ligneuse, raide, attachée obliquement à fleur de la pointe du fruit.

**Chair** blanchâtre, demi-fine, fondante, abondante en eau sucrée, acidulée et légèrement parfumée.

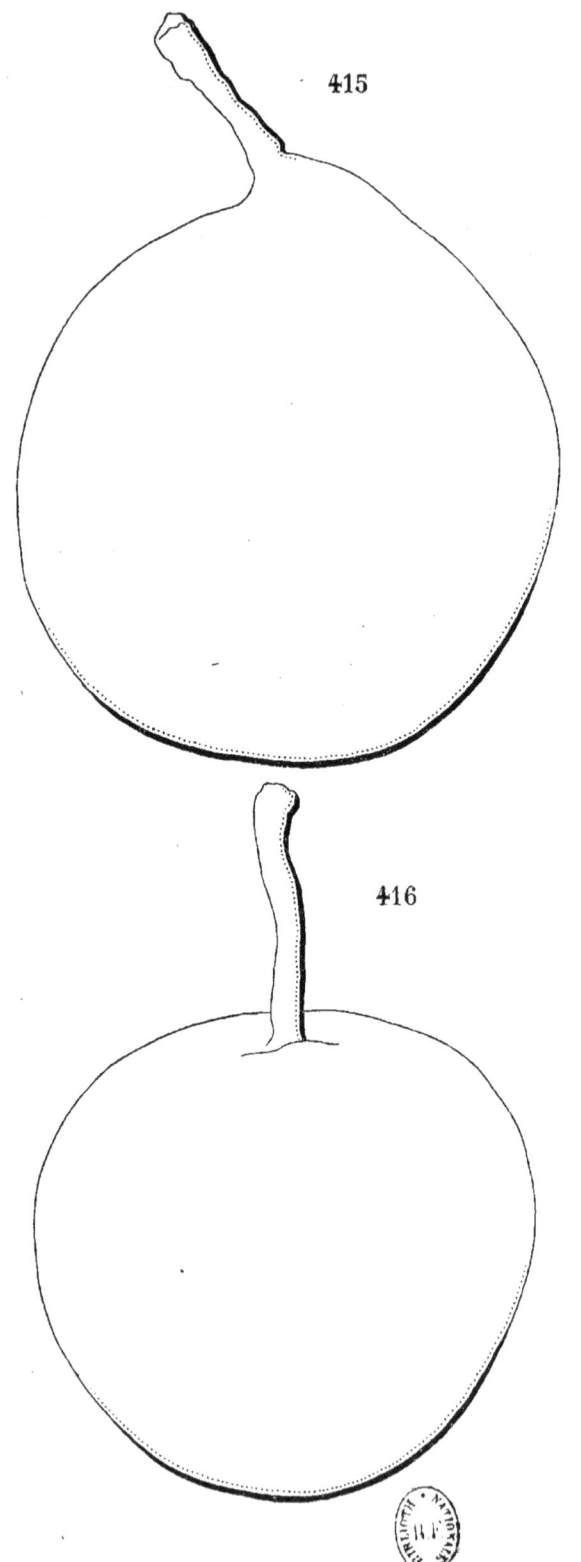

415, DÉLICES D'HIVER. 416, ŒUF DE CYGNE.

# ŒUF DE CYGNE

(N° 416)

*Jardin fruitier du Muséum.* DECAISNE.
*Dictionnaire de pomologie.* ANDRÉ LEROY.
SWAN'S EGG. *A Guide to the Orchard.* LINDLEY.
*The Fruit Manual.* ROBERT HOGG.
*The Fruits and the fruit-trees of America.* DOWNING.

OBSERVATIONS. — Tout ce qu'il est possible de constater sur cette variété, probablement d'origine anglaise, c'est ce qu'en disait Lindley, en 1831, faisant remarquer qu'elle est très-répandue et très-estimée en Angleterre où elle se recommande par sa rusticité et par sa fertilité soutenue. M. André Leroy observe que son fruit n'a pas conservé, en France, la saveur exquise qui lui est attribuée par les auteurs anglais. Je crois qu'il est plus vrai que sa qualité subit facilement les influences du sol. Ainsi, dans mon jardin, deux poiriers Swan's Egg, plantés dans un sol pesant et froid, donnent des fruits d'un petit volume, arrivant avec peine à une maturité complète, tandis qu'un autre arbre de la même variété, végétant sur un sol riche et bien exposé, donne de bons fruits, atteignant, certaines années, presque la première qualité. — L'arbre, de bonne vigueur sur cognassier, forme de belles pyramides, bien régulières et sur lesquelles la prédominance de sa flèche est facile à maintenir. Sa fertilité est précoce, bonne et soutenue.

DESCRIPTION.

**Rameaux** de moyenne force, obscurément anguleux dans leur contour, un peu flexueux, à entre-nœuds assez courts, d'un brun terne à peine teinté de rouge; lenticelles grisâtres, très-petites, très-nombreuses, extraordinairement peu apparentes.

**Boutons à bois** petits, coniques, un peu courts, un peu épais et peu aigus, à direction parallèle ou presque parallèle au rameau, soutenus sur des supports un peu saillants dont l'arête médiane se prolonge peu distinctement; écailles rougeâtres et ombrées de gris.

**Pousses d'été** d'un vert terne, lavées de rouge lie de vin et un peu duveteuses sur toute leur longueur.

**Feuilles des pousses d'été** petites, elliptiques-arrondies, se terminant brusquement en une pointe courte, bien creusées en gouttière et non arquées, bordées de dents très-peu profondes, peu appréciables, soutenues bien horizontalement sur des pétioles très-courts, un peu forts et dressés.

**Stipules** moyennes, linéaires-étroites.

**Feuilles stipulaires** manquant ordinairement.

**Boutons à fruit** moyens, conico-ovoïdes, un peu allongés et un peu aigus ; écailles extérieures d'un marron rougeâtre foncé ; écailles intérieures couvertes d'un duvet fauve.

**Fleurs** moyennes; pétales obovales-elliptiques, un peu élargis, peu concaves, largement et peu profondément échancrés à leur sommet ; divisions du calice de moyenne longueur, peu atténuées et finement dentées ; pédicelles un peu longs et bien grêles.

**Feuilles des productions fruitières** beaucoup plus grandes que celles des pousses d'été, ovales bien élargies ou ovales-arrondies, se terminant très-brusquement en une pointe extraordinairement courte et fine, concaves, bordées de dents très-peu appréciables ou presque entières, s'abaissant un peu sur des pétioles peu longs, peu forts et un peu flexibles.

**Caractère saillant de l'arbre** : teinte générale du feuillage d'un vert herbacé un peu vif et un peu brillant; toutes les feuilles tendant à la forme arrondie, très-courtement acuminées, concaves ou bien creusées en gouttière.

**Fruit** moyen ou presque moyen, sphérico-obovoïde, bien uni dans son contour, atteignant sa plus grande épaisseur au-dessus du milieu de sa hauteur ; au-dessus de ce point, s'arrondissant en une demi-sphère déprimée du côté de la queue; au-dessous du même point, s'atténuant par une courbe largement convexe pour diminuer bien sensiblement d'épaisseur vers la cavité de l'œil.

**Peau** un peu ferme, d'abord d'un vert bleu peu foncé semé de points d'un vert plus foncé, très-nombreux, très-serrés et bien régulièrement espacés. Souvent une tache d'une rouille fauve couvre la cavité de l'œil. A la maturité, **novembre**, le vert fondamental s'éclaircit en jaune et le côté du soleil est lavé ou flammé, tantôt de rouge brun, tantôt de rouge vermillon, suivant que la saison a été plus chaude.

**Œil** grand, demi-ouvert, à divisions dressées, placé dans une dépression étroite, peu profonde, bien unie dans ses parois et bien régulière par ses bords.

**Queue** assez longue, de moyenne force, un peu souple, droite ou un peu courbée, attachée perpendiculairement dans un pli régulier et peu prononcé.

**Chair** blanchâtre, demi-fine, un peu granuleuse, beurrée, un peu pierreuse vers le cœur, assez abondante en eau douce, sucrée, relevée d'une saveur vraiment agréable.

# COLMAR FLOTOW

(N° 417)

*Illustrirtes Handbuch der Obstkunde.* FLOTOW.
FLOTOWS BUTTERBIRNE. *Anleitung des besten Obstes.* OBERDIECK.

OBSERVATIONS. — M. Oberdieck reçut cette variété sans nom de Van Mons, et la dédia à M. Flotow, directeur des finances, à Dresde. Plus tard, M. Flotow, ayant reçu cette variété de M. Oberdieck, après l'avoir étudiée et lui avoir trouvé les caractères des Colmars, la publia dans le *Illustrirtes Handbuch* sous le nom de Colmar Flotow. — L'arbre, de vigueur normale sur cognassier, s'accommode bien des formes régulières et surtout de celle de pyramide. Sa fertilité est précoce, bonne et presque sans alternat. Son fruit est de bonne qualité et de maturation prolongée.

DESCRIPTION.

**Rameaux** de moyenne force, très-obscurément anguleux ou presque unis dans leur contour, un peu flexueux, à entre-nœuds inégaux entre eux, de moyenne longueur ou un peu longs, d'un vert jaunâtre terne; lenticelles grisâtres, rares et très-peu apparentes.
**Boutons à bois** assez petits, très-courts, bien élargis à leur base et courtement aigus, à direction très-peu écartée du rameau, soutenus sur des supports peu saillants dont les côtés et l'arête médiane se prolongent très-obscurément; écailles de couleur jaunâtre.
**Pousses d'été** d'un vert très-clair, lavées de rouge et duveteuses à leur sommet.

**Feuilles des pousses d'été** moyennes ou assez petites, courtement et un peu sensiblement atténuées vers le pétiole, se terminant peu brusquement en une pointe courte, large et finement aiguë, concaves et non arquées, bordées de dents un peu larges, un peu profondes et aiguës, soutenues horizontalement sur des pétioles de moyenne longueur, de moyenne force et un peu recourbés.

**Stipules** très-grandes, lancéolées et souvent recourbées.

**Feuilles stipulaires** fréquentes.

**Boutons à fruit** assez petits, coniques, un peu renflés, courtement aigus; écailles jaunâtres.

**Fleurs** petites; pétales ovales-elliptiques ou ovales-arrondis, concaves, à onglet un peu long, bien écartés entre eux; divisions du calice courtes, larges et à peine recourbées en dessous; pédicelles courts, un peu forts et peu duveteux.

**Feuilles des productions fruitières** moyennes, presque exactement elliptiques, se terminant un peu brusquement en une pointe très-courte et bien fine, bien régulièrement concaves, bordées de dents un peu larges, peu profondes, bien couchées et un peu aiguës, mal soutenues sur des pétioles longs, grêles et souples.

**Caractère saillant de l'arbre** : teinte générale du feuillage d'un vert pré assez intense et peu brillant; toutes les feuilles tendant plus ou moins à la forme elliptique et le plus souvent régulièrement concaves; stipules remarquablement développées.

**Fruit** moyen ou presque moyen, conico-cylindrique ou turbiné-conique, ordinairement uni dans son contour, atteignant sa plus grande épaisseur plus ou moins au-dessous du milieu de sa hauteur; au-dessus de ce point, s'atténuant plus ou moins par une courbe tantôt entièrement convexe, tantôt d'abord à peine convexe puis à peine concave en une pointe peu longue, épaisse et obtuse à son sommet; au-dessous du même point, s'arrondissant par une courbe largement convexe jusque dans la cavité de l'œil.

**Peau** un peu épaisse, d'abord d'un vert décidé semé de points bruns, très-petits, très-nombreux, se confondant souvent avec un réseau ou un nuage d'une rouille de même couleur qui se condense largement sur le sommet du fruit et prend un ton fauve dans la cavité de l'œil. A la maturité, **commencement d'hiver,** le vert fondamental passe au jaune citron terne, et le côté du soleil, sur les fruits bien exposés, se couvre d'un ton un peu plus chaud.

**Œil** grand, ouvert, à divisions souvent caduques, placé dans une cavité peu profonde, évasée et ordinairement régulière.

**Queue** très-courte, très-forte, boutonnée, attachée dans un pli large et le plus souvent irrégulier.

**Chair** blanchâtre, demi-fine, un peu grenue, beurrée, pierreuse vers le cœur, abondante en eau douce, sucrée et délicatement parfumée.

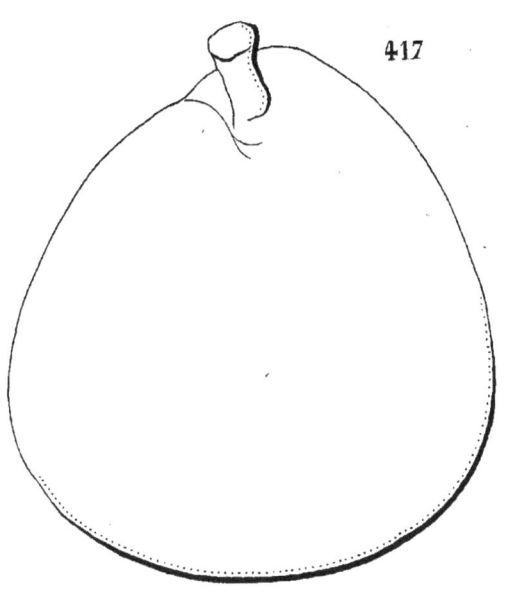
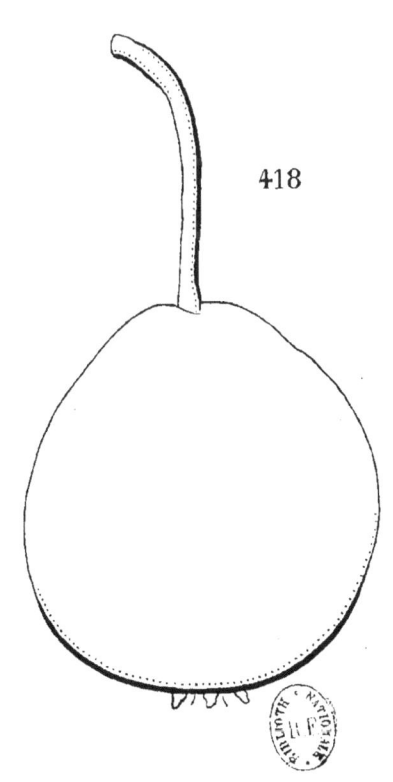

**417. COLMAR FLOTOW.  418. ROUSSELET DE POMPONNE.**

# ROUSSELET DE POMPONNE

(N° 418)

*Catalogue* Bonamy frères, de Toulouse.

Observations. — Cette variété, que je tiens de l'obligeance de MM. Bonamy frères, a été obtenue par MM. Pradel père et fils, pépiniéristes à Montauban. — L'arbre, de vigueur contenue sur cognassier, ne peut suffire qu'à de petites formes sur ce sujet et s'accommode surtout de celle de vase. Sa fertilité est précoce, bonne et assez bien soutenue. Son fruit est seulement de seconde qualité.

DESCRIPTION.

**Rameaux** de moyenne force, obscurément anguleux dans leur contour, un peu flexueux, à entre-nœuds de moyenne longueur ou assez courts, lavés de rouge sanguin ; lenticelles blanchâtres, peu larges, peu nombreuses et peu apparentes.

**Boutons à bois** moyens, coniques, un peu épaissis à leur base, finement aigus, à direction peu écartée du rameau, soutenus sur des supports peu saillants dont l'arête médiane se prolonge obscurément ; écailles d'un marron rougeâtre foncé.

**Pousses d'été** d'un vert d'eau, colorées de rouge et un peu duveteuses à leur sommet.

**Feuilles des pousses d'été** petites, elliptiques, se terminant régulièrement en une pointe bien recourbée, peu repliées sur leur nervure médiane et arquées, bordées de dents fines, un peu profondes, couchées et bien aiguës, bien soutenues et se recourbant sur des pétioles un peu longs, de moyenne force et bien raides.

**Stipules** assez courtes, en alênes larges et souvent recourbées.

**Feuilles stipulaires** manquant ordinairement.

**Boutons à fruit** moyens, conico-ovoïdes, finement aigus; écailles d'un marron rougeâtre très-foncé.

**Fleurs** moyennes ou assez grandes; pétales elliptiques-arrondis, concaves, à onglet court, peu écartés entre eux; divisions du calice longues, finement aiguës et bien réfléchies en dessous; pédicelles bien longs, grêles et glabres.

**Feuilles des productions fruitières** petites, ovales-élargies ou ovales-arrondies, se terminant un peu brusquement en une pointe courte, un peu concaves ou presque planes, bordées de dents très-fines, très-peu profondes et aiguës, assez peu soutenues sur des pétioles longs, très-grêles et un peu flexibles.

**Caractère saillant de l'arbre** : teinte générale du feuillage d'un vert pré clair et peu brillant; toutes les feuilles petites, tendant à la forme elliptique ou arrondie et garnies d'une serrature fine et aiguë.

**Fruit** petit, sphérico-ovoïde ou presque sphérique, uni dans son contour, atteignant sa plus grande épaisseur peu au-dessous ou presque au milieu de sa hauteur; au-dessus de ce point, s'atténuant par une courbe largement convexe en une pointe très-courte, épaisse et bien obtuse, ou s'arrondissant presque exactement en demi-sphère; au-dessous du même point, s'arrondissant par une courbe un peu plus convexe jusque vers l'œil.

**Peau** un peu ferme, d'abord d'un vert pâle semé de points gris cernés de vert plus foncé, larges, nombreux, régulièrement espacés et apparents. On remarque ordinairement une tache d'une rouille d'un fauve clair et bien fine, soit sur le sommet du fruit, soit dans la cavité de l'œil. A la maturité, **milieu d'août,** le vert fondamental passe au jaune paille, et le côté du soleil est lavé d'un joli rouge rosat sur lequel ressortent bien des points nombreux, serrés et d'un rouge sanguin.

**Œil** grand, ouvert, à divisions bien longues, étalées ou un peu dressées, placé dans une cavité peu profonde, évasée, tantôt unie, tantôt plissée dans ses parois et par ses bords.

**Queue** très-longue, peu forte, ligneuse, un peu courbée, d'un brun clair, attachée le plus souvent obliquement dans un pli formé par la pointe du fruit et dont souvent un des côtés se soulève pour la repousser un peu obliquement.

**Chair** blanche, peu fine, demi-cassante, suffisante en eau douce, sucrée et peu relevée.

# ROUSSELET DE JODOIGNE

(N° 419)

*Bulletin de la Société Van Mons.*
*Catalogue* Simon-Louis, *de Metz.*

Observations. — Cette variété est un gain de M. Grégoire, de Jodoigne. — L'arbre, de vigueur moyenne sur cognassier, s'accommode assez mal des formes régulières et sa véritable destination est la haute tige sur franc. Sa fertilité, précoce et bonne, est un peu interrompue par des alternats. Son fruit est d'assez bonne qualité, lorsqu'il n'est pas entaché d'une acidité trop prononcée.

DESCRIPTION.

**Rameaux** assez peu forts, bien effilés à leur partie supérieure, unis dans leur contour, bien flexueux, à entre-nœuds souvent très-inégaux entre eux, d'un rouge sanguin intense du côté du soleil, d'un brun rougeâtre du côté de l'ombre ; lenticelles d'un blanc jaunâtre, nombreuses, un peu saillantes et apparentes.

**Boutons à bois** moyens ou assez petits, coniques, bien aigus, à direction très-écartée du rameau, parfois un peu éperonnés, soutenus sur des supports très-peu saillants dont les côtés et l'arête médiane ne se prolongent pas ; écailles d'un marron rougeâtre foncé et brillant.

**Pousses d'été** d'un vert vif, colorées de rouge et un peu soyeuses à leur sommet.

**Feuilles des pousses d'été** petites, ovales un peu allongées, assez sensiblement atténuées vers le pétiole et se terminant régulièrement en une pointe finement aiguë, un peu concaves et non arquées, bordées de dents bien fines, peu profondes et émoussées, assez mal soutenues sur des pétioles un peu longs, grêles et souples.

**Stipules** de moyenne longueur ou assez longues, filiformes.

**Feuilles stipulaires** manquant ordinairement.

**Boutons à fruit** moyens, coniques-allongés et à peine renflés, finement aigus; écailles d'un marron rougeâtre.

**Fleurs** assez petites; pétales ovales-elliptiques, concaves, à onglet long, bien écartés entre eux; divisions du calice de moyenne longueur, fines et bien finement aiguës; pédicelles un peu longs, très-grêles et presque glabres.

**Feuilles des productions fruitières** à peine un peu plus grandes que celles des pousses d'été, ovales, se terminant régulièrement en une pointe courte et bien aiguë, largement creusées en gouttière et à peine arquées, bordées de dents assez peu profondes, couchées et aiguës, mal soutenues sur des pétioles un peu longs, grêles et souples.

**Caractère saillant de l'arbre** : teinte générale du feuillage d'un vert bleu vif et brillant; toutes les feuilles finement serretées; tous les pétioles grêles et souples; stipules exactement filiformes.

**Fruit** petit, ovoïde-court, uni dans son contour, atteignant sa plus grande épaisseur à peu près au milieu de sa hauteur; au-dessus de ce point, s'atténuant plus ou moins promptement par une courbe largement convexe en une pointe courte, épaisse et obtuse à son sommet; au-dessous du même point, s'arrondissant par une courbe un peu plus convexe jusque vers l'œil.

**Peau** un peu ferme, d'abord d'un vert clair et vif semé de points d'un gris vert, très-nombreux, très-petits et peu apparents. Une large tache d'une rouille d'un brun rougeâtre, bien épaisse, couvre ordinairement la cavité de l'œil et une partie de la base du fruit. A la maturité, **octobre,** le vert fondamental passe au jaune clair largement lavé d'un rouge sanguin intense et brillant, semé de points blanchâtres, très-petits, extraordinairement nombreux et peu apparents.

**Œil** moyen, fermé, placé presque à fleur de la base du fruit, dans une dépression très-peu prononcée et bien plissée dans ses parois.

**Queue** longue, assez grêle, bien épaissie à son point d'attache au rameau, ligneuse et le plus souvent courbée, attachée à fleur de la pointe du fruit.

**Chair** d'un blanc à peine teinté de vert, demi-fine, demi-beurrée, abondante en eau sucrée, acidulée, relevée d'un parfum de Rousselet bien prononcé.

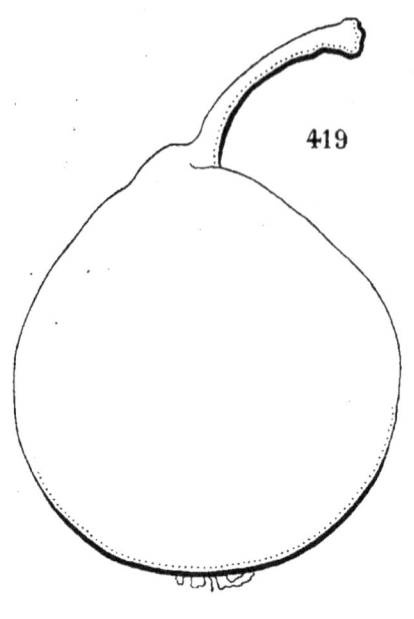
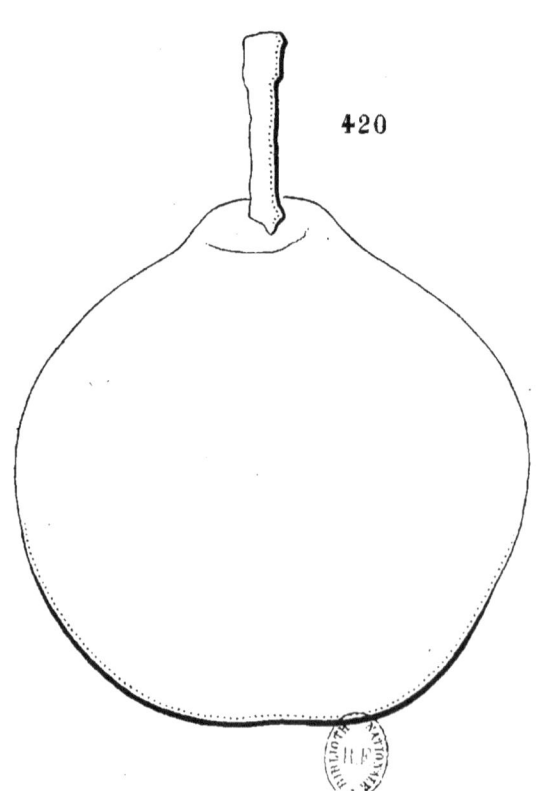

419, ROUSSELET DE JODOIGNE. 420, MILAN D'HIVER.

# MILAN D'HIVER

(N° 420)

*Dictionnaire de pomologie.* ANDRÉ LEROY.

OBSERVATIONS. — L'origine de cette variété doit être considérée comme incertaine, car les recherches de M. André Leroy n'ont abouti qu'à des probabilités assez discutables. C'est de lui que je l'ai reçue, d'abord sous le nom de Beurré gris d'hiver ancien, bien prétentieux par rapport à la valeur de son fruit, et il est bon de constater qu'on lui a aussi quelquefois attribué le synonyme d'Epine d'hiver, qui est le nom d'une variété bien différente. — L'arbre, de bonne vigueur sur cognassier, s'accommode bien des formes régulières et surtout de celle de pyramide. Sa fertilité est assez précoce et seulement moyenne. Son fruit n'est propre qu'aux usages de la cuisine.

### DESCRIPTION.

**Rameaux** de moyenne force, allongés et fluets à leur partie supérieure, unis ou presque unis dans leur contour, à entre-nœuds longs, flexueux, d'un brun jaunâtre ombré de gris de plomb du côté du soleil; lenticelles grisâtres, un peu larges, bien arrondies, assez nombreuses et un peu apparentes.

**Boutons à bois** moyens, coniques, courts, très-épais et très-courtement aigus, à direction bien écartée du rameau, soutenus sur des supports bien renflés dont l'arête médiane se prolonge rarement et très-peu distinctement; écailles d'un marron rougeâtre foncé.

**Pousses d'été** d'un vert d'eau, colorées de rouge vineux à leur sommet et couvertes sur une assez grande longueur d'un duvet grisâtre.

**Feuilles des pousses d'été** moyennes ou assez petites, ovales-allongées et étroites, s'atténuant longuement en une pointe bien étroite et cependant peu aiguë, bien creusées en gouttière et arquées, bordées de dents un peu larges, assez peu profondes et obtuses, s'abaissant un peu sur des pétioles courts, grêles et peu redressés.

**Stipules** assez longues, linéaires, un peu larges.

**Feuilles stipulaires** fréquentes.

**Boutons à fruit** moyens ou assez gros, coniques, un peu renflés et très-courtement aigus; écailles d'un marron rougeâtre foncé.

**Fleurs** petites; pétales ovales-elliptiques, peu concaves, à onglet un peu long, bien écartés entre eux; divisions du calice assez longues, étroites et recourbées en dessous; pédicelles un peu longs, grêles et duveteux.

**Feuilles des productions fruitières** petites, assez régulièrement ovales, échancrées vers le pétiole, se terminant régulièrement en une pointe peu aiguë, largement creusées en gouttière et peu arquées, bordées de dents fines, peu profondes et peu aiguës, assez peu soutenues sur des pétioles assez courts, grêles et un peu souples.

**Caractère saillant de l'arbre** : teinte générale du feuillage d'un vert d'eau foncé et brillant; feuilles des pousses d'été remarquablement atténuées à leur extrémité; les plus jeunes feuilles assez longtemps recouvertes d'un duvet aranéeux; tous les pétioles grêles.

**Fruit** moyen ou assez gros, sphérico-ovoïde, court et épais, uni dans son contour, atteignant sa plus grande épaisseur tantôt au milieu, tantôt un peu au-dessous du milieu de sa hauteur; au-dessus de ce point, s'atténuant par une courbe d'abord largement convexe puis un peu concave en une pointe courte, épaisse et plus ou moins obtuse à son sommet; au-dessous du même point, s'arrondissant par une courbe plus convexe pour s'aplatir ensuite un peu autour de la cavité de l'œil.

**Peau** épaisse, d'abord d'un vert décidé semé de points bruns, nombreux, larges, régulièrement espacés et apparents, souvent entièrement ou presque entièrement caché sous un nuage d'une rouille d'un gris verdâtre qui recouvre la surface du fruit et sur laquelle les points deviennent d'un gris blanchâtre. A la maturité, **courant et fin d'hiver**, le vert fondamental passe au jaune, et sur les fruits bien exposés, le côté du soleil est bronzé.

**Œil** moyen, fermé ou demi-fermé, placé dans une cavité étroite, peu profonde, un peu plissée dans ses parois et ordinairement unie par ses bords.

**Queue** de moyenne longueur, un peu forte, bien ligneuse, d'un brun foncé moucheté de blanc, droite ou un peu courbée, attachée le plus souvent perpendiculairement dans un pli plus ou moins prononcé.

**Chair** verdâtre et veinée de jaune, assez grossière, cassante, peu abondante en eau sucrée, un peu vineuse et sans parfum appréciable.

# CALHOUN

(N° 421)

*The Fruits and the fruit-trees of America*. Downing.
*The American fruit Culturist*. Thomas.

Observations. — D'après Downing, cette variété aurait été obtenue par le gouverneur Edwards, de New-Haven (Etat de Connecticut). — L'arbre, de vigueur normale sur cognassier, s'accommode bien des formes régulières, mais la taille le rend très-tardif au rapport. Il réussit mieux en contre-espalier et à bonne exposition, car il est délicat dans son bois et dans son fruit qui mérite bien ces soins. Il ne peut convenir à la haute tige que dans un sol très-riche et sous un climat exceptionnel. Son fruit est de première qualité.

DESCRIPTION.

**Rameaux** grêles, presque unis dans leur contour, à peine flexueux, à entre-nœuds de moyenne longueur ou un peu longs, jaunâtres du côté de l'ombre, un peu brunis ou teintés de rouge du côté du soleil ; lenticelles blanchâtres, petites, peu nombreuses et peu apparentes.

**Boutons à bois** petits, coniques, bien aigus, à direction bien écartée du rameau et souvent éperonnés, soutenus sur des supports saillants dont l'arête médiane ne se prolonge pas ou très-finement ; écailles d'un marron jaunâtre clair.

**Pousses d'été** d'un vert décidé, à peine lavées de rouge ou presque glabres à leur sommet.

**Feuilles des pousses d'été** assez petites, ovales-elliptiques, se terminant brusquement en une pointe très-courte, à peine concaves ou presque planes, bordées de dents fines, extraordinairement peu profondes, couchées et un peu aiguës, soutenues horizontalement sur des pétioles un peu longs, grêles, fermes et peu redressés.

**Stipules** de moyenne longueur ou un peu longues, filiformes ou presque filiformes.

**Feuilles stipulaires** manquant ordinairement.

**Boutons à fruit** assez petits, ovo-ellipsoïdes, obtus ; écailles d'un marron clair.

**Fleurs** très-petites ; pétales ovales un peu élargis, bordés de rose avant l'épanouissement; divisions du calice courtes et étroites; pédicelles extraordinairement courts, grêles et peu duveteux.

**Feuilles des productions fruitières** petites, ovales-elliptiques, se terminant brusquement en une pointe extraordinairement courte et extraordinairement fine, régulièrement concaves, bordées de dents fines, très-peu profondes, couchées et aiguës, soutenues horizontalement sur des pétioles longs, grêles, fermes, divergents ou peu redressés.

**Caractère saillant de l'arbre** : teinte générale du feuillage d'un joli vert gai ; toutes les feuilles plus ou moins petites et tendant à la forme elliptique ; tous les pétioles longs, grêles et fermes.

**Fruit** moyen, irrégulièrement sphérique et bien déprimé à ses deux pôles, surtout du côté de l'œil, souvent plus haut d'un côté que de l'autre, atteignant sa plus grande épaisseur à peu près au milieu de sa hauteur ; au-dessus de ce point, s'arrondissant irrégulièrement du côté de la queue ; au-dessous du même point, s'arrondissant par une courbe assez convexe pour ensuite s'aplatir largement autour de la cavité de l'œil.

**Peau** épaisse, d'abord d'un vert terne semé de points d'un gris brun, assez larges, nombreux, apparents, se confondant souvent avec des traits d'une rouille bronzée qui s'étend parfois très-largement sur certaines parties, et sur laquelle les points prennent un ton verdâtre. A la maturité, **octobre, novembre,** le vert fondamental passe au jaune citron intense, et le côté du soleil, sur les fruits bien exposés, se couvre d'un nuage de rouge cramoisi semé de larges points jaunâtres.

**Œil** petit, ouvert ou demi-ouvert, à divisions très-courtes, placé dans une cavité peu profonde, évasée, finement plissée dans ses parois et ordinairement régulière par ses bords.

**Queue** courte, forte, charnue, attachée le plus souvent obliquement à fleur du sommet du fruit irrégulièrement et souvent obliquement déprimé.

**Chair** blanche, demi-fine, beurrée, fondante, abondante en eau sucrée, acidulée et relevée d'une saveur parfumée, rafraîchissante et très-agréable.

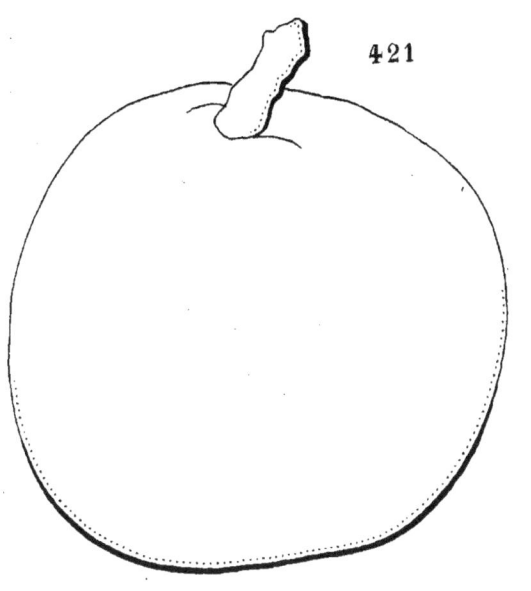
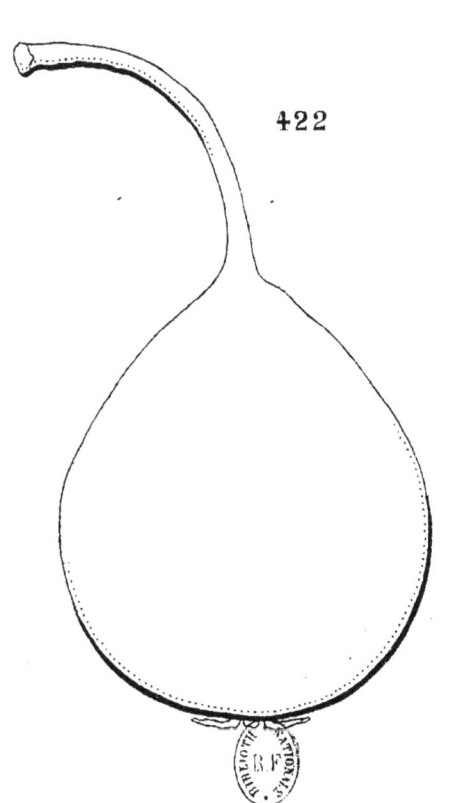

421, CALHOUN.   422, ŒUF DE MEISSEN.

# ŒUF DE MEISSEN

(MEISSENER EIERBIRNE)

(N° 422)

*Illustrirtes Handbuch der Obstkunde.* Oberdieck.
BEYERS MEISSENER EIERBIRNE. *Systematische Beschreibung der Kernobstsorten.* Diel.
*Sichere Führer.* Dochnahl.

Observations. — Diel reçut cette variété de M. Beyer, de Meissen (Saxe), lequel a enrichi la pomologie de plusieurs bonnes variétés, au nombre desquelles celle-ci ne peut cependant être comptée. — L'arbre, de vigueur insuffisante sur cognassier, doit surtout être élevé sous forme de fuseau. Sa fertilité est peu précoce, seulement moyenne et interrompue par des alternats complets. Son fruit n'est que de troisième qualité.

DESCRIPTION.

**Rameaux** assez forts, courts et épaissis à leur sommet, presque unis dans leur contour, presque droits, à entre-nœuds courts, d'un jaune clair un peu ombré de gris du côté du soleil ; lenticelles blanchâtres, arrondies, un peu saillantes, assez peu nombreuses et un peu apparentes.
**Boutons à bois** assez gros, coniques, épais et peu aigus, à direction écartée du rameau, soutenus sur des supports un peu saillants dont l'arête

médiane ne se prolonge pas ou peu distinctement; écailles d'un marron noir et brillant.

**Pousses d'été** d'un vert d'eau assez vif, à peine ou non lavées de rouge à leur sommet, couvertes sur toute leur longueur d'un duvet laineux.

**Feuilles des pousses d'été** petites ou presque moyennes, ovales, un peu atténuées vers le pétiole, se terminant régulièrement en une pointe peu aiguë, peu repliées sur leur nervure médiane et peu arquées, irrégulièrement bordées de dents peu profondes et obtuses, assez bien soutenues sur des pétioles un peu longs, un peu forts et peu flexibles.

**Stipules** en alênes moyennes, fines et très-caduques.

**Feuilles stipulaires** manquant ordinairement.

**Boutons à fruit** moyens, conico-ovoïdes, peu aigus; écailles d'un marron noir et brillant.

**Fleurs** grandes ou assez grandes; pétales arrondis ou elliptiques-arrondis, concaves, à onglet court, se touchant entre eux; divisions du calice de moyenne longueur et annulaires; pédicelles assez longs, de moyenne force et un peu laineux.

**Feuilles des productions fruitières** un peu plus grandes que celles des pousses d'été, ovales bien allongées, moins atténuées vers le pétiole et se terminant régulièrement en une pointe extraordinairement courte ou nulle, creusées en gouttière et parfois très-largement ondulées ou contournées sur leur longueur, arquées, bordées de dents très-peu profondes, couchées et émoussées, s'abaissant sur des pétioles un peu longs, grêles et peu flexibles.

**Caractère saillant de l'arbre** : teinte générale du feuillage d'un vert d'eau vif et assez brillant; toutes les feuilles plus ou moins allongées et souvent largement ondulées ou contournées.

**Fruit** presque moyen, ovoïde un peu court, bien uni dans son contour, atteignant sa plus grande épaisseur peu au-dessous du milieu de sa hauteur; au-dessus de ce point, s'atténuant assez promptement par une courbe à peine convexe en une pointe un peu courte, un peu épaisse et un peu obtuse à son sommet; au-dessous du même point, s'atténuant par une courbe largement convexe jusque vers l'œil.

**Peau** épaisse, d'abord d'un vert pâle semé de points bruns, larges, largement et régulièrement espacés, bien apparents. Rarement on remarque quelques traces de rouille sur la surface du fruit. A la maturité, **fin d'août,** le vert fondamental passe au jaune paille, et le côté du soleil est plus ou moins chaudement doré, suivant que le fruit était mieux exposé.

**Œil** très-grand, ouvert, à divisions très-longues, placé presque à fleur du fruit dans une dépression très-peu prononcée.

**Queue** longue, grêle, bien ligneuse, courbée, formant exactement la continuation de la pointe du fruit.

**Chair** blanche, grossière, cassante, suffisante en eau sucrée, acidulée et parfumée un peu à la manière de l'orange.

# AMERICA

(N° 423)

*The Fruits and the fruit-trees of America.* Downing.

Observations. — D'après Downing, cette variété aurait été obtenue par M. Francis Dana, à Boston (Etat de Massachussets). — L'arbre, de vigueur contenue sur cognassier et plus grande sur franc, s'accommode bien des formes régulières. Sa fertilité est précoce et bonne. Son fruit est d'assez bonne qualité.

DESCRIPTION.

**Rameaux** de moyenne force, bien anguleux dans leur contour, droits, à entre-nœuds courts, d'un brun rougeâtre; lenticelles grisâtres, larges, rares et peu apparentes.

**Boutons à bois** petits, un peu courts, émoussés, presque parallèles au rameau ou à direction très-peu écartée, soutenus sur des supports saillants dont les côtés et l'arête médiane se prolongent bien distinctement; écailles presque entièrement recouvertes de gris blanchâtre.

**Pousses d'été** d'un vert pâle, à peine teintées de rouge à leur sommet et couvertes sur une assez grande longueur d'un duvet très-court et peu épais.

**Feuilles des pousses d'été** moyennes ou à peine moyennes, obovales-elliptiques, se terminant régulièrement en une pointe extraordinairement courte, aiguë et ferme, bien concaves ou bien creusées en gouttière, non arquées lorsqu'elles sont concaves, très-arquées si elles sont creusées en gouttière, tantôt bordées de dents extraordinairement fines et extraordinairement peu profondes, tantôt entières sur presque tout leur contour, s'abaissant un peu ou se recourbant sur des pétioles un peu longs, un peu forts et un peu recourbés.

**Stipules** longues, linéaires, finement aiguës et très-caduques.

**Feuilles stipulaires** très-fréquentes.

**Boutons à fruit** assez gros, conico-ovoïdes, aigus; écailles d'un marron rougeâtre peu foncé et terne.

**Fleurs** moyennes ou presque petites; pétales arrondis, concaves, se recouvrant bien entre eux; divisions du calice très-courtes et très-recourbées en dessous; pédicelles de moyenne longueur, forts et duveteux.

**Feuilles des productions fruitières** moyennes, ovales-elliptiques, se terminant en une pointe extraordinairement courte ou nulle, bien concaves, bordées de dents extraordinairement fines et peu profondes, peu soutenues sur des pétioles de moyenne longueur, assez grêles et souples.

**Caractère saillant de l'arbre** : teinte générale du feuillage d'un vert bleu intense; toutes les feuilles très-courtement acuminées, très-finement dentées ou presque entières; feuilles stipulaires grandes et très-fréquentes.

**Fruit** moyen, turbiné-piriforme ou sphérico-ovoïde, court et ventru, souvent un peu déformé dans son contour par des côtes aplanies, atteignant sa plus grande épaisseur très-peu au-dessous du milieu de sa hauteur; au-dessus de ce point, s'atténuant par une courbe d'abord convexe puis plus ou moins concave en une pointe plus ou moins courte, un peu épaisse, obtuse ou tronquée à son sommet; au-dessous du même point, s'atténuant par une courbe largement convexe pour diminuer assez sensiblement d'épaisseur vers la cavité de l'œil.

**Peau** un peu épaisse, d'abord d'un vert pâle semé de points d'un gris brun, très-nombreux, peu apparents et parfois cachés sous un nuage d'une rouille fine de couleur canelle et qui voile la plus grande partie de la surface du fruit. A la maturité, **novembre,** le vert fondamental passe au jaune citron clair, et le côté du soleil, sur lequel les points sont concentrés, est chaudement doré.

**Œil** moyen, ouvert, placé dans une cavité étroite, peu profonde, plissée dans ses parois et un peu divisée par ses bords en des côtes inégales et peu saillantes.

**Queue** assez longue, peu forte, bien ligneuse, repoussée un peu obliquement dans une dépression peu profonde et souvent irrégulière.

**Chair** teintée de jaune, demi-fine, demi-beurrée, un peu pierreuse vers le cœur, suffisante en jus sucré, vineux et sans parfum bien appréciable.

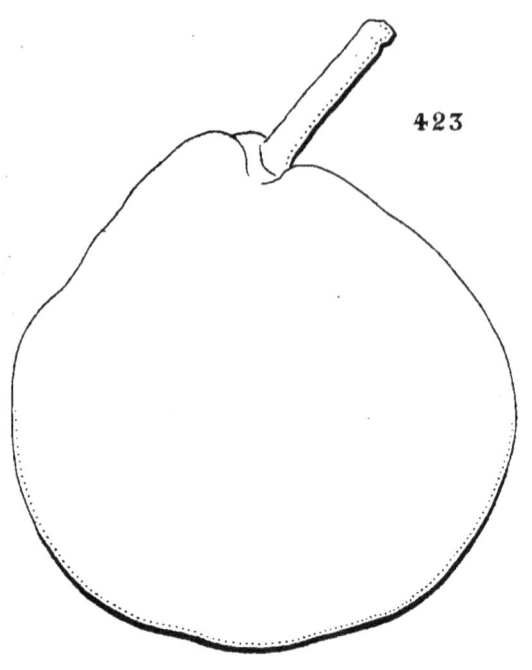

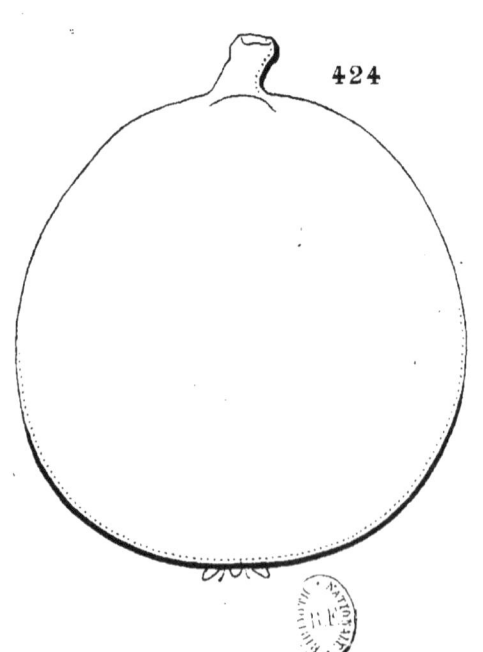

423. AMERICA.   424. BOIS-NAPOLÉON.

# BOIS NAPOLÉON

(N° 424)

*Album de pomologie.* Bivort.
*Dictionnaire de pomologie.* André Leroy.
NAPOLEONS SCHMALZBIRNE. *Illustrirtes Handbuch der Obstkunde.* Jahn.

Observations. — Cette variété fut obtenue par Van Mons. — L'arbre, de vigueur contenue sur cognassier, se comporte mieux sur franc et forme presque naturellement de belles pyramides. Sa fertilité se fait attendre quelque temps, mais elle devient ensuite grande et soutenue. Son fruit est de bonne qualité et un peu sujet à blettir.

DESCRIPTION.

**Rameaux** de moyenne force, presque unis dans leur contour, droits, à entre-nœuds de moyenne longueur, d'un brun verdâtre ; lenticelles très-petites, assez peu nombreuses et peu apparentes.

**Boutons à bois** moyens, coniques-renflés et courtement aigus, à direction écartée du rameau, soutenus sur des supports saillants dont l'arête médiane ne se prolonge pas ou très-peu distinctement ; écailles d'un marron peu foncé.

**Pousses d'été** d'un vert un peu teinté de jaune, lavées de rouge sanguin vif et couvertes à leur sommet d'un duvet blanc, court et fin.

**Feuilles des pousses d'été** assez petites, ovales, un peu sensiblement atténuées vers le pétiole, se terminant presque régulièrement en une pointe étroite, largement creusées en gouttière et arquées, bordées de dents un peu profondes, couchées et émoussées, s'abaissant sur des pétioles très-courts, peu redressés et bien fermes.

**Stipules** longues, linéaires, étroites.

**Feuilles stipulaires** assez fréquentes.

**Boutons à fruit** moyens ou assez petits, ovoïdes-aigus ; écailles d'un marron foncé.

**Fleurs** grandes ; pétales largement arrondis et cependant un peu rétrécis à leur sommet, se recouvrant bien entre eux ; divisions du calice de moyenne longueur et finement aiguës ; pédicelles de moyenne longueur, grêles et duveteux.

**Feuilles des productions fruitières** moyennes, ovales-elliptiques, un peu allongées et souvent peu larges, se terminant régulièrement en une pointe bien aiguë, creusées en gouttière et peu arquées, bien régulièrement bordées de dents fines, peu profondes et aiguës, assez bien soutenues sur des pétioles longs, très-grêles et cependant peu flexibles.

**Caractère saillant de l'arbre** : teinte générale du feuillage d'un vert pré clair et mat ; toutes les feuilles plus ou moins petites ; pétioles des feuilles des productions fruitières remarquablement grêles.

**Fruit** assez petit ou presque moyen, conico-ellipsoïde, uni dans son contour, atteignant sa plus grande épaisseur bien au-dessous du milieu de sa hauteur ; au-dessus de ce point, s'atténuant par une courbe peu convexe, courte, très-épaisse et très-largement obtuse ; au-dessous du même point, s'arrondissant par une courbe plus convexe jusque dans la cavité de l'œil.

**Peau** un peu épaisse, d'abord d'un vert clair semé de points gris, nombreux et un peu apparents. On remarque souvent quelques traces de rouille dans la cavité de l'œil. A la maturité, **septembre,** le vert fondamental jaunit un peu, et le côté du soleil, sur les fruits bien exposés, est lavé d'un rouge sanguin terne sur lequel ressortent peu des points d'un gris jaunâtre.

**Œil** assez grand, ouvert, à divisions fermes, dressées, placé dans une dépression peu profonde, évasée, parfois un peu plissée dans ses parois, mais unie par ses bords.

**Queue** courte ou très-courte, un peu forte, attachée tantôt à fleur de la pointe du fruit, tantôt dans un pli peu prononcé.

**Chair** blanche, assez fine, fondante, abondante en eau sucrée, vineuse et parfumée.

# CLÉMENT VAN MONS

(N° 425)

*Catalogue des Pépinières royales de Vilvorde.* De Bavay.
*Illustrirtes Handbuch der Obstkunde.* Oberdieck.

Observations. — Oberdieck pense que cette variété, obtenue par Van Mons, fut dédiée par lui à un de ses fils. J'ai reçu la même variété sous le nom de Clémence, et Downing décrit sous ce même nom une poire qui nous semble tout à fait identique et à laquelle il attribue le synonyme de Clémentine. — L'arbre, de vigueur normale sur cognassier, s'accommode bien des formes régulières. Sa fertilité, assez précoce, est bonne et peu interrompue. Son fruit est de bonne qualité.

DESCRIPTION.

**Rameaux** un peu forts, finement anguleux dans leur contour, presque droits, à entre-nœuds de moyenne longueur, d'un jaune verdâtre et terne ; lenticelles blanches, arrondies, assez peu nombreuses et apparentes.

**Boutons à bois** petits, coniques, aigus, à direction parallèle ou presque parallèle au rameau, soutenus sur des supports très-peu saillants dont les côtés et l'arête médiane se prolongent très-finement ; écailles d'un marron noirâtre.

**Pousses d'été** d'un vert décidé, à peine ou non lavées de rouge et couvertes d'un duvet soyeux, blanc et épais à leur sommet.

**Feuilles des pousses d'été** moyennes, ovales bien allongées, très-étroites, se terminant régulièrement en une pointe recourbée en dessous, bien repliées sur leur nervure médiane et bien arquées, régulièrement bordées de dents peu profondes et obtuses, bien soutenues sur des pétioles de moyenne longueur, assez forts, dressés et souvent presque parallèles à la pousse.

**Stipules** moyennes, linéaires, très-étroites et caduques.

**Feuilles stipulaires** fréquentes.

**Boutons à fruit** moyens, ovo-ellipsoïdes, peu aigus ; écailles d'un marron bien foncé.

**Fleurs** petites ; pétales arrondis, peu concaves, un peu lavés de rose avant l'épanouissement ; divisions du calice longues, étroites et bien réfléchies en dessous ; pédicelles assez courts, de moyenne force et un peu duveteux.

**Feuilles des productions fruitières** grandes, ovales-allongées et plus larges que celles des pousses d'été, se terminant presque régulièrement en une pointe recourbée en dessous, bien repliées sur leur nervure médiane et bien arquées, bordées de dents régulières, très-peu profondes et un peu aiguës, se recourbant sur des pétioles un peu longs, forts et cependant un peu flexibles.

**Caractère saillant de l'arbre** : teinte générale du feuillage d'un vert herbacé un peu foncé ; toutes les feuilles allongées, bien repliées sur leur nervure médiane et bien arquées.

**Fruit** assez gros, ovoïde-ventru, uni dans son contour, mais souvent irrégulier dans sa forme, atteignant sa plus grande épaisseur peu au-dessous du milieu de sa hauteur ; au-dessus de ce point, s'atténuant par une courbe d'abord largement convexe puis largement concave en une pointe charnue, contournée et plissée circulairement ; au-dessous du même point, s'arrondissant par une courbe assez convexe jusque vers l'œil.

**Peau** fine et cependant un peu ferme, d'un vert clair et vif semé de points d'un vert plus foncé, larges, très-nombreux et apparents. On ne remarque ordinairement aucune trace de rouille sur sa surface. A la maturité, **milieu et fin d'août,** le vert fondamental jaunit un peu, et le côté du soleil est largement lavé d'un rouge brun brillant et sur lequel ressortent bien des points jaunes, nombreux et cernés de rouge plus foncé.

**Œil** assez grand, ouvert, placé dans une dépression peu profonde, évasée et parfois irrégulière.

**Queue** très-courte, un peu forte, formant la continuation de la pointe du fruit, charnue et contournée.

**Chair** blanche, assez fine, beurrée, suffisante en eau sucrée et délicatement parfumée.

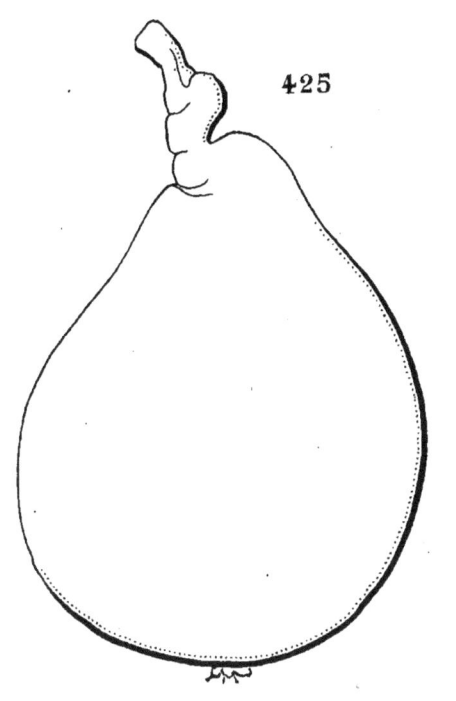
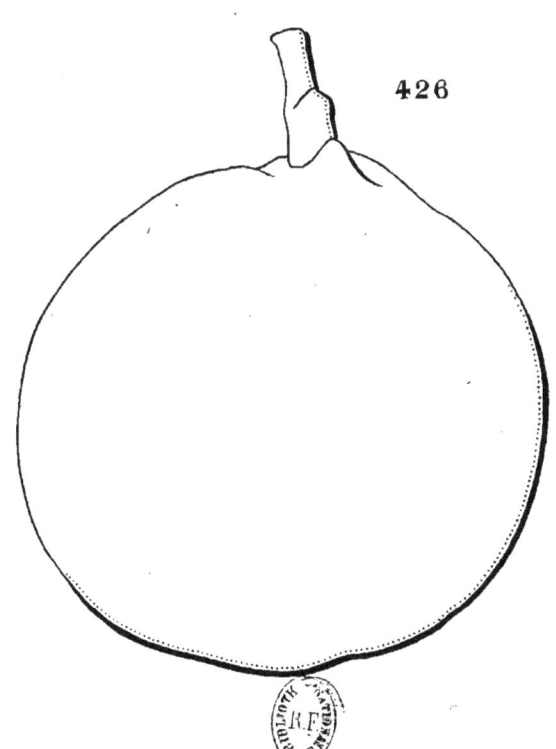

425. CLÉMENT VAN MONS. 426. CLAY.

# CLAY

(N° 426)

*The Fruits and the fruit-trees of America.* Downing.
*The American fruit Culturist.* Thomas.

Observations. — Cette variété, d'après Downing, fut obtenue par le gouverneur Edwards. — L'arbre, de vigueur normale sur cognassier, s'accommode bien des formes régulières et surtout de celle de vase. Sa fertilité est précoce, bonne et soutenue. Son fruit, d'une saveur assez semblable à celle du Doyenné blanc, a aussi beaucoup de rapports extérieurs de ressemblance avec lui ; il est moins fin, mais cependant assez agréable.

DESCRIPTION.

**Rameaux** peu forts, finement anguleux dans leur contour, flexueux, à entre-nœuds assez courts, d'un brun jaunâtre sombre ; lenticelles blanchâtres, très-petites, assez peu nombreuses et très-peu apparentes.
**Boutons à bois** assez petits, coniques, un peu épais, bien aigus, à direction écartée du rameau vers lequel ils se recourbent par leur pointe, soutenus sur des supports un peu saillants dont l'arête médiane se prolonge finement ; écailles d'un marron sombre et foncé.
**Pousses d'été** d'un vert très-clair, à peine colorées de rouge et peu duveteuses à leur sommet.
**Feuilles des pousses d'été** petites, obovales-élargies, se terminant brusquement en une pointe un peu longue et bien aiguë, bien creusées en gouttière et très-arquées, bordées de dents bien larges, assez peu profondes

et obtuses, se recourbant sur des pétioles de moyenne longueur, de moyenne force et redressés.

**Stipules** moyennes, en alênes finement aiguës.

**Feuilles stipulaires** manquant le plus souvent.

**Boutons à fruit** moyens, coniques, peu renflés, aigus; écailles d'un marron foncé.

**Fleurs** moyennes; pétales elliptiques, peu concaves, à onglet peu long, un peu écartés entre eux; divisions du calice de moyenne longueur, finement aiguës et bien recourbées en dessous; pédicelles de moyenne longueur, forts et peu duveteux.

**Feuilles des productions fruitières** moyennes, obovales-elliptiques, se terminant brusquement en une pointe plus ou moins courte et bien fine, très-exactement concaves, creusées en soucoupe, très-régulièrement bordées de dents fines et aiguës, bien soutenues sur des pétioles un peu longs, un peu forts, assez raides et un peu redressés.

**Caractère saillant de l'arbre** : teinte générale du feuillage d'un vert clair et gai; feuilles des pousses d'été remarquablement creusées en gouttière et arquées; feuilles des productions fruitières remarquables par la régularité de leur concavité et de leur serrature.

**Fruit** moyen ou assez gros, presque sphérique, parfois un peu conique, uni dans son contour, atteignant sa plus grande épaisseur à peu près au milieu de sa hauteur; au-dessus de ce point, s'arrondissant plus ou moins régulièrement en une demi-sphère; au-dessous du même point, s'arrondissant par une courbe un peu plus convexe pour ensuite s'aplatir un peu autour de la cavité de l'œil.

**Peau** un peu épaisse, d'abord d'un vert pâle semé de points d'un gris brun, assez nombreux et un peu apparents. On remarque ordinairement une tache d'une rouille fauve, soit sur le sommet du fruit, soit dans la cavité de l'œil. A la maturité, **fin de septembre, commencement d'octobre,** le vert fondamental passe au jaune citron chaudement doré ou souvent lavé de rose du côté du soleil.

**Œil** moyen, fermé, placé dans une cavité plus ou moins profonde, bien évasée, souvent largement plissée dans ses parois et par ses bords.

**Queue** courte, forte, charnue, attachée obliquement dans un pli irrégulier formé par le sommet du fruit.

**Chair** blanche, demi-fine, demi-beurrée, suffisante en eau douce, sucrée et parfumée.

# ARTHUR BIVORT

(N° 427)

*Album de pomologie.* BIVORT.
*Dictionnaire de pomologie.* ANDRÉ LEROY.

OBSERVATIONS. — Cette variété est l'un des semis de Van Mons qui, après sa mort, passèrent en la possession de M. Bivort. Il fut dédié par lui à un de ses frères. — L'arbre, de végétation un peu insuffisante sur cognassier, est de vigueur normale sur franc et forme sur ce sujet de belles pyramides bien régulières. Sa fertilité est peu précoce et sujette à des alternats complets. Son fruit est d'assez bonne qualité.

DESCRIPTION.

**Rameaux** de moyenne force, presque unis dans leur contour, droits, à entre-nœuds un peu longs, d'un jaune verdâtre ; lenticelles blanches, petites, nombreuses et un peu apparentes.

**Boutons à bois** petits, coniques, bien aigus, à direction bien écartée du rameau, soutenus sur des supports un peu saillants dont l'arête médiane se prolonge très-peu distinctement ; écailles d'un marron peu foncé.

**Pousses d'été** d'un vert clair et un peu teinté de jaune, à peine lavées de rouge et à peine duveteuses à leur sommet.

**Feuilles des pousses d'été** moyennes, ovales, se terminant brusquement en une pointe courte, presque planes et parfois largement ondulées, bordées de dents fines, très-peu profondes, couchées et aiguës, mollement soutenues sur des pétioles très-longs, grêles et souples.

**Stipules** moyennes, en alènes bien fines et souvent presque filiformes.

**Feuilles stipulaires** manquant ordinairement.

**Boutons à fruit** moyens, conico-ovoïdes, un peu aigus ; écailles d'un marron peu foncé.

**Fleurs** petites ; pétales ovales-élargis, irréguliers dans leurs bords, chiffonnés, bordés de rose avant l'épanouissement ; divisions du calice longues et réfléchies en dessous ; pédicelles assez courts, grêles et laineux.

**Feuilles des productions fruitières** moyennes ou assez petites, ovales un peu allongées et peu larges, souvent largement ondulées, peu repliées sur leur nervure médiane, bordées de dents extraordinairement fines, peu profondes et aiguës, très-mollement soutenues sur des pétioles très-longs, très-grêles et bien souples.

**Caractère saillant de l'arbre** : teinte générale du feuillage d'un vert bleu vif ; toutes les feuilles très-mollement soutenues sur des pétioles remarquablement longs et grêles.

**Fruit** moyen, conique-piriforme, uni dans son contour, atteignant sa plus grande épaisseur bien près de sa base ; au-dessus de ce point, s'atténuant par une courbe d'abord à peine convexe puis à peine concave en une pointe bien longue, maigre et aiguë à son sommet ; au-dessous du même point, s'arrondissant par une courbe assez convexe jusque dans la cavité de l'œil.

**Peau** assez mince, unie, d'abord d'un vert très-clair semé de petits points d'un vert plus foncé, nombreux et peu apparents. On remarque des traces d'une rouille brune se dispersant et formant une sorte de réseau sur quelques parties de la surface du fruit. A la maturité, **septembre**, le vert fondamental passe au jaune mat, et le côté du soleil se couvre d'un nuage de rouge orangé.

**Œil** grand, ouvert ou demi-ouvert, placé dans une cavité étroite, peu profonde, ordinairement régulière et le contenant presque exactement.

**Queue** assez courte, forte, un peu souple, formant le plus souvent un peu obliquement la continuation de la pointe du fruit.

**Chair** blanche, fine, beurrée, fondante, suffisante en eau sucrée et un peu parfumée.

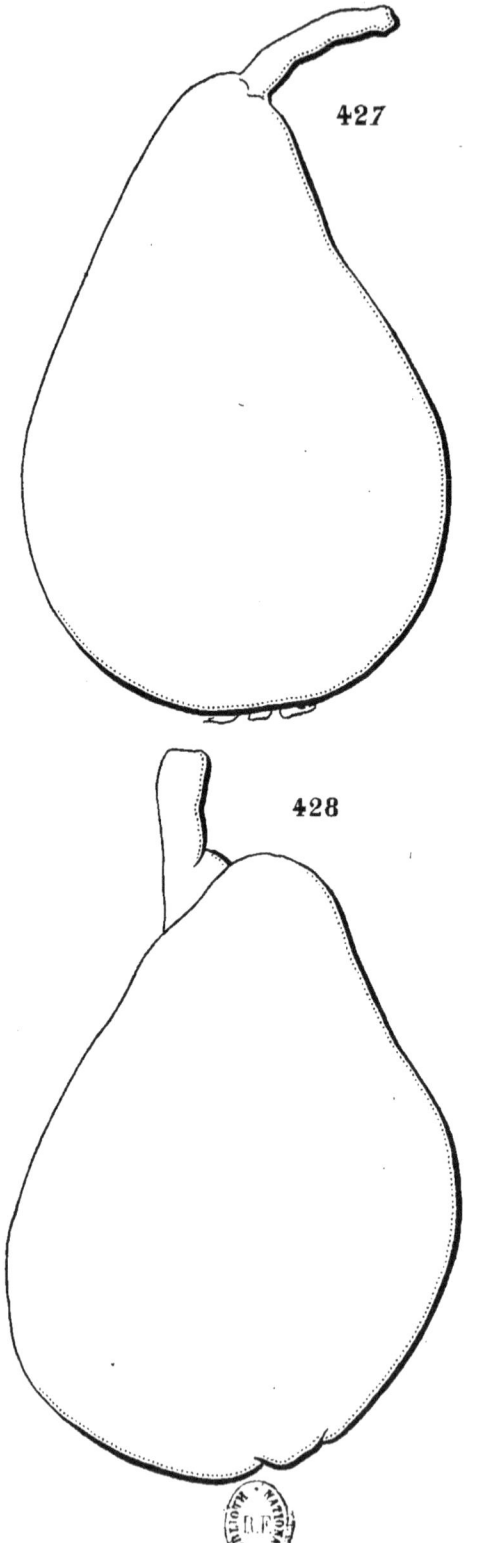

427, ARTHUR BIVORT.  428, DUCHESSE HÉLÈNE D'ORLÉANS.

# DUCHESSE HÉLÈNE D'ORLÉANS

(N° 428)

*Album de pomologie.* BIVORT.
*Catalogue des Pépinières royales de Vilvorde.* DE BAVAY.
*Catalogue* PAPELEU, *de Wetteren.*
*Dictionnaire de pomologie.* ANDRÉ LEROY.

OBSERVATIONS. — Cette variété est un semis de Van Mons ; elle rapporta ses premiers fruits dans les pépinières de M. Bivort qui la dédia à la duchesse Hélène d'Orléans, mère du comte de Paris et du duc de Chartres. — L'arbre, de vigueur contenue sur cognassier, s'accommode assez peu des formes régulières. Sa fertilité est précoce, bonne, mais interrompue par des alternats complets. Son fruit est de bonne qualité.

DESCRIPTION.

**Rameaux** assez forts, presque unis dans leur contour, droits, à entre-nœuds courts, d'un jaune clair teinté de rouge du côté du soleil ; lenticelles blanches, un peu allongées, petites et cependant apparentes.

**Boutons à bois** petits, coniques, bien aigus, à direction parallèle ou presque appliqués au rameau, soutenus sur des supports saillants dont l'arête médiane se prolonge à peine distinctement ; écailles d'un marron rougeâtre très-foncé et brillant, bordées de blanc argenté.

**Pousses d'été** d'un vert sombre, colorées de rouge du côté du soleil et à leur sommet couvert d'un duvet court et laineux.

**Feuilles des pousses d'été** moyennes, ovales bien élargies ou ovales-arrondies, se terminant brusquement en une pointe assez longue, un peu concaves, bordées de dents peu profondes, couchées et peu aiguës, soutenues presque horizontalement sur des pétioles de moyenne longueur, de moyenne force et redressés.

**Stipules** très-longues, linéaires-étroites.

**Feuilles stipulaires** manquant presque toujours.

**Boutons à fruit** petits, sphérico-ovoïdes, se terminant brusquement en une pointe courte ; écailles d'un beau marron rougeâtre.

**Fleurs** moyennes ; pétales arrondis-élargis, un peu atténués à leur sommet, légèrement bordés de rose avant l'épanouissement ; divisions du calice longues, très-finement aiguës et contournées ; pédicelles assez courts, grêles et laineux.

**Feuilles des productions fruitières** ovales-arrondies ou ovales-élargies, se terminant brusquement en une pointe courte et large, un peu concaves ou presque planes, régulièrement bordées de dents fines, peu profondes et aiguës, assez bien soutenues sur des pétioles de moyenne longueur, de moyenne force et un peu redressés.

**Caractère saillant de l'arbre** : teinte générale du feuillage d'un vert d'eau ; toutes les feuilles plus ou moins larges, un peu concaves et nullement arquées.

**Fruit** moyen, ovoïde-piriforme et ventru, un peu bosselé dans son contour, atteignant sa plus grande épaisseur peu au-dessous du milieu de sa hauteur ; au-dessus de ce point, s'atténuant par une courbe d'abord convexe puis concave en une pointe un peu longue, un peu épaisse et peu obtuse ; au-dessous du même point, s'atténuant un peu brusquement par une courbe peu convexe pour diminuer assez sensiblement d'épaisseur vers la cavité de l'œil.

**Peau** un peu épaisse et ferme, d'abord d'un vert pâle blanchâtre semé de points très-petits, peu nombreux, peu apparents et manquant souvent. On remarque aussi une tache d'une rouille d'un brun clair couvrant le sommet du fruit et se dispersant souvent et très-légèrement en traits et en tavelures sur sa surface. A la maturité, **octobre**, le vert fondamental passe au jaune paille clair, un peu doré ou lavé d'un soupçon de rouge du côté du soleil.

**Œil** moyen, ouvert, à divisions fermes, dressées, placé dans une cavité étroite, peu profonde et sensiblement plissée par ses bords.

**Queue** courte, forte, bien épaissie à son point d'insertion dans un large pli charnu ou parfois semblant former la continuation de la pointe du fruit.

**Chair** blanche, fine, fondante, abondante en eau douce, sucrée et agréablement relevée.

# SPINKA

(N° 429)

*Anleitung des besten Obstes.* OBERDIECK.
*Pomologische Notizen.* OBERDIECK.

OBSERVATIONS. — M. Oberdieck pense que cette variété est originaire de Bohême, et remarque que son fruit a de grands rapports avec la Poire d'Angleterre ou Beurré d'Angleterre d'été. Cependant la poire Spinka n'est pas d'aussi bonne qualité ; de plus, la végétation de ces deux variétés est différente. — L'arbre, de vigueur insuffisante sur cognassier, est d'une croissance assez vive dans sa jeunesse, mais bientôt arrêtée par une fructification abondante. Sur franc, sa fertilité est assez précoce, grande et constante, et il est surtout propre au verger de campagne. Son fruit, d'assez bonne qualité, résiste bien au transport et convient bien à la vente du marché.

DESCRIPTION.

**Rameaux** de moyenne force, un peu anguleux dans leur contour, flexueux, à entre-nœuds longs, d'un brun rougeâtre ; lenticelles blanches, petites, assez nombreuses et un peu apparentes.

**Boutons à bois** assez petits, coniques, un peu comprimés, courtement aigus, à direction écartée du rameau, soutenus sur des supports peu saillants dont les côtés et l'arête médiane se prolongent plus ou moins distinctement ; écailles d'un marron rougeâtre, très-foncé, presque noir.

**Pousses d'été** d'un vert très-clair et un peu teinté de jaune, à peine ou non colorées de rouge et finement soyeuses sur une assez grande longueur à leur sommet.

**Feuilles des pousses d'été** moyennes, ovales, se terminant régulièrement en une pointe très-finement aiguë, bien creusées en gouttière et bien arquées, paraissant grossièrement crénelées plutôt que dentées, s'abaissant sur des pétioles courts, un peu forts et un peu souples.

**Stipules** en alênes de moyenne longueur et caduques.

**Feuilles stipulaires** manquant ordinairement.

**Boutons à fruit** moyens, ovoïdes, courtement aigus; écailles d'un marron rougeâtre très-foncé.

**Fleurs** petites; pétales arrondis-élargis, concaves, se recouvrant entre eux; divisions du calice longues, étroites, finement aiguës et peu recourbées en dessous; pédicelles courts, grêles et laineux.

**Feuilles des productions fruitières** un peu plus petites que celles des pousses d'été, ovales-cordiformes, se terminant régulièrement en une pointe très-finement aiguë, largement creusées en gouttière et un peu arquées, bordées de dents peu profondes, couchées et peu aiguës, s'abaissant sur des pétioles courts, grêles, fermes et redressés.

**Caractère saillant de l'arbre** : teinte générale du feuillage d'un vert herbacé clair et vif; feuilles des pousses d'été remarquablement crénelées; toutes les feuilles bien creusées en gouttière, arquées et très-finement acuminées.

**Fruit** presque moyen, ovoïde plus ou moins court, atteignant sa plus grande épaisseur à peu près au milieu de sa hauteur; au-dessus de ce point, s'atténuant assez promptement par une courbe d'abord largement convexe puis largement concave en une pointe courte, maigre et aiguë à son sommet; au-dessous du même point, s'arrondissant par une courbe largement convexe jusque dans la cavité de l'œil.

**Peau** épaisse et bien ferme, d'abord d'un vert d'eau pâle et prenant, longtemps avant la maturité, une teinte blanche, semé de points bruns, un peu saillants, bien apparents et extraordinairement nombreux. Une tache d'une rouille fauve couvre ordinairement le sommet du fruit et forme quelques traits dans la cavité de l'œil. A la maturité, **septembre,** le vert fondamental passe au jaune paille et le côté du soleil est plus ou moins chaudement doré.

**Œil** assez petit, ouvert, placé dans une cavité très-étroite, très-peu profonde et bien régulière.

**Queue** un peu longue, peu forte, bien ligneuse, souvent contournée, formant exactement la continuation de la pointe du fruit.

**Chair** un peu teintée de jaune, fine, demi-beurrée, suffisante en eau bien sucrée et agréablement parfumée.

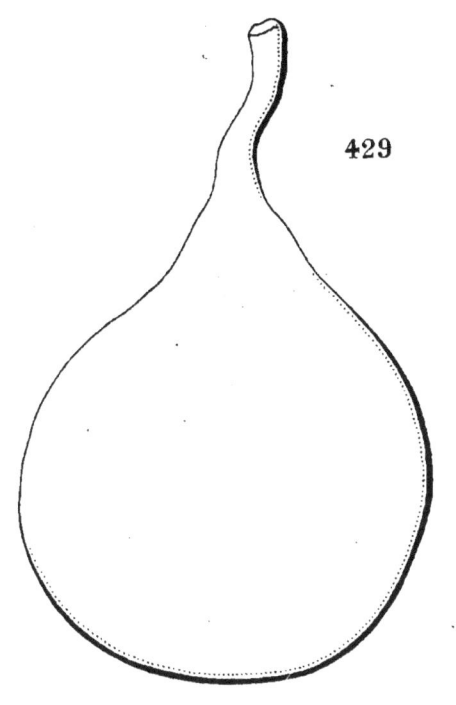
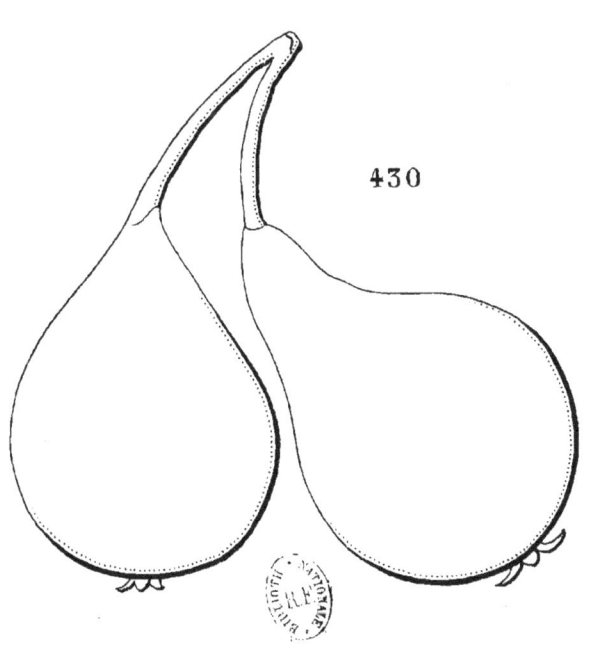

429. SPINKA. 430. ROUSSELET PRÉCOCE.

# ROUSSELET PRÉCOCE

(FRÜHE GEISHIRTLEBIRNE)

(N° 430)

*Handbuch aller bekannten Obstsorten*. BIEDENFELD.
FRÜHE GAISHIRTLEBIRNE. *Illustrirtes Handbuch der Obstkunde*. JAHN.

OBSERVATIONS. — J'ai ainsi traduit le nom allemand de cette variété pour la distinguer de notre Rousselet hâtif ou Poire de Chypre de Duhamel, décrit précédemment dans le *Verger*, et qui est depuis longtemps répandu en France, tandis que celui dont il s'agit ici n'est probablement connu qu'en Allemagne et surtout dans le Wurtemberg, ainsi que l'annonce M. Jahn. — L'arbre, de vigueur un peu insuffisante sur cognassier, s'accommode assez bien des formes régulières, mais il est surtout propre à la haute tige sur franc. Sa fertilité est précoce et grande, cependant un peu interrompue par des alternats partiels. Son fruit, d'assez bonne qualité, résiste bien au transport et peut convenir à la vente sur le marché.

DESCRIPTION.

**Rameaux** grêles, un peu anguleux dans leur contour, flexueux, à entrenœuds de moyenne longueur ou assez courts, de couleur jaunâtre; lenticelles blanches, très-petites, assez peu nombreuses et peu apparentes.

**Boutons à bois** assez petits, coniques-allongés et bien aigus, à direction plus ou moins écartée du rameau, soutenus sur des supports saillants dont l'arête médiane se prolonge assez distinctement; écailles d'un marron rougeâtre brillant.

**Pousses d'été** d'un vert intense et vif, à peine ou non lavées de rouge et presque glabres à leur sommet.

**Feuilles des pousses d'été** moyennes, ovales-élargies, se terminant peu brusquement en une pointe longue et large, presque planes ou peu repliées sur leur nervure médiane, recourbées en dessous seulement par leur pointe, bordées de dents larges, profondes et aiguës, retombant mollement sur des pétioles grêles, souples et horizontaux.

**Stipules** très-caduques.

**Feuilles stipulaires** manquant ordinairement.

**Boutons à fruit** moyens, conico-ellipsoïdes, un peu émoussés ou très-courtement aigus; écailles d'un marron rougeâtre peu foncé.

**Fleurs** grandes; pétales elliptiques-arrondis, concaves, à onglet long, peu écartés entre eux; divisions du calice assez longues et recourbées en dessous; pédicelles bien longs, grêles et à peine duveteux.

**Feuilles des productions fruitières** moyennes, ovales un peu élargies, se terminant assez brusquement en une pointe longue et finement aiguë, presque planes et ondulées dans leur contour, bordées de dents fines, profondes et bien aiguës, mollement soutenues sur des pétioles très-longs, très-grêles, bien divergents et très-souples.

**Caractère saillant de l'arbre** : teinte générale du feuillage d'un vert vif et gai; serrature de toutes les feuilles formée de dents remarquablement acérées; pétioles très-longs, très-grêles et bien souples.

**Fruit** petit, ovoïde ou ovoïde-piriforme, uni dans son contour, atteignant sa plus grande épaisseur plus ou moins au-dessous du milieu de sa hauteur; au-dessus de ce point, s'atténuant par une courbe d'abord convexe puis à peine concave ou parfois plus convexe puis largement concave en une pointe plus ou moins longue, maigre et aiguë à son sommet; au-dessous du même point, s'arrondissant bien régulièrement pour se terminer en demi-sphère du côté de l'œil.

**Peau** un peu ferme, d'abord d'un vert vif et un peu teinté de jaune, semé de points gris, très-petits, très-nombreux, serrés et bien régulièrement espacés. On remarque ordinairement à peine quelques traces de rouille sur la surface du fruit. A la maturité, **milieu et fin de juillet,** le vert fondamental passe au jaune citron conservant parfois un ton un peu verdâtre, et le côté du soleil est lavé de rouge sanguin granité de jaune ou seulement moucheté de points rouges, jaunâtres à leur centre.

**Œil** grand pour le volume du fruit, ouvert, à divisions recourbées en dehors, placé à fleur de la base du fruit ou parfois un peu enfoncé dans une petite cavité régulière.

**Queue** longue, grêle, élastique, courbée, formant exactement la continuation de la pointe du fruit.

**Chair** blanchâtre, assez fine, tendre, demi-beurrée, suffisante en eau sucrée et relevée d'un léger parfum de Rousselet.

# BEURRÉ BLANC DORÉ

(VERGOLDETE WEISSE BUTTERBIRNE)

(N° 431)

*Systematisches Handbuch der Obstkunde.* Dittrich.
*Pomologische Notizen.* Oberdieck.

Observations. — Dittrich dit seulement, sur l'origine de cette variété, qu'elle était encore nouvelle à l'époque où il écrivait, en 1839, et qu'elle avait probablement été obtenue d'un pepin du Beurré blanc. Ce que je puis affirmer, c'est qu'elle est réellement différente du Doyenné blanc, souvent appelé improprement Beurré blanc, et du Doyenné gris auquel on donne assez souvent le nom de Beurré doré. C'est improprement que Dochnahl attribue son nom comme synonyme au Doyenné gris. — L'arbre, de vigueur un peu insuffisante sur cognassier, s'accommode assez bien des formes régulières. Sa fertilité est précoce, bonne et soutenue. Son fruit est d'assez bonne qualité.

## DESCRIPTION.

**Rameaux** assez peu forts, obscurément anguleux dans leur contour, presque droits, à entre-nœuds courts, d'un brun verdâtre du côté de l'ombre, d'un brun rougeâtre du côté du soleil ; lenticelles blanches, petites, assez nombreuses et assez apparentes.

**Boutons à bois** petits, exactement coniques et bien aigus, à direction écartée du rameau, soutenus sur des supports peu saillants dont l'arête médiane se prolonge peu distinctement; écailles d'un marron rougeâtre foncé et brillant.

**Pousses d'été** d'un vert clair un peu teinté de jaune, lavées de rouge et peu duveteuses à leur sommet.

**Feuilles des pousses d'été** moyennes, ovales-allongées et peu larges, se terminant régulièrement en une pointe aiguë, creusées en gouttière et peu arquées, bordées de dents larges, profondes et obtuses, s'abaissant à peine sur des pétioles courts, peu forts et peu redressés.

**Stipules** assez longues, linéaires, très-étroites.

**Feuilles stipulaires** manquant ordinairement.

**Boutons à fruit** assez petits, conico-ovoïdes, aigus; écailles d'un marron rougeâtre foncé.

**Fleurs** très-petites; pétales elliptiques, peu concaves, à onglet court, écartés entre eux; divisions du calice courtes, aiguës, non recourbées en dessous et souvent colorées de rouge; pédicelles de moyenne longueur, grêles et à peine duveteux.

**Feuilles des productions fruitières** moyennes, les unes ovales un peu élargies, les autres ovales-allongées, se terminant brusquement en une pointe courte et finement aiguë, à peine repliées sur leur nervure médiane et un peu arquées, bordées de dents un peu profondes, couchées et émoussées, s'abaissant peu sur des pétioles assez courts, grêles, divergents et peu flexibles.

**Caractère saillant de l'arbre** : teinte générale du feuillage d'un vert clair et un peu jaune; tous les pétioles courts et grêles; jeunes fruits bien colorés de rouge longtemps avant la maturité.

**Fruit** moyen, sphérico-conique, ordinairement uni dans son contour, atteignant sa plus grande épaisseur au-dessous du milieu de sa hauteur; au-dessus de ce point, s'atténuant par une courbe largement convexe en une pointe courte, épaisse et obtuse à son sommet; au-dessous du même point, s'arrondissant par une courbe bien convexe pour s'aplatir ensuite un peu autour de la cavité de l'œil.

**Peau** un peu épaisse, d'abord d'un vert d'eau pâle semé de points d'un gris brun, petits, très-nombreux et apparents. On remarque ordinairement une tache d'une rouille fauve dans la cavité de l'œil. A la maturité, **septembre**, le vert fondamental passe au beau jaune doré chaudement, et le côté du soleil est lavé de rouge vermillon vif.

**Œil** moyen, fermé, placé dans une cavité peu profonde, évasée, unie dans ses parois et régulière par ses bords.

**Queue** assez courte, peu forte, un peu épaissie à son point d'attache au rameau, bien ligneuse, un peu courbée, attachée à fleur de la pointe du fruit sur laquelle parfois elle est, entourée de plis divergents et peu prononcés.

**Chair** d'un blanc un peu teinté de jaune, assez fine, demi-beurrée, suffisante en eau bien sucrée et parfumée.

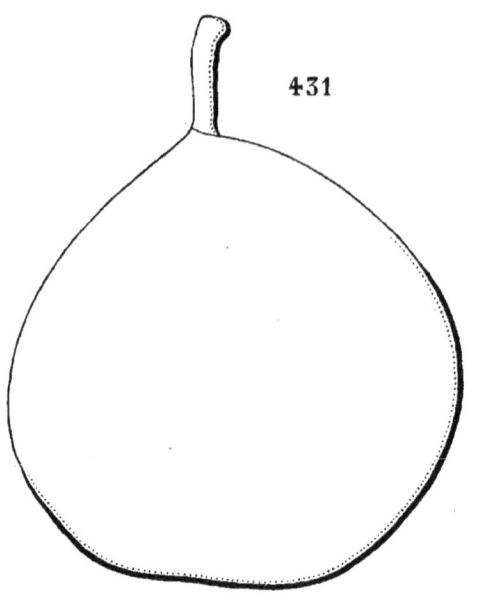

431. BEURRÉ BLANC DORÉ.   432. CATHERINE GARDETTE.

# CATHERINE GARDETTE

(N° 432)

*The Fruits and the fruit-trees of America.* Downing.
*The American fruit Culturist.* Thomas.

Observations. — D'après Downing, cette variété aurait été obtenue par le docteur W. D. Brinckle, de Philadelphie. — L'arbre, de vigueur insuffisante sur cognassier et normale sur franc, s'accommode bien des formes régulières. Sa fertilité est précoce, grande et constante. Son fruit est d'assez bonne qualité, s'il a été cueilli un peu longtemps d'avance ; il devient pâteux et sans saveur si on le laisse changer de couleur sur l'arbre.

DESCRIPTION.

**Rameaux** de moyenne force, unis dans leur contour, droits, à entrenœuds un peu longs, d'un brun jaunâtre du côté de l'ombre, de couleur brune du côté du soleil ; lenticelles blanches, très-petites, peu nombreuses et peu apparentes.

**Boutons à bois** moyens, coniques-allongés, aigus, à direction écartée du rameau, soutenus sur des supports saillants dont l'arête médiane ne se prolonge pas ou très-peu distinctement ; écailles d'un marron jaunâtre.

**Pousses d'été** d'un vert un peu teinté de jaune, lavées de rouge et peu duveteuses à leur sommet.

**Feuilles des pousses d'été** moyennes ou presque moyennes, ovales-elliptiques, se terminant un peu brusquement en une pointe courte et aiguë, concaves ou creusées en gouttière, bordées de dents très-peu profondes, couchées et peu appréciables, souvent entières par leurs bords, bien soutenues sur des pétioles courts, un peu forts et redressés.

**Stipules** très-caduques.

**Feuilles stipulaires** manquant ordinairement.

**Boutons à fruit** moyens ou assez gros, conico-ovoïdes, allongés et aigus; écailles extérieures d'un marron jaunâtre ombré de gris; écailles intérieures recouvertes d'un duvet fauve.

**Fleurs** moyennes; pétales obovales, concaves, à onglet un peu long, écartés entre eux; divisions du calice assez courtes, bien fines et un peu recourbées en dessous; pédicelles courts, peu forts et peu duveteux.

**Feuilles des productions fruitières** petites, régulièrement ovales, se terminant régulièrement en une pointe aiguë et recourbée en dessous, creusées en gouttière, entières par leurs bords, bien soutenues sur des pétioles courts, grêles et fermes.

**Caractère saillant de l'arbre** : teinte générale du feuillage d'un vert peu foncé et peu brillant; toutes les feuilles concaves ou régulièrement creusées en gouttière, bien soutenues sur des pétioles plus ou moins courts et fermes.

**Fruit** moyen, sphérico-conique, uni dans son contour, atteignant sa plus grande épaisseur peu au-dessous du milieu de sa hauteur; au-dessus de ce point, s'atténuant par une courbe à peine convexe en une pointe courte, épaisse et largement tronquée à son sommet; au-dessous du même point, s'atténuant par une courbe largement convexe pour ensuite s'aplatir assez largement autour de la cavité de l'œil.

**Peau** un peu épaisse et cependant tendre, d'abord d'un vert clair et gai semé de points d'un vert plus foncé, larges, nombreux et peu apparents. A la maturité, **fin d'août, commencement de septembre,** le vert fondamental passe au jaune conservant une teinte un peu verdâtre, et le côté du soleil est seulement doré ou rarement semé de petits points rouges.

**Œil** grand, ouvert, placé dans une cavité un peu profonde, bien évasée et régulière par ses bords.

**Queue** courte, forte, bien ligneuse, formant des bourrelets charnus et circulaires à son point d'attache dans une cavité large, peu profonde et le plus souvent régulière.

**Chair** jaunâtre, demi-fine, beurrée, fondante, suffisante en eau douce, sucrée, assez agréable.

# BEURRÉ SPENCE

(N° 433)

*Catalogue des Pépinières royales de Vilvorde.* DE BAVAY.
*Catalogue* BIVORT. 1851-1852.
*Catalogue* PAPELEU, de Wetteren.
SPENCE. *Catalogue* VAN MONS. 1823.

OBSERVATIONS. — Cette variété est un gain de Van Mons, ainsi qu'il l'indique dans son Catalogue. Elle a été souvent confondue, en France, avec la Fondante des bois avec laquelle elle n'a que des rapports très-éloignés, et son nom est aussi attribué comme synonyme, par Dochnahl, soit au Beurré Capiaumont, soit au Beurré Diel. — L'arbre, de vigueur moyenne sur cognassier, s'accommode assez bien des formes régulières. Sa fertilité, assez précoce, est seulement moyenne. Son fruit, de bonne qualité, se distingue de celui de la Fondante des bois par sa chair jaunâtre, sa saveur beaucoup plus relevée, sa maturation bien plus prolongée, par sa forme et son volume le plus souvent de moindre dimension.

### DESCRIPTION.

**Rameaux** peu forts, presque unis dans leur contour, droits, à entre-nœuds courts, de couleur jaunâtre; lenticelles blanchâtres, très-petites, assez peu nombreuses et très-peu apparentes.

**Boutons à bois** moyens, coniques, un peu allongés et bien aigus, à direction très-peu écartée du rameau, soutenus sur des supports saillants dont l'arête médiane se prolonge très-peu distinctement; écailles d'un marron rougeâtre peu foncé.

**Pousses d'été** d'un vert clair, lavées de rouge et un peu soyeuses à leur sommet.

**Feuilles des pousses d'été** moyennes ou assez petites, ovales-allongées et étroites, se terminant régulièrement en une pointe aiguë, peu repliées sur leur nervure médiane et arquées, bordées de dents écartées entre elles, peu profondes, couchées et peu aiguës, s'abaissant un peu sur des pétioles de moyenne longueur, grêles et un peu souples.

**Stipules** très-caduques.

**Feuilles stipulaires** manquant ordinairement.

**Boutons à fruit** moyens, coniques, un peu renflés, un peu allongés et un peu aigus; écailles extérieures d'un marron rougeâtre clair; écailles intérieures couvertes d'un duvet fauve.

**Fleurs** ............................................................

**Feuilles des productions fruitières** plus grandes que celles des pousses d'été, ovales bien allongées et étroites, se terminant presque régulièrement en une pointe étroite, peu repliées sur leur nervure médiane et souvent finement ondulées dans leur contour, à peine ou non arquées, bordées de dents assez peu profondes, bien couchées et aiguës, assez bien soutenues sur des pétioles un peu longs, grêles et peu souples.

**Caractère saillant de l'arbre** : teinte générale du feuillage d'un vert pré peu foncé et mat; toutes les feuilles allongées et plus ou moins étroites; tous les pétioles assez grêles et cependant peu souples.

**Fruit** moyen, turbiné-conique ou turbiné-piriforme, court et épais, le plus souvent aussi large que haut, parfois un peu plus haut que large, uni dans son contour, atteignant sa plus grande épaisseur au-dessous du milieu de sa hauteur; au-dessus de ce point, s'atténuant plus ou moins promptement par une courbe peu convexe en une pointe plus ou moins courte, épaisse et obtuse à son sommet; au-dessous du même point, s'arrondissant d'abord par une courbe largement convexe pour ensuite s'aplatir autour de la cavité de l'œil.

**Peau** un peu épaisse, d'abord d'un vert d'eau semé de points d'un brun fauve, un peu larges, assez nombreux et irrégulièrement espacés, se confondant souvent avec des traits ou taches d'une rouille fine et de même couleur qui se dispersent sur la surface du fruit en formant des rayons divergents. A la maturité, **septembre, octobre,** le vert fondamental passe au jaune paille chaudement doré ou parfois lavé de rouge du côté du soleil.

**Œil** moyen, fermé ou presque fermé, placé dans une cavité étroite, profonde, à peine évasée et régulière dans ses parois et par ses bords.

**Queue** de moyenne longueur ou assez courte, ligneuse, courbée, épaissie et charnue à son point d'attache dans un pli irrégulier formé par la pointe du fruit.

**Chair** jaunâtre, assez fine, beurrée, fondante, un peu pierreuse vers le cœur, suffisante en eau richement sucrée, vineuse-acidule et hautement parfumée.

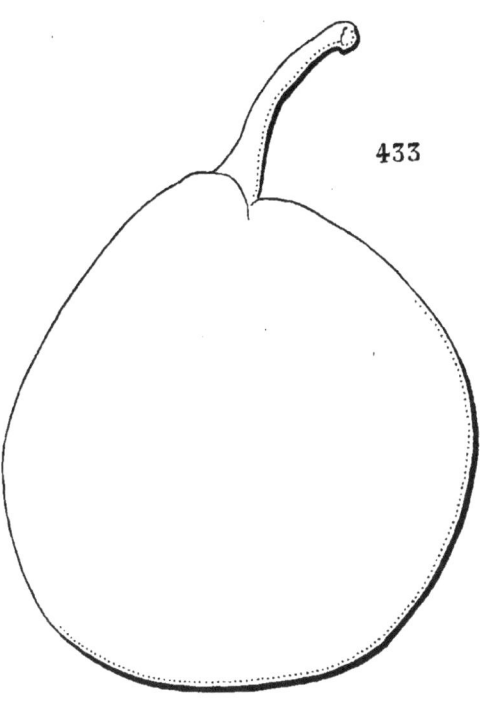
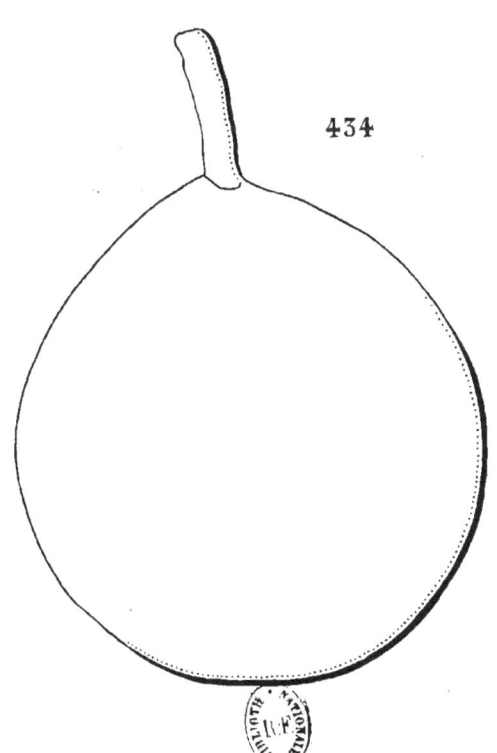

433, BEURRÉ SPENCE.  434, BERGAMOTTE DE SOUCHAIT.

# BERGAMOTTE DE SOUCHAIT

(BERGAMOTTE VON SOUCHAIT)

(N° 434)

*Catalogue* Eugène Furst, de Frauendorf.

Observations. — Je n'ai pu recueillir aucun renseignement sur l'origine de cette variété que j'ai reçue comme provenant des pépinières de M. Eugène Furst. Serait-elle née en Allemagne ? — L'arbre, de vigueur très-contenue sur cognassier, convient bien à la forme de fuseau dont la durée est assez longue. Par sa rusticité, il est encore plus propre à la haute tige dans le verger de campagne. Sa fertilité est très-grande et constante. Son fruit, seulement de seconde ou même de troisième qualité pour la table, est très-propre aux usages de la cuisine.

### DESCRIPTION.

**Rameaux** de moyenne force, presque unis dans leur contour, droits, à entre-nœuds un peu longs, de couleur jaunâtre et ombrés de gris de plomb du côté du soleil.

**Boutons à bois** moyens, courts, épais et courtement aigus, à direction écartée du rameau, soutenus sur des supports un peu saillants dont les côtés se prolongent quelquefois et très-peu distinctement ; écailles d'un marron rougeâtre foncé.

**Pousses d'été** d'un vert d'eau, lavées de rouge et peu duveteuses à leur sommet.

**Feuilles des pousses d'été** moyennes, ovales un peu allongées, souvent un peu échancrées vers le pétiole, se terminant régulièrement en une pointe finement aiguë, largement creusées en gouttière et un peu arquées, bordées de dents fines, peu profondes et aiguës, bien soutenues sur des pétioles de moyenne longueur, grêles, raides et redressés.

**Stipules** très-caduques.

**Feuilles stipulaires** manquant ordinairement.

**Boutons à fruit** gros ou très-gros, ovoïdes, épais et un peu aigus ; écailles d'un marron rougeâtre très-foncé.

**Fleurs** petites ; pétales arrondis, peu concaves, à onglet court, se touchant presque entre eux ; divisions du calice courtes, fines, finement aiguës et presque annulaires ; pédicelles de moyenne longueur, de moyenne force et un peu duveteux.

**Feuilles des productions fruitières** moyennes, presque exactement elliptiques, se terminant presque régulièrement en une pointe longue et finement aiguë, largement creusées en gouttière et un peu recourbées en dessous seulement par leur pointe, bordées de dents fines, très-peu profondes, un peu couchées et aiguës, assez bien soutenues sur des pétioles de moyenne longueur, de moyenne force et assez fermes.

**Caractère saillant de l'arbre** : teinte générale du feuillage d'un vert d'eau terne ; toutes les feuilles largement et bien régulièrement creusées en gouttière et garnies d'une serrature formée de dents fines et peu profondes.

**Fruit** moyen, sphérico-ovoïde et épais, bien uni dans son contour, atteignant sa plus grande épaisseur à peine au-dessous du milieu de sa hauteur ; au-dessus de ce point, s'atténuant promptement par une courbe largement et régulièrement convexe en une pointe courte et obtuse ; au-dessous du même point, s'arrondissant par une courbe un peu plus convexe pour ensuite s'aplatir sur une très-petite étendue autour de la cavité de l'œil.

**Peau** épaisse, d'abord d'un vert pâle semé de points bruns, larges, largement espacés du côté de l'ombre et plus serrés du côté du soleil. On remarque parfois quelques larges taches de rouille sur la surface du fruit. A la maturité, **fin d'août,** le vert fondamental passe au jaune citron chaudement doré et couvert du côté du soleil d'un nuage de rouille vermillon sur lequel ressortent des points grisâtres cernés de rouge plus foncé.

**Œil** moyen, ouvert, placé dans une cavité peu profonde, bien évasée, bien unie dans ses parois et par ses bords.

**Queue** courte, peu forte, bien ligneuse, de couleur fauve, attachée à fleur de la pointe du fruit.

**Chair** jaunâtre, demi-fine, demi-cassante, sèche, insuffisante en eau richement sucrée et hautement parfumée de musc.

# CITRON DE SIRÈNE

(N° 435)

*Pomologie.* JEAN-HERMANN KNOOP.
*Handbuch aller bekannten Obstsorten.* BIEDENFELD.
SIRENEN CITRONENBIRNE. *Sichere Führer.* DOCHNAHL.
*Niederlandischer Obstgarten.*
CITRON DE SIERENTZ. *Dictionnaire de pomologie.* ANDRÉ LEROY.

OBSERVATIONS. — M. André Leroy dit que cette variété fut adressée au Comice horticole d'Angers, comme originaire des environs de la petite ville de Sierentz, près de Mulhouse (Haut-Rhin). Il est assez difficile de s'expliquer pourquoi, dès l'année 1771, Knoop la décrivait sous le nom de Citron de Sirène et lui attribuait les nombreux synonymes d'origine flamande : Citroen-Couleurs-Peer, Vroege Haagenaar, Vroege Wyn-Peer, Vroege Katelyne, Abraham Katelyne. — L'arbre, de vigueur insuffisante sur cognassier, est seulement propre à la forme de fuseau et se montre ainsi d'une bonne tenue par la force et la raideur de son bois. Sa fertilité est précoce, grande et constante. Son fruit est de bonne qualité.

DESCRIPTION.

**Rameaux** forts, courts, anguleux dans leur contour, droits, à entrenœuds très-courts, d'un brun olivâtre ; lenticelles blanches, un peu larges, arrondies, assez nombreuses et apparentes.
**Boutons à bois** moyens ou assez gros, coniques un peu épais et courtement aigus, à direction peu écartée du rameau, soutenus sur des supports saillants dont l'arête médiane se prolonge plus ou moins distinctement ; écailles presque entièrement recouvertes de gris blanchâtre.

**Pousses d'été** d'un vert très-clair, lavées de rouge à leur sommet et duveteuses sur presque toute leur longueur.

**Feuilles des pousses d'été** petites, ovales ou un peu obovales-elliptiques, se terminant brusquement en une pointe courte et bien fine, repliées sur leur nervure médiane et à peine arquées, bordées de dents extraordinairement fines, peu profondes, à peine appréciables, bien soutenues sur des pétioles courts, grêles, raides et bien redressés.

**Stipules** de moyenne longueur, presque filiformes.

**Feuilles stipulaires** manquant le plus souvent.

**Boutons à fruit** moyens, coniques, un peu épais et courtement aigus ; écailles d'un marron foncé.

**Fleurs** petites ; pétales ovales-élargis, souvent un peu aigus à leur sommet, concaves, à onglet court, peu écartés entre eux ; divisions du calice courtes, fines et recourbées en dessous ; pédicelles un peu courts, assez grêles et un peu duveteux.

**Feuilles des productions fruitières** un peu plus grandes que celles des pousses d'été, exactement ovales, se terminant régulièrement en une pointe extraordinairement courte et fine, peu concaves ou presque planes, entières ou presque entières par leurs bords, assez peu soutenues sur des pétioles courts, grêles, divergents et un peu flexibles.

**Caractère saillant de l'arbre** : teinte générale du feuillage d'un beau vert bleu ; tous les pétioles courts et grêles ; toutes les feuilles très-finement acuminées.

**Fruit** presque moyen, sphérico-ovoïde, un peu piriforme, uni dans son contour, atteignant sa plus grande épaisseur tantôt à peu près au milieu, tantôt un peu au-dessous du milieu de sa hauteur ; au-dessus de ce point, s'atténuant par une courbe d'abord largement convexe puis un peu concave en une pointe peu épaisse, plus ou moins courte et plus ou moins obtuse ; au-dessous du même point, s'arrondissant par une courbe largement convexe jusque dans la cavité de l'œil.

**Peau** assez fine, d'abord d'un vert décidé semé de points d'un vert plus foncé, larges et régulièrement espacés. On remarque ordinairement un peu de rouille dans la cavité de l'œil, mais non sur la surface du fruit. A la maturité, **fin de juillet, commencement d'août,** le vert fondamental passe au jaune citron brillant, et le côté du soleil est largement lavé d'un rouge rosat sur lequel ressortent des points jaunâtres, très-nombreux et, sur les fruits moins bien exposés, le côté du soleil est seulement marbré de rouge.

**Œil** grand, ouvert ou demi-ouvert, à divisions larges, étalées ou recourbées en dehors, placé presque à fleur de la base du fruit dans une dépression très-peu prononcée et régulière.

**Queue** assez courte, forte, élastique, épaissie à son point d'attache au sommet du fruit dont elle semble former la continuation, ou parfois un peu repoussée dans un pli charnu.

**Chair** très-blanche, assez fine, demi-beurrée, un peu pierreuse vers le cœur, suffisante en eau sucrée et agréablement musquée.

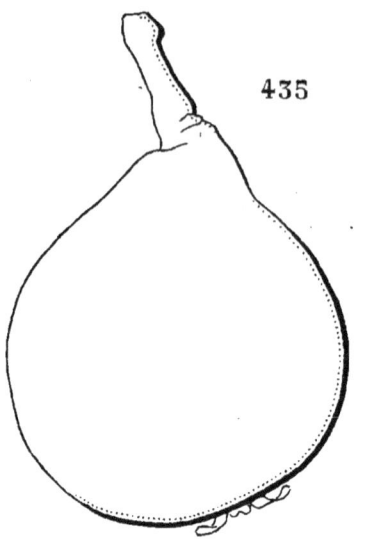

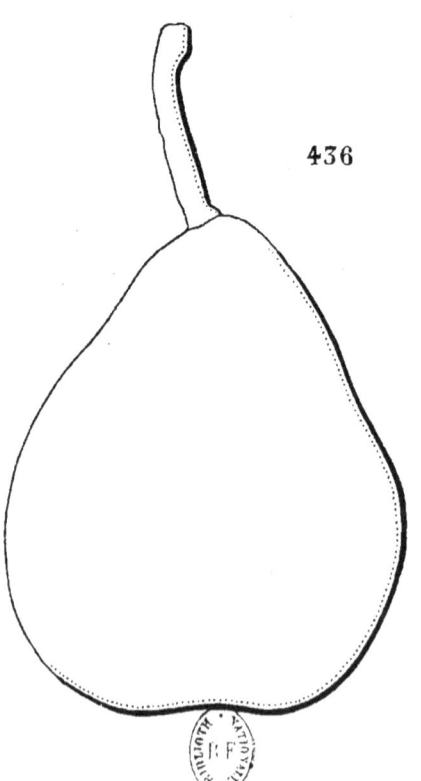

435. CITRON DE SIRÈNE.   436. CHARLI BASINER.

# CHARLI BASINER

(N° 436)

*Note Pomologique.* DE JONGHE.

OBSERVATIONS. — Cette variété, que je tiens de M. de Jonghe, fut obtenue d'un semis de pepins de Marie-Louise et rapporta pour la première fois en 1860. — L'arbre, de vigueur un peu insuffisante sur cognassier, est assez difficile à soumettre aux formes régulières. Il se comporte mieux en haute tige sur franc. Sa fertilité est précoce et bonne, mais sujette à des alternats complets ; il présente dans sa végétation quelque ressemblance avec la variété dont il est issu et son fruit est de bonne qualité.

## DESCRIPTION.

**Rameaux** peu forts, bien fluets à leur partie supérieure, anguleux dans leur contour, sensiblement flexueux, à entre-nœuds de moyenne longueur, d'un brun jaunâtre du côté de l'ombre, un peu teintés de rouge du côté du soleil ; lenticelles blanches, peu larges, peu nombreuses et un peu apparentes.

**Boutons à bois** gros, coniques-allongés et bien finement aigus, à direction parallèle ou presque parallèle au rameau vers lequel ils se recourbent un peu par leur pointe ; écailles d'un marron rougeâtre bien foncé largement maculé de gris blanchâtre.

**Pousses d'été** d'un vert très-clair, lavées de rouge et presque glabres à leur sommet.

**Feuilles des pousses d'été** assez grandes, ovales un peu élargies, se terminant un peu brusquement en une pointe un peu longue et large, creusées en gouttière et non arquées, bordées de dents larges, un peu profondes, couchées et un peu aiguës, soutenues presque horizontalement sur des pétioles un peu longs, de moyenne force et un peu souples.

**Stipules** en alênes de moyenne longueur et fines.

**Feuilles stipulaires** fréquentes.

**Boutons à fruit** moyens, conico-ovoïdes, allongés et finement aigus ; écailles d'un marron rougeâtre foncé et largement maculé de gris blanchâtre.

**Fleurs** moyennes ; pétales ovales-allongés, parfois sensiblement atténués à leur sommet, dressés, à onglet long, bien écartés entre eux ; divisions du calice longues, aiguës et peu recourbées en dessous ; pédicelles longs et de moyenne force.

**Feuilles des productions fruitières** à peu près de même dimension que celles des pousses d'été, ovales-elliptiques, se terminant un peu brusquement en une pointe large, assez courte et finement aiguë, bien creusées en gouttière et à peine arquées, bordées de dents larges, assez peu profondes, couchées et obtuses, s'abaissant sur des pétioles longs, de moyenne force, dressés et un peu souples.

**Caractère saillant de l'arbre** : teinte générale du feuillage d'un vert clair et gai ; toutes les feuilles régulièrement creusées en gouttière.

**Fruit** presque moyen, conique ou conique-piriforme, ordinairement uni dans son contour, atteignant sa plus grande épaisseur au-dessous du milieu de sa hauteur ; au-dessus de ce point, s'atténuant par une courbe d'abord à peine convexe puis à peine concave en une pointe un peu longue, un peu épaisse et obtuse à son sommet ; au-dessous du même point, s'atténuant par une courbe peu convexe pour diminuer peu sensiblement d'épaisseur vers la cavité de l'œil.

**Peau** assez fine et tendre, d'abord d'un vert clair recouvert d'une sorte de fleur blanche et sur lequel les points d'un vert un peu plus foncé sont peu apparents. On remarque ordinairement des traces d'une rouille brune sur le sommet du fruit et dans la cavité de l'œil. A la maturité, **fin d'août et commencement de septembre**, le vert fondamental passe au jaune pâle et seulement un peu doré du côté du soleil.

**Œil** moyen, ouvert, placé dans une cavité peu profonde, évasée et souvent largement plissée par ses bords.

**Queue** de moyenne longueur, un peu forte, ligneuse, attachée dans un pli peu prononcé formé par la pointe du fruit.

**Chair** blanche, fine, fondante, abondante en eau douce, sucrée et délicatement parfumée.

# CANANDAIGUA

(N° 437)

The Fruits and the fruit-trees of America. Downing.
The American fruit Culturist. Thomas.

Observations. — Downing dit que cette variété est d'origine incertaine, et qu'elle est supposée avoir été apportée du Connecticut à Canandaigua (Etat de New-York). — L'arbre, de vigueur contenue sur cognassier, exige quelques soins si l'on veut en obtenir des formes régulières. Sa fertilité est précoce et bonne. Son fruit est d'assez bonne qualité.

DESCRIPTION.

**Rameaux** peu forts, unis ou presque unis dans leur contour, presque droits, à entre-nœuds longs, d'un jaune clair, lavés de rouge clair et vif à leur partie supérieure ; lenticelles blanchâtres, fines, un peu allongées, assez nombreuses et peu apparentes.

**Boutons à bois** petits, coniques, courts, très-courtement aigus, à direction très-peu écartée du rameau ou presque parallèle, soutenus sur des supports très-peu saillants dont l'arête médiane ne se prolonge pas ou très-peu distinctement ; écailles d'un marron foncé.

**Pousses d'été** d'un vert très-clair et teinté de jaune, non colorées de rouge et à peine duveteuses à leur sommet.

**Feuilles des pousses d'été** moyennes ou assez grandes, ovales un peu allongées, se terminant presque régulièrement en une pointe courte, planes ou presque planes, bordées de dents un peu larges, peu profondes et obtuses, assez bien soutenues sur des pétioles de moyenne longueur, de moyenne force et redressés.

**Stipules** longues, presque filiformes.

**Feuilles stipulaires** manquant ordinairement.

**Boutons à fruit** moyens, coniques-allongés, à peine renflés et aigus ; écailles extérieures d'un marron foncé ; écailles intérieures couvertes d'un duvet fauve.

**Fleurs** petites ; pétales ovales-elliptiques, concaves, à onglet court, très-peu écartés entre eux ; divisions du calice de moyenne longueur, finement aiguës et peu recourbées en dessous ; pédicelles assez longs, grêles et presque glabres.

**Feuilles des productions fruitières** moyennes ou assez grandes, ovales-allongées, se terminant régulièrement en une pointe finement aiguë, peu repliées sur leur nervure médiane ou presque planes, bordées de dents peu profondes et émoussées, assez peu soutenues sur des pétioles longs, grêles et souples.

**Caractère saillant de l'arbre** : teinte générale du feuillage d'un vert herbacé clair ; toutes les feuilles ovales-allongées.

**Fruit** moyen, ovoïde-piriforme, très-irrégulier dans sa forme et souvent bosselé dans son contour, atteignant sa plus grande épaisseur au-dessous du milieu de sa hauteur ; au-dessus de ce point, s'atténuant par une courbe irrégulièrement convexe en une pointe un peu longue, maigre et aiguë à son sommet ; au-dessous du même point, s'atténuant par une courbe largement convexe pour diminuer sensiblement d'épaisseur vers la cavité de l'œil.

**Peau** mince, tendre, d'abord d'un vert clair semé de points d'un gris vert, très-nombreux, serrés et apparents. On remarque souvent un peu de rouille, soit sur le sommet du fruit, soit dans la cavité de l'œil. A la maturité, **septembre,** le vert fondamental passe au jaune citron et le côté du soleil est doré ou parfois lavé de rouge.

**Œil** moyen, demi-ouvert, placé dans une cavité étroite, peu profonde, souvent irrégulière et dont les bords sont obliques.

**Queue** très-courte, épaisse, attachée le plus souvent obliquement dans un pli charnu formé par la pointe du fruit.

**Chair** blanchâtre, assez fine, fondante, un peu pierreuse vers le cœur, abondante en eau sucrée, vineuse et acidulée.

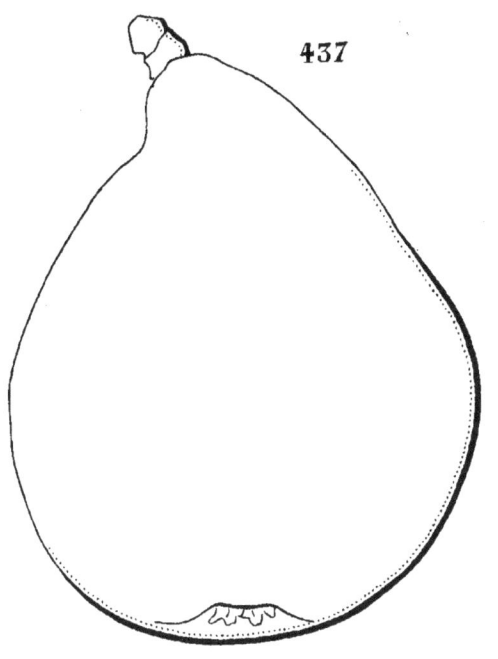
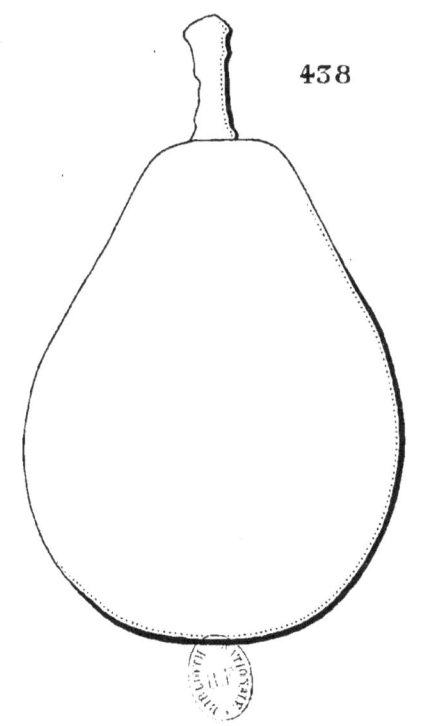

437, CANANDAIGUA.   438, VALETTE.

# VALETTE

(N° 438)

*Catalogue* ANDRÉ LEROY.

OBSERVATIONS. — M. André Leroy, dans son *Dictionnaire de Pomologie*, donne le nom de Valette comme synonyme de Poire de Vallée, et cependant la Poire Valette que j'ai reçue de lui, et plusieurs fois pour acquérir une certitude, est entièrement différente de la Poire de Vallée des anciens auteurs ou Poire de Kiensheim des Allemands, et qui, par sa saveur, doit être rangée parmi celles que les anciens pomologistes qualifiaient du nom de Muscat, assez peu justifié, il est vrai ; tandis que la Poire Valette appartient à la classe des Blanquets. — L'arbre, de vigueur un peu insuffisante sur cognassier, s'accommode assez bien des formes régulières et surtout de celle de fuseau. Sa fertilité est très-précoce, grande et constante. Par sa rusticité, il convient très-bien au verger de campagne. Son fruit est seulement de seconde qualité.

DESCRIPTION.

**Rameaux** de moyenne force, anguleux dans leur contour, droits, à entre-nœuds assez courts, d'un jaunâtre terne ; lenticelles très-petites, un peu allongées, très-peu nombreuses et peu apparentes.

**Boutons à bois** gros, coniques, épais, émoussés ou très-courtement aigus, à direction écartée du rameau, soutenus sur des supports saillants dont les côtés et l'arête médiane se prolongent distinctement ; écailles d'un marron peu foncé.

**Pousses d'été** d'un vert pâle, un peu lavées de rouge et à peine duveteuses à leur sommet.

**Feuilles des pousses d'été** à peine moyennes, ovales-elliptiques et un peu allongées, se terminant presque régulièrement en une pointe courte et bien aiguë, à peine repliées sur leur nervure médiane et non arquées, bordées de dents très-fines, très-peu profondes et aiguës, assez bien soutenues sur des pétioles de moyenne longueur, de moyenne force et un peu redressés.

**Stipules** en alènes courtes et fines.

**Feuilles stipulaires** manquant le plus souvent.

**Boutons à fruit** moyens, conico-ovoïdes, allongés et peu aigus ; écailles d'un marron peu foncé.

**Fleurs** moyennes ; pétales obovales, recourbés en dedans et concaves, un peu lavés de rose avant l'épanouissement ; divisions du calice déliées et bien recourbées en dessous ; pédicelles de moyenne longueur, grêles, un peu colorés de rouge et duveteux.

**Feuilles des productions fruitières** moyennes, exactement ovales, quelques-unes un peu élargies, se terminant un peu brusquement en une pointe très-courte, bien creusées en gouttière et non arquées, bordées de dents extraordinairement fines et peu profondes, souvent peu appréciables, soutenues à peu près horizontalement sur des pétioles assez courts, grêles, divergents et un peu raides.

**Caractère saillant de l'arbre** : teinte générale du feuillage d'un vert clair et gai ; toutes les feuilles très-finement dentées d'une manière vraiment caractéristique.

**Fruit** moyen, conique-épais, assez uni dans son contour, atteignant sa plus grande épaisseur bien au-dessous du milieu de sa hauteur ; au-dessus de ce point, s'atténuant lentement par une courbe légèrement convexe en une pointe plus ou moins longue, épaisse et largement obtuse ; au-dessous du même point, s'arrondissant d'abord largement pour s'aplatir ensuite un peu autour de la cavité de l'œil.

**Peau** épaisse, ferme, d'abord d'un vert pâle semé de très-petits points gris, largement cernés de vert plus foncé, très-nombreux et régulièrement espacés. On remarque souvent quelques traces de rouille sur la surface du fruit et surtout à son sommet et à sa base. A la maturité, **juillet et août,** le vert fondamental passe au jaune paille et le côté du soleil est très-rarement lavé d'un très-léger soupçon de rouille.

**Œil** grand, ouvert, à divisions larges, molles et d'un brun clair, placé tantôt presque à fleur de la base du fruit, tantôt dans une cavité étroite, peu profonde dont les bords sont assez régulièrement ondulés pour que le fruit puisse le plus souvent bien se tenir debout.

**Queue** assez courte, forte, charnue, épaissie à son point d'attache au rameau, droite ou courbée, fixée le plus souvent obliquement sur la pointe largement tronquée et un peu bombée à son centre qui termine le fruit.

**Chair** très-blanche, demi-cassante, abondante en eau bien sucrée et parfumée à la manière des Blanquets.

# MADAME DUCAR

(N° 439)

*Album de pomologie.* BIVORT.
*The Fruits and the fruit-trees of America.* DOWNING.
*The American fruit Culturist.* THOMAS.
*Notices pomologiques.* DE LIRON D'AIROLES.
*Dictionnaire de pomologie.* ANDRÉ LEROY.
DUCAR'S POMERANZENBIRNE. *Sichere Führer.* DOCHNAHL.

OBSERVATIONS. — D'après M. Bivort, cette variété serait un gain du Major Esperen et qui fut dédié par sa veuve à M<sup>me</sup> Ducar, sa belle-sœur. J'en ai reçu des greffes de la Société Van Mons, et des observations de plusieurs années m'ont toujours confirmé dans l'identité que j'avais d'abord constatée de cette variété avec la Poire Dathis de quelques pomologistes et que je tiens de l'obligeance de M. André Leroy. — L'arbre est d'une végétation trop contenue sur cognassier pour en obtenir de grandes formes, et son fruit n'est pas assez fin pour lui appliquer une culture bien soignée; aussi la haute tige est-elle sa véritable destination. Il est d'une fertilité précoce et très-grande ; son fruit se rapproche beaucoup par sa saveur de la Poire Madeleine à laquelle il peut cependant être préféré.

DESCRIPTION.

**Rameaux** peu forts, finement et cependant distinctement anguleux dans leur contour, bien droits, à entre-nœuds longs, d'un jaunâtre terne ; lenticelles très-petites, rares et peu apparentes.

**Boutons à bois** très-petits, coniques, courts et obtus, appliqués au rameau, soutenus sur des supports très-peu saillants dont les côtés et l'arête médiane se prolongent très-finement et longuement; écailles d'un marron peu foncé et terne.

**Pousses d'été** d'un vert clair, lavées de rouge et un peu duveteuses à leur sommet.

**Feuilles des pousses d'été** petites, elliptiques-arrondies, se terminant un peu brusquement en une pointe peu longue, concaves et légèrement arquées, bordées de dents peu profondes et peu aiguës, bien soutenues sur des pétioles de moyenne longueur, grêles et bien redressés.

**Stipules** moyennes, en alênes un peu recourbées.

**Feuilles stipulaires** manquant presque toujours.

**Boutons à fruit** moyens, conico-ovoïdes, peu aigus; écailles blondes et brillantes.

**Fleurs** grandes; pétales ovales-élargis ou elliptiques-élargis, concaves, à onglet court, se touchant presque entre eux; divisions du calice de moyenne longueur, bien aiguës et recourbées en dessous seulement par leur pointe; pédicelles assez courts, forts et duveteux.

**Feuilles des productions fruitières** moyennes, ovales ou ovales-elliptiques, presque planes, quelquefois un peu ondulées, se terminant peu brusquement en une pointe très-courte, bordées de dents très-peu profondes et émoussées, assez peu soutenues sur des pétioles longs, grêles et un peu flexibles.

**Caractère saillant de l'arbre** : teinte générale du feuillage d'un vert herbacé; toutes les feuilles courtement acuminées; rameaux raides, à direction bien perpendiculaire.

**Fruit** moyen, piriforme-court ou turbiné-piriforme, ordinairement uni dans son contour, atteignant sa plus grande épaisseur bien au-dessous du milieu de sa hauteur; au-dessus de ce point, s'atténuant par une courbe convexe ou parfois très-légèrement concave en une pointe courte, épaisse, bien obtuse et quelquefois tronquée; au-dessous du même point, s'atténuant brusquement par une courbe convexe pour s'aplatir ensuite un peu autour de la cavité de l'œil.

**Peau** très-fine, très-tendre, d'abord d'un vert gai semé de points gris, nombreux et peu apparents. Une rouille brune, peu dense, couvre ordinairement le sommet du fruit et la cavité de l'œil. A la maturité, **milieu et fin d'août**, le vert fondamental s'éclaircit en jaune, et le côté du soleil est à peine reconnaissable à un ton un peu plus chaud et ne se couvre d'aucune trace de rouge.

**Œil** grand, presque fermé, à divisions grisâtres et frêles, placé dans une cavité peu profonde, un peu plissée ou bosselée dans ses parois et qui le contient à peine.

**Queue** un peu longue, assez forte, bien élastique, d'un brun clair, attachée un peu obliquement, tantôt dans un pli charnu, tantôt à fleur de la pointe du fruit déjetée de côté.

**Chair** blanche, fine, bien fondante, abondante en eau douce, sucrée, rafraichissante et sans parfum bien caractérisé.

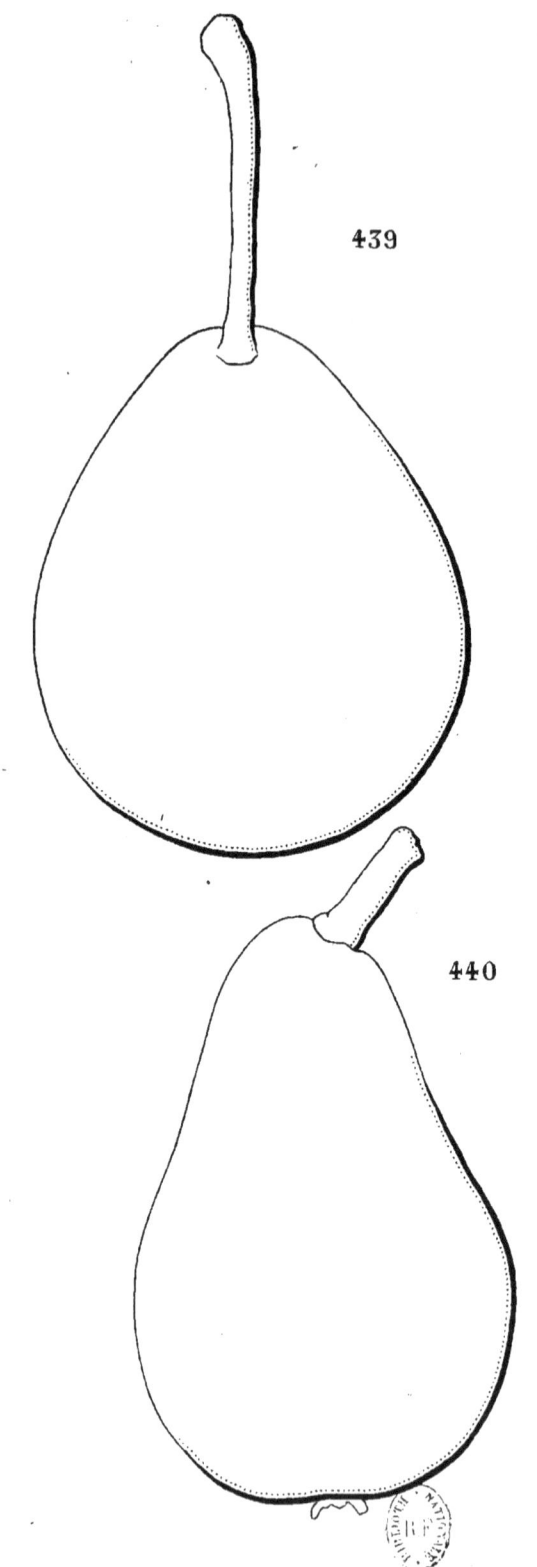

439, MADAME DUCAR.  440, ANDOUILLE.

# ANDOUILLE

(N° 440)

*Dictionnaire de pomologie.* ANDRÉ LEROY.
POLYFORME. *Notices pomologiques.* DE LIRON D'AIROLES.

OBSERVATIONS. — M. de Liron d'Airoles dit de cette variété : « Je crois ce fruit inédit. Il m'a été envoyé par M. l'abbé Cornet, de la commune de Montigné, près Montfaucon (Maine-et-Loire). Il le tenait d'un ancien pépiniériste, M. Langlois, de Beaupréau (Maine-et-Loire). Il paraît impossible qu'un fruit aussi remarquable par sa forme n'eût pas été reconnu dans les expositions où je l'ai présenté. » Je puis ajouter qu'il m'a été impossible d'assimiler cette variété à aucune de celles de mes très-nombreuses collections, et c'est par erreur que quelques personnes ont émis l'opinion qu'elle est semblable à la Forelle. — L'arbre, de vigueur contenue sur cognassier, est très-propre à la forme pyramidale. Son meilleur emploi est cependant la haute tige dont la tête fastigiée s'élève bien, devient bientôt fertile et rapporte d'abondantes récoltes presque annuellement. Son fruit n'est que de seconde qualité, mais excellent pour les différents usages du ménage.

### DESCRIPTION.

**Rameaux** assez forts, courts, souvent épaissis en massue à leur sommet, obscurément anguleux ou presque unis dans leur contour, presque droits, à entre-nœuds courts, d'un brun verdâtre; lenticelles blanchâtres, un peu larges, assez nombreuses et un peu apparentes.

**Boutons à bois** gros, coniques, allongés, finement aigus, à direction plus ou moins écartée du rameau, soutenus sur des supports peu saillants dont les côtés et l'arête médiane ne se prolongent pas ou très-peu distinctement; écailles d'un marron rougeâtre foncé, brillant et largement maculé de gris blanchâtre.

**Pousses d'été** d'un vert vif, bien lavées de rouge vif par places et sur toute leur longueur, glabres à leur sommet.

**Feuilles des pousses d'été** moyennes, exactement elliptiques, se terminant brusquement en une pointe courte, bien creusées en gouttière, bordées de dents très-peu profondes, bien couchées et un peu aiguës, assez peu soutenues sur des pétioles longs, peu forts, peu redressés et colorés de rouge.

**Stipules** en alênes très-courtes et très-fines, bien caduques.

**Feuilles stipulaires** manquant ordinairement.

**Boutons à fruit** moyens, conico-ovoïdes, un peu allongés et finement aigus ; écailles d'un marron rougeâtre peu foncé et largement maculé de gris blanchâtre.

**Fleurs** moyennes ; pétales elliptiques-élargis, bien concaves, à onglet un peu long, un peu écartés entre eux ; divisions du calice courtes, finement aiguës et à peine recourbées en dessous ; pédicelles de moyenne longueur ou un peu longs, de moyenne force et peu duveteux.

**Feuilles des productions fruitières** moyennes, exactement elliptiques, se terminant très-brusquement en une pointe extraordinairement courte ou nulle, bien creusées en gouttière, bordées de dents extraordinairement peu profondes, souvent à peine appréciables, s'abaissant un peu sur des pétioles longs, de moyenne force et peu redressés.

**Caractère saillant de l'arbre** : teinte générale du feuillage d'un vert très-clair ; toutes les feuilles exactement elliptiques, bien creusées en gouttière et très-courtement acuminées ; les plus jeunes feuilles finement bordées de rouge; pétioles d'un rouge vif.

**Fruit** moyen ou assez gros, conique-piriforme et souvent un peu irrégulier et inconstant dans sa forme, atteignant sa plus grande épaisseur bien au-dessous du milieu de sa hauteur; au-dessus de ce point, s'atténuant par une courbe d'abord peu convexe puis à peine concave en une pointe longue, un peu épaisse et plus ou moins obtuse à son sommet ; au-dessous du même point, s'atténuant par une courbe largement convexe pour diminuer assez sensiblement d'épaisseur vers la cavité de l'œil.

**Peau** fine, un peu ferme, d'abord d'un vert clair semé de points bruns, larges, nombreux, apparents et se confondant avec des traits nombreux d'une rouille de même couleur qui se condense en prenant un ton fauve, et couvre une grande partie du sommet du fruit et souvent aussi une partie de sa base. A la maturité, **septembre,** le vert fondamental passe au jaune citron, la rouille se dore et le côté du soleil se couvre d'un ton un peu plus chaud ou rarement d'un nuage de rouge.

**Œil** moyen, demi-fermé, à divisions courtes, dressées, placé presque à fleur de la base du fruit dans une dépression très-peu profonde et parfois largement plissée dans ses parois et par ses bords.

**Queue** courte, forte, charnue, un peu courbée et repoussée obliquement dans un pli peu prononcé formé par la pointe du fruit.

**Chair** blanche, demi-fine, demi-beurrée, suffisante en eau bien sucrée, vineuse, mais sans parfum appréciable.

# KOLSTUCK

(N° 441)

Observations. — J'ai perdu le souvenir du nom de la personne qui m'a fait parvenir cette variété. Je n'ai pas mieux retrouvé aucune mention d'elle dans les ouvrages pomologiques que je possède; serait-elle inédite? Quoi qu'il en soit, j'ai cru utile de la faire connaître aux pomologistes qui seront peut-être plus heureux à obtenir des renseignements sur son origine. — L'arbre, d'une vigueur normale sur cognassier, se prête facilement à la forme pyramidale. Toutefois, sa véritable destination est la haute tige sur franc qui forme une tête de moyenne dimension, d'un rapport précoce et très-abondant. Son fruit, par sa consistance, supporte facilement le transport et convient pour la vente sur le marché par sa bonne apparence; d'assez bonne qualité pour la table, il est très-propre aux usages du ménage et de la confiserie.

DESCRIPTION.

**Rameaux** peu forts, anguleux dans leur contour, droits, à entre-nœuds courts, d'un rouge sanguin foncé; lenticelles blanches, très-petites, très-irrégulièrement espacées et peu apparentes.

**Boutons à bois** très-petits, coniques, finement aigus, parallèles ou appliqués au rameau, soutenus sur des supports un peu saillants dont l'arête médiane se prolonge bien distinctement; écailles d'un marron rougeâtre foncé et brillant, bordées de blanc argenté.

**Pousses d'été** d'un vert décidé, bien colorées de rouge et couvertes à leur sommet d'un duvet blanc et soyeux.

**Feuilles des pousses d'été** moyennes ou petites, ovales-elliptiques se terminant brusquement en une pointe courte et ferme, un peu repliées sur leur nervure médiane ou un peu creusées en gouttière et non arquées, bordées de dents assez profondes et finement aiguës, bien soutenues sur des pétioles un peu courts, grêles, raides et redressés.

**Stipules** un peu longues, linéaires, dentées.

**Feuilles stipulaires** manquant ordinairement.

**Boutons à fruit** moyens, conico-ovoïdes, allongés, finement aigus; écailles d'un marron rougeâtre.

**Fleurs** très-petites; pétales elliptiques-arrondis, concaves, à onglet court, écartés entre eux; divisions du calice courtes et recourbées en dessous; pédicelles assez courts, bien grêles et peu duveteux.

**Feuilles des productions fruitières** moyennes, obovales-elliptiques, se terminant presque régulièrement en une pointe courte, à peine repliées sur leur nervure médiane, bordées de dents un peu écartées entre elles, fines et un peu aiguës, s'abaissant un peu sur des pétioles de moyenne longueur, grêles et assez souples.

**Caractère saillant de l'arbre** : teinte générale du feuillage d'un vert clair et gai; feuilles des pousses d'été bien épaisses et remarquables par leur serrature bien acérée; rameaux raides et bien colorés.

**Fruit** moyen ou presque moyen, conique-piriforme, un peu en forme de Calebasse, souvent un peu irrégulier dans son contour, atteignant sa plus grande épaisseur bien au-dessous du milieu de sa hauteur; au-dessus de ce point, s'atténuant par une courbe d'abord peu convexe puis largement concave en une pointe longue et d'une épaisseur soutenue jusqu'à son sommet vers lequel elle est largement obtuse ou tronquée; au-dessous du même point, s'atténuant très-peu par une courbe très-peu convexe pour s'aplatir ensuite un peu autour de la cavité de l'œil.

**Peau** assez mince et cependant un peu ferme, d'abord d'un vert clair sur lequel on remarque par places de très-petits points d'un gris noir, peu distincts et manquant souvent entièrement. On remarque parfois quelques traces d'une rouille d'un brun verdâtre soit sur le sommet du fruit, soit dans la cavité de l'œil. A la maturité, **milieu de juillet,** le vert fondamental passe au jaune paille, et le côté du soleil est largement lavé ou flammé d'un rouge vermillon vif.

**Œil** grand, ouvert, à divisions grisâtres, larges et un peu relevées par une sorte de bourrelet charnu qui les entoure, placé presque à fleur de la base du fruit dans une dépression peu profonde et bien évasée.

**Queue** souvent verdâtre, de moyenne longueur, un peu forte, charnue et élastique, attachée ordinairement obliquement entre des plis qui souvent se continuent d'une manière un peu sensible sur la hauteur du fruit.

**Chair** d'un blanc à peine teinté de jaune, fine, serrée, assez tendre, succulente, abondante en eau richement sucrée et relevée d'une saveur vineuse.

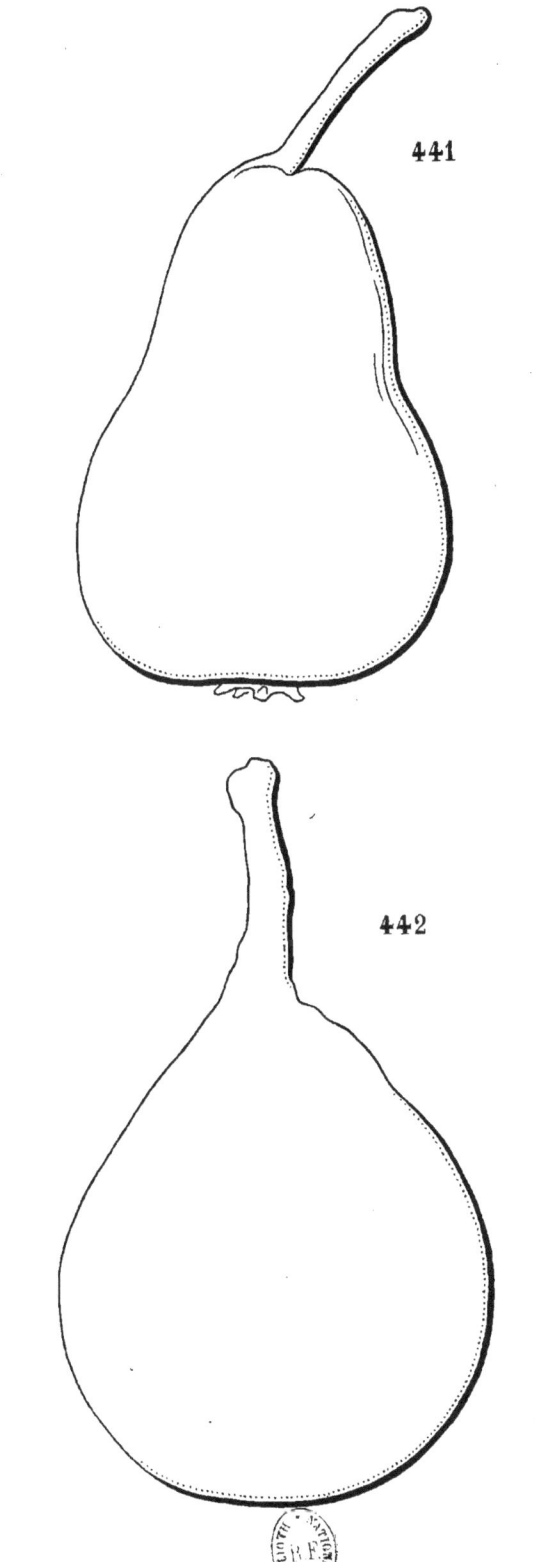

441. KOLSTUCK. 442. SERAPHINE OVYN.

# SÉRAPHINE OVYN

(N° 442)

Bulletin de la Société Van Mons.
Album de pomologie. BIVORT.
Belgique horticole. EDOUARD MORREN.
The Fruits and the fruit-trees of America. DOWNING.
Dictionnaire de pomologie. ANDRÉ LEROY.

OBSERVATIONS. — Cette variété a été obtenue dans le Jardin de la Société Van Mons à Geest-Saint-Remy, et suivant les statuts de l'association, le moment étant arrivé auquel un de ses membres, M. Ovyn, négociant à Courtray, avait le droit de nommer ce semis, dont le premier rapport eut lieu en 1854, il voulut qu'il fût dédié à sa fille Séraphine. — L'arbre, d'une végétation contenue et d'une fertilité précoce sur cognassier, est d'une vigueur normale sur franc; il s'accommode assez bien de la forme pyramidale. Son fruit peut être rangé parmi les poires de bonne qualité.

DESCRIPTION.

**Rameaux** de moyenne force, droits, à entre-nœuds courts, d'un vert clair ; lenticelles grisâtres, très-larges, nombreuses et apparentes.
**Boutons à bois** moyens, coniques-allongés et finement aigus, à direction bien écartée du rameau auquel ils sont presque parallèles vers sa partie supérieure, soutenus sur des supports presque nuls ; écailles d'un marron brillant et bordé de gris blanchâtre.
**Pousses d'été** d'un vert jaunâtre et lavées de rouge à leur sommet peu duveteux.

**Feuilles des pousses d'été** bien petites, ovales bien étroites et un peu allongées, bien repliées sur leur nervure médiane et sensiblement arquées, bordées de dents très-peu profondes, assez bien soutenues sur des pétioles un peu longs, bien grêles et horizontaux.

**Stipules** courtes, en alènes bien fines ou presque filiformes.

**Feuilles stipulaires** assez fréquentes.

**Boutons à fruit** moyens, conico-ovoïdes, allongés et un peu aigus ; écailles un peu entr'ouvertes, d'un marron clair un peu maculé de noir.

**Fleurs** moyennes ; pétales ovales, sensiblement atténués à leur extrémité, peu concaves, à onglet long, un peu écartés entre eux ; divisions du calice assez longues, finement aiguës et peu recourbées en dessous ; pédicelles de moyenne longueur, grêles et un peu duveteux.

**Feuilles des productions fruitières** un peu plus grandes et plus larges que celles des pousses d'été, se terminant en une pointe plus ou moins courte, repliées sur leur nervure médiane, entières ou presque entières par leurs bords, se recourbant un peu sur des pétioles assez longs, grêles, d'un vert jaunâtre et divergent.

**Caractère saillant de l'arbre** : teinte générale du feuillage d'un vert jaunâtre presque blond ; nervure médiane des feuilles remarquablement jaune.

**Fruit** petit ou presque moyen, turbiné, plus ou moins allongé et plus ou moins ventru, uni dans son contour, mais souvent irrégulier dans sa forme et plus haut d'un côté que de l'autre, atteignant sa plus grande épaisseur bien au-dessous du milieu de sa hauteur ou près de sa base ; au-dessus de ce point, s'atténuant par une courbe à peine convexe en une pointe assez courte ou un peu longue, épaisse et bien obtuse ; au-dessous du même point, s'arrondissant par une courbe assez convexe pour ensuite s'aplatir un peu parfois vers la cavité de l'œil.

**Peau** un peu épaisse, d'abord d'un vert sombre et mat semé de points d'un gris brun, larges, arrondis, largement espacés et se rapprochant du côté du soleil où ils sont saillants. A la maturité, **septembre,** le vert fondamental passe au jaune paille pâle, les points sont plus apparents et le côté du soleil se voile d'un soupçon de rouge.

**Œil** grand, ouvert, à divisions larges, appliquées aux parois de la cavité étroite et profonde dans laquelle il est enfoncé.

**Queue** un peu longue, forte, élastique, repoussée obliquement sur une excroissance charnue formée par la pointe du fruit.

**Chair** blanchâtre, fine, fondante, un peu pierreuse vers le cœur, suffisante en eau sucrée, acidulée et agréablement parfumée.

# FORME DE BERGAMOTTE

(N° 443)

*Catalogue* Bivort. 1851-1852.
*Catalogue* Papeleu. 1853-1854.
*Bulletin de la Société Van Mons.* 1854.
*Catalogue* de Bavay. 1855-1856.
FORME DE BERGAMOTTE CRASSANE. *Dictionnaire de pomologie.* André Leroy.

Observations. — Je conserve à cette variété le nom sous lequel je l'ai reçue, et je lui donne la préférence à celui adopté par M. André Leroy qui ne convient pas à notre fruit qui se rapproche par sa forme de la Bergamotte d'été et nullement de la Bergamotte Crassane. Puis il peut encore exister une variété à laquelle a été donné le nom de Forme de Bergamotte Crassane, car on le retrouve dans le Catalogue de Van Mons de 1823, et en compagnie de sept autres numéros différents portant le nom de Forme de Bergamotte.
— L'arbre, d'une végétation insuffisante sur cognassier, se comporte assez bien en haute tige sur franc. Sa fertilité est seulement moyenne et son fruit est de bonne qualité.

DESCRIPTION.

**Rameaux** de moyenne force, allongés, unis dans leur contour, flexueux, à entre-nœuds longs, d'un brun jaunâtre peu foncé ; lenticelles blanches, arrondies, bien espacées, un peu saillantes et apparentes.

**Boutons à bois** moyens, coniques peu aigus, à direction peu écartée du rameau, plus écartée lorsqu'ils sont éperonnés, soutenus sur des supports saillants dont les côtés et l'arête médiane ne se prolongent pas ; écailles d'un marron rougeâtre clair et bordé de gris blanchâtre.

**Pousses d'été** bien fluettes à leur sommet, bien flexueuses, non colorées de rouge à leur sommet couvert d'un duvet blanc, épais et soyeux.

**Feuilles des pousses d'été** moyennes, obovales, se terminant peu brusquement en une pointe courte et aiguë, peu repliées sur leur nervure médiane, bordées de dents irrégulières, larges, écartées entre elles, peu profondes et obtuses, mal soutenues sur des pétioles un peu longs, grêles et flexibles.

**Stipules** longues, linéaires très-étroites.

**Feuilles stipulaires** très-fréquentes.

**Boutons à fruit** moyens, coniques, un peu aigus; écailles d'un marron clair.

**Fleurs** moyennes ou presque grandes; pétales ovales-allongés, peu larges, peu concaves, à onglet court, un peu écartés entre eux; divisions du calice assez longues et peu recourbées en dessous; pédicelles courts, assez forts et peu duveteux.

**Feuilles des productions fruitières** moyennes, ovales ou ovales-elliptiques, se terminant un peu brusquement en une pointe très-courte, presque planes, bordées de dents fines, peu profondes et émoussées, pendantes sur des pétioles longs, très-grêles et très-flexibles.

**Caractère saillant de l'arbre** : teinte générale du feuillage d'un vert intense et luisant; tous les pétioles longs, grêles et très-flexibles; feuilles stipulaires grandes et nombreuses.

**Fruit** petit ou presque moyen, ovoïde-piriforme, un peu court et épais, tronqué à ses deux pôles, atteignant sa plus grande épaisseur très-peu au-dessous du milieu de sa hauteur; au-dessus de ce point, s'atténuant par une courbe d'abord peu convexe puis à peine concave en une pointe peu longue, épaisse et largement tronquée à son sommet; au-dessous du même point, s'atténuant peu par une courbe largement convexe pour s'aplatir ensuite un peu autour de la cavité de l'œil.

**Peau** épaisse, ferme, d'abord d'un vert gai semé de points d'un gris brun, très-petits, nombreux et assez régulièrement espacés. Une rouille brune et fine se disperse souvent en traits légers sur sa surface et se condense ordinairement sur le sommet du fruit et dans la cavité de l'œil. A la maturité, **novembre, décembre**, le vert fondamental passe au jaune paille, le côté du soleil se dore, et la rouille transparente laisse apercevoir ce jaune à travers son épaisseur.

**Œil** petit, demi-ouvert, à divisions courtes, fermes et dressées, placé presque à fleur de la base du fruit dans une dépression peu sensible.

**Queue** de moyenne longueur ou assez courte, épaissie à son point d'attache au rameau, un peu forte, ligneuse, un peu courbée, d'un brun verdâtre, attachée obliquement tantôt à fleur de la pointe du fruit, tantôt dans une cavité étroite et peu profonde.

**Chair** blanche et légèrement veinée de jaune, fine, serrée, demi-fondante, suffisante en eau bien sucrée et agréablement parfumée.

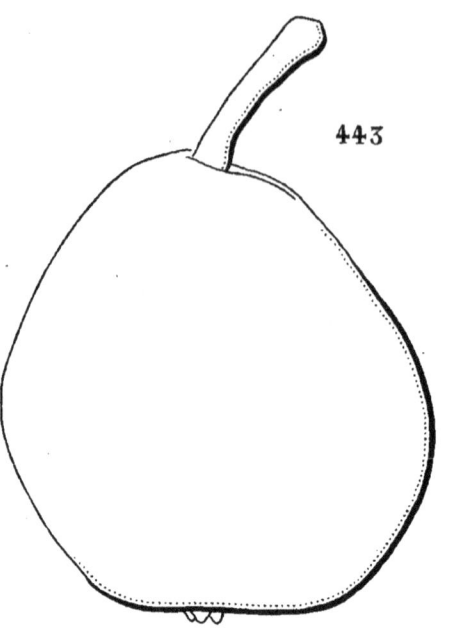

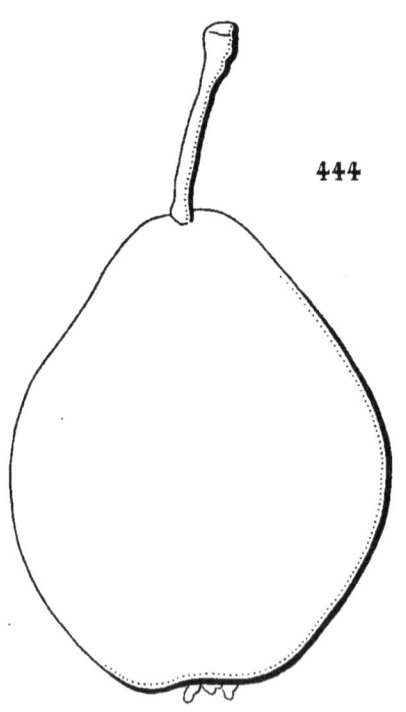

443. FORME DE BERGAMOTTE. 444. AUGIER.

# AUGIER

(N° 444)

*Jardin fruitier du Muséum.* Decaisne.
*Dictionnaire de pomologie.* André Leroy.
AUGERT. *Handbuch aller bekannten Obstsorten.* Biedenfeld.

Observations. — Cette variété fut obtenue en 1828 par M. Ferant, pépiniériste à Cognac (Charente), et dédiée par lui à M. Augier, négociant de cette ville et amateur d'horticulture. Ces renseignements ont été donnés par M. Camuset dans les *Annales de Flore et de Pomone.* M. André Leroy lui donne à tort, et probablement à l'exemple de M. Decaisne, la synonymie de Beauvalot; la poire Beauvalot a été obtenue par M. Sageret et diffère entièrement par sa forme, par sa qualité et l'époque de sa maturité, comme le prouvera la description que nous en donnerons plus tard; le facies de l'arbre de la Beauvalot est aussi assez bien caractérisé pour que l'on puisse facilement le reconnaître. — L'arbre, de vigueur normale sur cognassier, s'accommode bien des formes régulières; il est d'une bonne fertilité, mais son fruit est peu estimable.

DESCRIPTION.

**Rameaux** de moyenne force, presque droits, obscurément anguleux dans leur contour, jaunâtres et à peine teintés de rouge du côté du soleil; lenticelles blanchâtres, allongées, un peu saillantes et apparentes.

**Boutons à bois** petits, coniques, un peu comprimés, peu aigus, à direction un peu écartée du rameau, soutenus sur des supports très-peu saillants dont les côtés et l'arête médiane se prolongent très-peu distinctement; écailles d'un marron terne bordé de gris blanchâtre.

**Pousses d'été** d'un vert olive foncé à leur base, lavées de rouge brun à leur sommet un peu duveteux.

**Feuilles des pousses d'été** moyennes, exactement ovales, peu repliées sur leur nervure médiane par laquelle elles sont souvent partagées en deux parties inégales, recourbées en dessous par leur pointe, bordées de dents inappréciables, assez bien soutenues sur des pétioles courts, forts et redressés.

**Stipules** de moyenne longueur, lancéolées-étroites.

**Feuilles stipulaires** assez fréquentes.

**Boutons à fruit** moyens, conico-ovoïdes, aigus; écailles d'un marron peu foncé largement maculé de gris blanchâtre.

**Fleurs** presque moyennes; pétales ovales-allongés, concaves; pédicelles courts, grêles, un peu duveteux.

**Feuilles des productions fruitières** plus grandes que celles des pousses d'été, ovales-élargies, s'atténuant lentement pour se terminer régulièrement en une pointe courte, planes ou souvent contournées, presque entières par leurs bords, soutenues à peu près horizontalement sur des pétioles de moyenne longueur, assez grêles et redressés.

**Caractère saillant de l'arbre**: teinte générale du feuillage d'un vert foncé; facies général d'un aspect sombre.

**Fruit** moyen ou presque moyen, ovoïde-piriforme, parfois un peu déformé, mais le plus souvent uni dans son contour, atteignant sa plus grande épaisseur peu au-dessous du milieu de sa hauteur; au-dessus de ce point, s'atténuant par une courbe d'abord à peine convexe puis à peine concave en une pointe plus ou moins longue, un peu épaisse et obtuse; au-dessous du même point, s'atténuant bien par une courbe très-peu convexe pour diminuer très-sensiblement d'épaisseur vers la cavité de l'œil.

**Peau** un peu épaisse et ferme, d'abord d'un vert intense semé de points gris noirâtre, nombreux et assez apparents. On remarque dans la cavité de l'œil une rouille d'un brun verdâtre qui s'étend aussi parfois sous forme de nuage sur une partie de la surface du fruit. A la maturité, **fin d'hiver,** le vert fondamental prend une teinte jaunâtre et le côté du soleil est recouvert d'une couche de rouille dorée.

**Œil** grand, ouvert, à divisions grisâtres et étalées, placé dans une cavité étroite et très-peu profonde qu'il remplit entièrement.

**Queue** de moyenne longueur, ligneuse, un peu contournée, épaissie à son point d'attache au rameau, semblant former la continuation de la pointe du fruit ou attachée sur une petite surface plane qui le termine.

**Chair** blanche, peu fine, cassante, assez abondante en eau douce, sucrée, peut-être assez agréable dans les pays plus chauds, mais le plus souvent, chez moi, mêlée d'une astringence qui en déprécie entièrement la qualité.

# POIRE DE PIERRE

(PETERSBIRNE)

(N° 445)

*Deutscher Obst Gartner.* Sickler.
*Handbuch aller bekannten Obstsorten.* Biedenfeld.
GROSSE PETERSBIRNE. *Systematisches Handbuch der Obstkunde.* Dittrich.
*Sichere Führer.* Dochnahl.

Observations. — Cette variété qui porte aussi, comme le fait remarquer Dittrich, le nom de Theilbirne dans quelques contrées de l'Allemagne en est probablement originaire. Son fruit se distingue de la Petite poire de Pierre par son volume un peu plus développé et par une maturité un peu plus tardive. — L'arbre, d'une végétation normale et bien équilibrée sur cognassier, se prête facilement aux formes régulières. Cependant son grand rapport, sa rusticité, la qualité de son fruit plus propre aux usages du ménage qu'à être consommé cru, indiquent qu'il doit être cultivé de préférence en haute tige dans le grand verger.

## DESCRIPTION.

**Rameaux** de moyenne force, unis dans leur contour, à peine flexueux, à entre-nœuds assez courts, d'un brun jaunâtre à l'ombre et à peine teintés de rouge brun du côté du soleil; lenticelles jaunâtres, petites, nombreuses et peu apparentes.

**Boutons à bois** assez gros, coniques un peu épais, peu aigus, à direction écartée du rameau, soutenus sur des supports assez peu saillants dont les côtés et l'arête médiane ne se prolongent pas; écailles d'un marron clair et ombré d'un duvet gris et très-court.

**Pousses d'été** fluettes, d'un vert décidé, colorées de rouge et couvertes sur une grande longueur à leur partie supérieure d'un duvet cotonneux et persistant.

**Feuilles des pousses d'été** petites, obovales un peu allongées, se terminant brusquement en une pointe courte, très-fine et ferme, bien repliées sur leur nervure médiane et arquées, entières ou presque entières par leurs bords, s'abaissant un peu sur des pétioles assez courts, forts et peu redressés.

**Stipules** en alênes courtes.

**Feuilles stipulaires** se présentant rarement.

**Boutons à fruit** gros, coniques-allongés, peu aigus; écailles d'un marron clair bordé de gris et couvertes d'un duvet fauve.

**Fleurs** assez petites ou presque moyennes; pétales obovales, peu concaves, à onglet long, écartés entre eux; divisions du calice courtes et bien recourbées en dessous; pédicelles assez courts, peu forts et peu duveteux.

**Feuilles des productions fruitières** moyennes, obovales-allongées, se terminant presque régulièrement en une pointe courte, presque planes, très-largement et irrégulièrement ondulées dans leur contour ou contournées sur leur longueur, bien recourbées en dessous par leur extrémité, entières par leurs bords, assez mal soutenues sur des pétioles un peu longs, de moyenne force et un peu souples.

**Caractère saillant de l'arbre** : teinte générale du feuillage d'un vert herbacé assez intense; toutes les feuilles entières ou presque entières et bien recourbées en dessous par leur extrémité.

**Fruit** moyen ou presque moyen, turbiné-piriforme, ordinairement uni dans son contour, atteignant sa plus grande épaisseur bien au-dessous du milieu de sa hauteur; au-dessus de ce point, s'atténuant par une courbe d'abord peu convexe puis brusquement concave en une pointe assez courte, aiguë ou un peu obtuse; au-dessous du même point, s'arrondissant d'abord par une courbe bien convexe pour ensuite s'aplatir autour de l'œil.

**Peau** peu épaisse et tendre, d'abord d'un vert d'eau semé de points gris, très-nombreux et bien régulièrement espacés. Une tache de rouille de couleur canelle couvre ordinairement largement la base du fruit et souvent le sommet de sa pointe. A la maturité, **fin d'août et commencement de septembre,** le vert fondamental passe au jaune citron, et le côté du soleil est largement lavé d'un beau rouge vermillon vif, flammé de la même couleur plus foncée, et sur lequel apparaissent des points gris verdâtre largement cernés de jaune.

**Œil** grand, bien ouvert, à divisions étroites, étalées et appliquées sur la base du fruit ou dans une dépression à peine sensible.

**Queue** un peu longue, un peu forte, bien ligneuse, un peu épaissie à son point d'attache dans un pli peu prononcé formé par la pointe du fruit obliquement obtuse, et qui lui imprime la même direction.

**Chair** blanchâtre, bien fine, serrée, demi-beurrée, peu abondante en eau très-richement sucrée et vineuse, constituant un fruit assez agréable pour être consommé cru, et de toute première qualité pour les usages du ménage et de la confiserie.

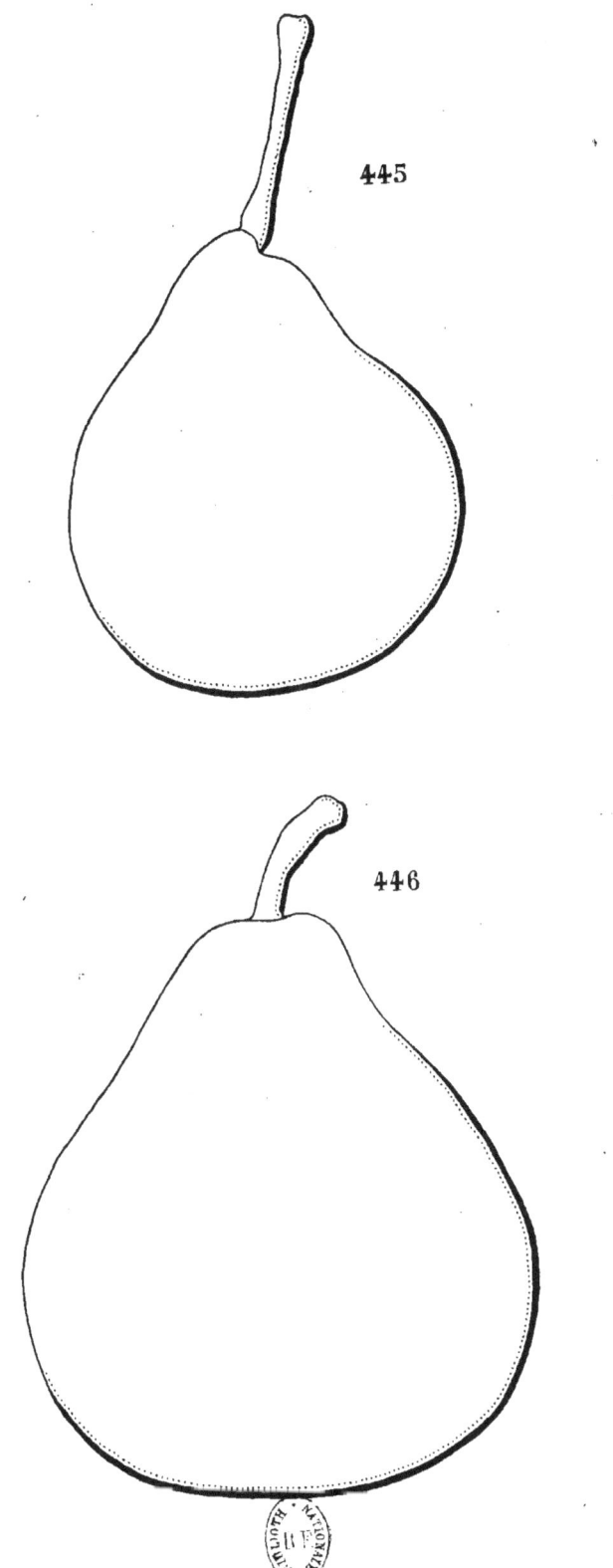

445, POIRE DE PIERRE. 446, ST-VINCENT DE PAUL.

# SAINT-VINCENT DE PAUL

(N° 446)

*Bulletin du Comice horticole de Maine-et-Loire.*
*Notices pomologiques.* DE LIRON D'AIROLES.
*The Fruits and the fruit-trees of America.* DOWNING.
*Dictionnaire de pomologie.* ANDRÉ LEROY.

OBSERVATIONS. — M. Flon-Grolleau, horticulteur à Angers, est l'obtenteur de cette variété dont le premier rapport eut lieu en 1853. — Sa végétation est assez maigre sur cognassier et sa fertilité précoce. Son fruit, consommé à la période extrême de maturité est presque fondant, d'assez bonne qualité et surtout à l'époque tardive qu'il peut atteindre; car, chez moi, au lieu de le voir devancer l'époque de maturité qui lui a été primitivement attribuée, comme l'annonce M. André Leroy, j'ai toujours pu le conserver jusqu'à la fin de l'hiver et même au commencement du printemps.

DESCRIPTION.

**Rameaux** un peu forts, unis dans leur contour, un peu coudés à leurs entre-nœuds courts, de couleur olive foncée; lenticelles blanches, assez nombreuses, le plus souvent allongées et apparentes.
**Boutons à bois** moyens, coniques-allongés, maigres et finement aigus, à direction bien écartée du rameau, soutenus sur des supports un peu renflés et dont les côtés ne se prolongent pas; écailles presque noires et bordées de gris blanchâtre.

**Pousses d'été** d'un vert intense, colorées sur une longue étendue d'un rouge sanguin vif et peu duveteuses à leur sommet.

**Feuilles des pousses d'été** petites, exactement ovales, s'atténuant promptement pour se terminer régulièrement en une pointe courte, concaves ou presque planes, bordées de dents larges, assez profondes et ordinairement arrondies, assez peu soutenues sur des pétioles courts, grêles et flexibles.

**Stipules** longues, lancéolées, très-étroites.

**Feuilles stipulaires** fréquentes.

**Boutons à fruit** petits ou à peine moyens, coniques-allongés, maigres et finement aigus; écailles d'un marron presque noir, régulièrement bordées de gris blanchâtre.

**Fleurs** moyennes; pétales ovales-étroits, bien aigus à leur extrémité, à long onglet, très-écartés entre eux, roses avant l'épanouissement; divisions du calice assez longues et un peu recourbées en dessous; pédicelles assez courts, grêles et peu duveteux.

**Feuilles des productions fruitières** à peine moyennes, ovales-allongées et étroites, s'atténuant longuement pour se terminer régulièrement en une pointe courte, creusées en gouttière et peu arquées, régulièrement bordées de dents très-peu profondes, peu appréciables, inégalement soutenues sur des pétioles de moyenne longueur, de moyenne force et divergents.

**Caractère saillant de l'arbre** : teinte générale du feuillage d'un vert gai; feuilles stipulaires grandes, fréquentes et très-longuement pétiolées; stipules remarquablement longues.

**Fruit** moyen, turbiné-piriforme ou turbiné-sphérique, ordinairement uni dans son contour, atteignant sa plus grande épaisseur bien au-dessous du milieu de sa hauteur; au-dessus de ce point, s'atténuant assez promptement par une courbe peu convexe en une pointe courte ou un peu longue et obtuse; au-dessous du même point, s'arrondissant d'abord pour ensuite s'aplatir assez largement autour de la cavité de l'œil.

**Peau** un peu épaisse et ferme, d'abord d'un vert d'eau semé de points bruns, nombreux et apparents lorsqu'ils ne se confondent pas avec des traits d'une rouille d'un brun fauve qui s'étend irrégulièrement sur sa surface, et presque toujours se condensent en une large tache sur le sommet du fruit et dans la cavité de l'œil. A la maturité, **fin d'hiver et printemps,** le vert fondamental passe au jaune citron clair, la rouille se dore et le côté du soleil, sans se laver de rouge, est couvert d'un ton un peu plus chaud.

**Œil** petit, fermé ou presque fermé, placé dans une cavité très-étroite et très-peu profonde, le contenant à peine.

**Queue** courte, épaisse, attachée un peu obliquement dans une légère dépression formée par le sommet du fruit.

**Chair** d'un blanc un peu jaunâtre, fine, demi-cassante, devenant assez tendre à l'extrême maturité, suffisante en eau bien sucrée et légèrement parfumée.

# MERVEILLE D'HIVER. PETIT OIN

(N° 447)

Traité des Arbres fruitiers. DUHAMEL.
A Guide to the Orchard. LINDLEY.
Dictionnaire des fruits. COUVERCHEL.
Dictionnaire de pomologie. ANDRÉ LEROY.
Horticulteur français. LESUEUR.
MUSKIRTE SCHMEERBIRNE. Versuch einer Systematischen Beschreibung der Kernobstsorten. DIEL.
Systematisches Handbuch der Obstkunde. DITTRICH.
Sichere Führer. DOCHNAHL.
WINTERWUNDER, KLEINE OIN. Handbuch uber die Obstbaumzucht. CHRIST.

OBSERVATIONS. — Cette ancienne variété dont l'origine est méconnue, mérite d'être conservée dans nos vergers, partout où elle peut trouver les conditions nécessaires à sa bonne végétation et à sa fertilité. Dans les lieux bas et humides ses fleurs avortent presque toujours. Dans les pays de côteaux bien assainis et dans les sols suffisamment riches, elle est d'un bon rapport et son fruit, quoique un peu petit, est assez agréable pour figurer avantageusement dans la collection des poires de commencement d'hiver. — L'arbre, d'une végétation assez insuffisante sur cognassier, n'atteint qu'une dimension moyenne sur franc et s'accommode assez bien des formes régulières.

DESCRIPTION.

**Rameaux** de moyenne force, unis dans leur contour, presque droits, à entre-nœuds courts, d'un brun jaunâtre; lenticelles blanches, petites, assez nombreuses et un peu apparentes.

**Boutons à bois** moyens, coniques, un peu épais et un peu aigus, à direction écartée du rameau, soutenus sur des supports très-peu saillants dont les côtés et l'arête médiane ne se prolongent pas ; écailles d'un marron presque noir et bordé de gris argenté.

**Pousses d'été** d'un vert intense, colorées de rouge à leur sommet couvert d'un duvet cotonneux.

**Feuilles des pousses d'été** moyennes ou grandes, ovales bien élargies, s'atténuant un peu promptement pour se terminer un peu brusquement en une pointe longue, repliées sur leur nervure médiane et arquées, ondulées dans leur contour et entières par leurs bords, se recourbant sur des pétioles de moyenne longueur, peu forts et raides.

**Stipules** en alènes courtes et fines.

**Feuilles stipulaires** manquant presque toujours.

**Boutons à fruit** moyens, ovoïdes, aigus ; écailles d'un marron foncé.

**Fleurs** presque moyennes ; pétales arrondis, un peu concaves, un peu lavés de rose avant l'épanouissement ; divisions du calice courtes et étalées ; pédicelles assez courts, grêles et duveteux.

**Feuilles des productions fruitières** moyennes, ovales un peu allongées, s'atténuant lentement et régulièrement en une pointe recourbée, bien creusées en gouttière et bien arquées, sensiblement ondulées dans leur contour et entières par leurs bords, bien soutenues sur des pétioles de moyenne longueur, très-grêles et très-fermes.

**Caractère saillant de l'arbre** : teinte générale du feuillage d'un vert d'eau peu foncé ; toutes les feuilles bien creusées en gouttière, bien arquées et bien ondulées dans leur contour ; tous les pétioles bien fermes.

**Fruit** petit, sphérico-ovoïde, ordinairement uni dans son contour, atteignant sa plus grande épaisseur peu au-dessous du milieu de sa hauteur ; au-dessus de ce point, s'atténuant par une courbe peu convexe en une pointe courte, épaisse et tronquée à son sommet ; au-dessous du même point, s'arrondissant par une courbe largement convexe jusque dans la cavité de l'œil.

**Peau** un peu épaisse, d'abord d'un vert assez intense et mat semé de points d'un vert plus foncé et peu apparents. Une rouille d'un brun grisâtre couvre la cavité de l'œil, se disperse souvent en traits fins sur la surface du fruit et se concentre sur son sommet. A la maturité, **octobre, novembre, décembre,** le vert fondamental passe au jaune verdâtre un peu plus chaud du côté du soleil et parfois à peine lavé d'un peu de roux brun.

**Œil** grand, bien ouvert, à divisions appliquées aux parois d'une dépression qu'il remplit exactement et qui est ordinairement plissée un peu profondément par ses bords.

**Queue** de moyenne longueur, un peu forte, un peu épaissie à son point d'attache au rameau, droite ou à peine courbée, attachée perpendiculairement dans une cavité étroite, peu profonde et dont les bords sont réguliers.

**Chair** d'un blanc verdâtre, fine, fondante, à peine pierreuse vers le cœur, suffisante en eau douce, sucrée et agréablement relevée d'un léger parfum de musc.

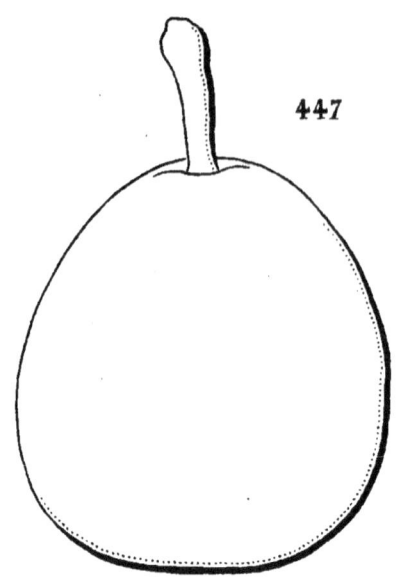

447. MERVEILLE D'HIVER.   448. GÉNÉRAL DE BONCHAMPS.

# GÉNÉRAL DE BONCHAMPS

(N° 448)

*Dictionnaire de pomologie.* André Leroy.

Observations. — M. André Leroy dit que cette variéte est un semis de hasard trouvé sur le domaine du Coteau, commune de Saint-Florent-le-Vieil (Maine-et-Loire), appartenant à M. Panneton. Son premier propagateur fut M. Pierre Macé, un des contremaîtres du célèbre pépiniériste angevin. — Son arbre est d'une bonne vigueur sur cognassier. Sa végétation, bien équilibrée, rend sa conduite facile sous toutes formes, cependant ses branches érigées indiquent celle de pyramide comme devant être préférée. Sa fertilité précoce et grande, sa rusticité et la bonne qualité de son fruit en recommandent la culture à tous les points de vue. Toutefois, sa haute tige réclame une position abritée, car son fruit est mal attaché.

DESCRIPTION.

**Rameaux** de moyenne force, obscurément anguleux dans leur contour, droits, à entre-nœuds assez longs, d'un rouge sanguin ; lenticelles blanchâtres, un peu larges, largement espacées et un peu apparentes.

**Boutons à bois** moyens, coniques, aigus, à direction parallèle au rameau lorsqu'ils sont situés à sa partie supérieure, un peu écartée lorsqu'ils appartiennent à sa partie inférieure, soutenus sur des supports peu saillants dont l'arête médiane se prolonge un peu obscurément; écailles d'un marron rougeâtre très-foncé et bordé de gris cendré.

**Pousses d'été** d'un vert clair, un peu lavées de rouge à leur sommet et finement duveteuses sur presque toute leur longueur.

**Feuilles des pousses d'été** moyennes, ovales-elliptiques et un peu allongées, se terminant brusquement en une pointe un peu longue, bien creusées en gouttière et bien arquées; entières et un peu duveteuses par leurs bords, s'abaissant sur des pétioles longs, très-grêles et un peu flexibles.

**Stipules** un peu longues, linéaires-étroites et finement dentées.

**Feuilles stipulaires** manquant le plus souvent.

**Boutons à fruit** assez gros, conico-ovoïdes, un peu allongés et aigus; écailles d'un marron rougeâtre.

**Fleurs** assez petites; pétales ovales-élargis, peu concaves, souvent irrégulièrement découpés et ondulés dans leur contour, à onglet court, se touchant presque entre eux; divisions du calice de moyenne longueur, finement aiguës et à peine recourbées en dessous; pédicelles courts, de moyenne force et un peu cotonneux.

**Feuilles des productions fruitières** petites, presque lancéolées, se terminant régulièrement en une pointe très-aiguë, peu repliées sur leur nervure médiane et un peu arquées, entières par leurs bords, assez bien soutenues sur des pétioles de moyenne longueur, très-grêles et redressés.

**Caractère saillant de l'arbre** : teinte générale du feuillage d'un vert d'eau peu foncé; toutes les feuilles plus ou moins étroites et entières par leurs bords; tous les pétioles grêles et finement duveteux.

**Fruit** moyen, turbiné-ovoïde ou turbiné-sphérique, parfois un peu bosselé dans son contour, atteignant sa plus grande épaisseur au-dessous du milieu de sa hauteur; au-dessus de ce point, s'atténuant par une courbe d'abord à peine convexe puis à peine concave en une pointe tantôt courte et épaisse, tantôt un peu longue, moins épaisse et tronquée à son sommet; au-dessous du même point, s'atténuant peu par une courbe largement convexe pour s'aplatir ensuite un peu autour de la cavité de l'œil.

**Peau** un peu épaisse, d'abord d'un vert clair semé de points d'un vert plus foncé, nombreux, régulièrement espacés et apparents. Une tache d'une rouille brune, épaisse et un peu rude au toucher couvre la cavité de l'œil. A la maturité, **commencement d'août,** le vert fondamental s'éclaircit un peu en jaune, et, sur les fruits les mieux exposés, le côté du soleil est d'un ton à peine un peu plus chaud.

**Œil** très-grand, demi-ouvert, placé dans une cavité très-peu profonde, très-évasée, souvent irrégulière dans ses parois et par ses bords.

**Queue** courte ou de longueur moyenne, peu forte, un peu épaissie à son point d'attache au rameau, fixée tantôt à fleur de la pointe du fruit, tantôt dans une dépression sillonnée de quelques plis.

**Chair** blanchâtre, bien fine, beurrée, fondante, abondante en eau sucrée et agréablement parfumée, constituant un fruit de première qualité.

# GÉNÉRAL DUTILLEUL

(N° 449)

*Album de pomologie*. BIVORT.
*Annales de pomologie belge*. BIVORT.
*Illustrirtes Handbuch der Obstkunde*. OBERDIECK.
*Dictionnaire de pomologie*. ANDRÉ LEROY.
*Notices pomologiques*. DE LIRON D'AIROLES.
*Sichere Führer*. DOCHNAHL.

OBSERVATIONS. — Cette variété fut observée parmi les semis de Van Mons par M. Bivort qui la dédia à son parent le général du Génie Dutilleul. Son premier rapport eut lieu en 1845. — L'arbre est de vigueur moyenne sur cognassier, d'une végétation assez vive, mais tardif au rapport sur franc. Il s'accommode de toutes formes et conserve facilement une bonne tenue. Sa fertilité est bonne et son fruit, de jolie apparence, se recommande aussi par sa bonne qualité.

DESCRIPTION.

**Rameaux** forts, très-obscurément anguleux dans leur contour, coudés à leurs entre-nœuds, jaunâtres du côté de l'ombre, lavés de rouge clair et surtout vers les nœuds du côté du soleil ; lenticelles petites, souvent fines et allongées, assez nombreuses et un peu apparentes.

**Boutons à bois** petits, coniques, courts, épais et peu aigus, à direction parallèle ou presque parallèle au rameau, soutenus sur des supports bien saillants dont l'arête médiane se prolonge seule et très-obscurément ; écailles d'un marron rougeâtre bordé de gris.

**Pousses d'été** d'un vert clair et vif, à peine lavées de rouge et finement duveteuses à leur sommet.

**Feuilles des pousses d'été** à peine moyennes, obovales-elliptiques, se terminant un peu brusquement en une pointe longue et bien aiguë, peu repliées sur leur nervure médiane et un peu arquées, bordées de dents fines, peu profondes, bien couchées et bien aiguës, bien soutenues sur des pétioles de moyenne longueur, un peu forts et bien redressés.

**Stipules** de moyenne longueur, en alènes finement dentées.

**Feuilles stipulaires** manquant le plus souvent.

**Boutons à fruit** moyens, conico-ovoïdes, peu aigus ; écailles d'un beau marron rouge peu foncé et brillant.

**Fleurs** grandes ; pétales elliptiques, bien élargis, bien concaves, peu roses avant l'épanouissement ; divisions du calice longues et recourbées en dessous par leur pointe ; pédicelles assez longs, assez forts et duveteux.

**Feuilles des productions fruitières** moyennes ou petites, les unes ovales-elliptiques, les autres très-sensiblement atténuées à leur base, se terminant peu brusquement en une pointe longue, à peine repliées sur leur nervure médiane et non arquées, bien dressées sur des pétioles un peu longs, très-grêles et cependant bien raides.

**Caractère saillant de l'arbre** : teinte générale du feuillage d'un vert gai ; toutes les feuilles étroites et bien soutenues sur leurs pétioles bien raides.

**Fruit** moyen, piriforme-ovoïde, ordinairement uni dans son contour, atteignant sa plus grande épaisseur bien au-dessous du milieu de sa hauteur ; au-dessus de ce point, s'atténuant par une courbe d'abord convexe puis largement concave en une pointe longue et un peu épaisse à son sommet ; au-dessous du même point, s'atténuant brusquement par une courbe peu convexe pour diminuer sensiblement d'épaisseur autour de la cavité de l'œil.

**Peau** un peu épaisse et cependant fine, d'abord d'un vert d'eau semé de points bruns, très-petits, souvent cachés sous des taches d'une rouille fine d'un brun fauve qui s'étend sur le sommet du fruit et sur sa base, et se disperse en une sorte de réseau sur une grande partie de sa surface. A la maturité, **septembre, octobre,** le vert fondamental passe au jaune citron clair, et le côté du soleil est largement recouvert d'un rouge carminé.

**Œil** grand, demi-ouvert, à divisions longues, fermes, jaunâtres, pressé dans une cavité étroite, peu profonde et souvent irrégulière.

**Queue** de moyenne longueur, épaisse, charnue, surtout à son point d'attache à la pointe du fruit dont elle semble former la continuation.

**Chair** d'un blanc très-légèrement jaune, très-fine, très-fondante, à peine pierreuse vers le cœur, abondante en eau richement sucrée, vineuse, relevée d'un parfum qu'il n'est pas facile de qualifier, mais très-agréable.

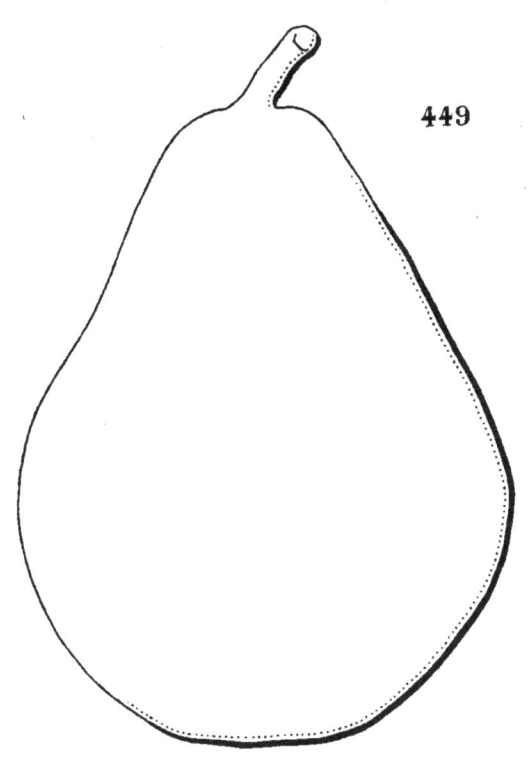
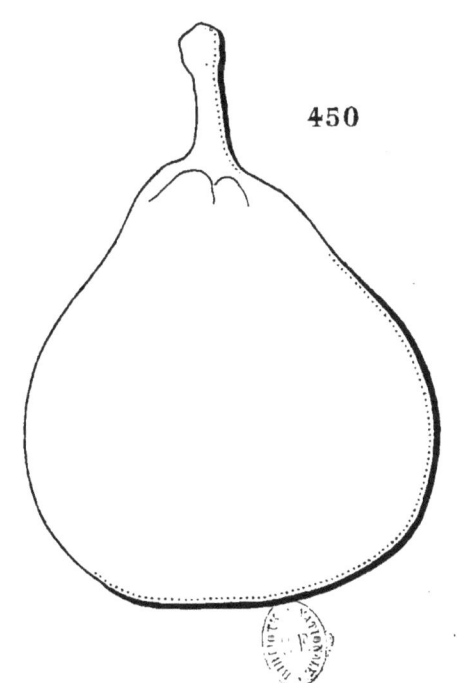

449, GÉNÉRAL DUTILLEUL.   450, ALBERTINE.

# ALBERTINE

(N° 450)

*Systematisches Handbuch der Obstkunde.* Dittrich.
*Annales de la Société d'Horticulture de Paris.* 1834.
*Sichere Führer.* Dochnahl.

Observations. — Dittrich dit que cette variété, sans doute obtenue par Van Mons, fut envoyée à M. Poiteau, auteur de la *Pomologie française*, qui après l'avoir étudiée lui donna, en 1833, le prénom de sa femme. — L'arbre, de vigueur contenue sur cognassier, est de fertilité seulement moyenne et son fruit n'est que de seconde qualité.

### DESCRIPTION.

**Rameaux** de moyenne force, presque droits, unis dans leur contour, à entre-nœuds courts, d'un vert olive foncé; lenticelles blanches, très-nombreuses, larges et apparentes.

**Boutons à bois** petits, coniques, aigus, à direction un peu écartée du rameau, soutenus sur des supports un peu saillants et dont les côtés ne se prolongent pas; écailles presque noires, bordées de gris argenté.

**Pousses d'été** d'un brun verdâtre, lavées de rouge à leur sommet et couvertes d'un duvet grisâtre sur la plus grande partie de leur longueur.

**Feuilles des pousses d'été** moyennes, ovales-élargies, se terminant en une pointe très-fine, bien repliées sur leur nervure médiane et bien arquées, bordées de dents très-peu profondes, aiguës et garnies d'un duvet cotonneux, soutenues horizontalement sur des pétioles assez courts, de moyenne force et redressés.

**Stipules** de moyenne longueur, en forme d'alênes très-aiguës.

**Feuilles stipulaires** assez fréquentes.

**Boutons à fruit** moyens, coniques-allongés et un peu aigus ; écailles d'un marron rougeâtre peu foncé.

**Fleurs** moyennes ; pétales arrondis-élargis, incisés et chiffonnés dans leur contour, bien veinés de rose avant et après l'épanouissement ; divisions du calice courtes et un peu teintées de rouge sanguin ; pédicelles assez courts, forts et duveteux.

**Feuilles des productions fruitières** plus grandes que celles des pousses d'été, se terminant aussi en une pointe très-fine, creusées en gouttière, irrégulièrement et peu profondément dentées ou presque entières, retombant un peu sur des pétioles courts, de moyenne force et un peu flexibles.

**Caractère saillant de l'arbre** : toutes les feuilles exactement repliées sur leur nervure médiane ou creusées en gouttière et très-finement acuminées.

**Fruit** à peine moyen ou petit, piriforme-ventru et un peu court, ordinairement uni dans son contour, atteignant sa plus grande épaisseur peu au-dessous du milieu de sa hauteur ; au-dessus de ce point, s'atténuant par une courbe d'abord largement convexe puis à peine concave en une pointe peu longue et aiguë ; au-dessous du même point, s'arrondissant par une courbe bien convexe jusque dans la cavité de l'œil.

**Peau** épaisse, ferme, d'abord d'un vert gai semé de points d'un gris brun, arrondis, un peu saillants, serrés et régulièrement espacés. On remarque aussi parfois sur sa surface quelques traces d'une rouille fine qui se condense et prend un ton fauve dans la cavité de l'œil. A la maturité, **octobre,** le vert fondamental s'éclaircit en jaune, les points deviennent encore plus apparents et le côté du soleil se lave d'un peu de rouge brun.

**Œil** grand, demi-ouvert, à divisions larges et fermes, placé dans une cavité large et profonde dont les bords bien réguliers permettent au fruit de s'asseoir solidement.

**Queue** courte, très-grêle, verte à sa base et d'un brun rougeâtre vers son point d'attache au rameau, fixée perpendiculairement sur la pointe charnue qui termine le fruit.

**Chair** d'un blanc jaunâtre, un peu grenue, mi-cassante, suffisante en eau bien sucrée, bien vineuse, agréable, mais contractant parfois un peu trop d'âpreté, constituant un fruit seulement de seconde qualité.

# POIRE DES CHARTRIERS

(N° 451)

*Catalogue Van Mons.* 1823.

Observations. — Cette variété, mentionnée par Van Mons dans son Catalogue, serait d'après lui un gain de M. Mouligneau, dont la qualité nous est inconnue. Il est à supposer qu'elle est d'origine belge, car il ne cite l'obtenteur que lorsqu'il s'agit d'un fruit indigène. — L'arbre, d'une vigueur contenue sur cognassier, s'accommode bien de la forme pyramidale. Son fruit bien attaché, supportant bien le transport, d'une vente facile par son apparence, en recommande la culture pour le verger.

DESCRIPTION.

**Rameaux** forts, anguleux dans leur contour, presque droits, à entre-nœuds de moyenne longueur et un peu inégaux entre eux, un peu teintés de verdâtre à l'ombre et bruns du côté du soleil; lenticelles blanchâtres, petites, arrondies, bien régulièrement espacées et peu apparentes.

**Boutons à bois** gros, coniques, un peu courts, épais et bien aigus, à direction parallèle ou presque parallèle au rameau, soutenus sur des supports très-saillants dont les côtés et l'arête médiane se prolongent bien distinctement ; écailles d'un marron rougeâtre bien foncé et brillant, bordées de blanc argenté.

**Pousses d'été** d'un vert pâle, à peine lavées de rouge et peu duveteuses à leur sommet.

**Feuilles des pousses d'été** très-petites, obovales-arrondies, se terminant très-brusquement en une pointe très-courte et très-fine, peu repliées sur leur nervure médiane ou presque planes, bien dressées sur leurs pétioles de moyenne longueur, grêles et bien raides.

**Stipules** de moyenne longueur, linéaires, dentées.

**Feuilles stipulaires** fréquentes.

**Boutons à fruit** moyens, coniques un peu renflés et un peu aigus ; écailles d'un marron très-foncé et brillant.

**Fleurs** presque moyennes ; pétales ovales-arrondis, concaves, à onglet un peu long, un peu écartés entre eux, presque blancs avant l'épanouissement ; divisions du calice courtes, finement aiguës et peu recourbées en dessous ; pédicelles longs, forts et presque glabres.

**Feuilles des productions fruitières** petites, ovales-elliptiques, se terminant presque régulièrement en une pointe courte et aiguë, peu repliées sur leur nervure médiane ou presque planes, bordées de dents très-fines, très-peu profondes et souvent peu appréciables, bien soutenues sur des pétioles courts, grêles et bien raides.

**Caractère saillant de l'arbre** : toutes les feuilles bien dressées sur leurs pétioles grêles et cependant bien raides ; toutes les feuilles très-courtement acuminées.

**Fruit** moyen, en forme de petit Bon-Chrétien, ordinairement courbé sur sa hauteur, bosselé ou déformé dans son contour par des côtes aplanies, atteignant sa plus grande épaisseur peu au-dessous du milieu de sa hauteur ; au-dessus de ce point, s'atténuant par une courbe d'abord bien convexe puis brusquement concave en une pointe courte, peu épaisse et obtuse ; au-dessous du même point, s'atténuant par une courbe largement convexe pour diminuer sensiblement d'épaisseur vers la cavité de l'œil.

**Peau** un peu épaisse, d'abord d'un vert d'eau peu foncé semé de points d'un gris brun, très-petits, nombreux, peu visibles et un peu burinés en creux. On remarque le plus souvent des traces d'une rouille brune et épaisse, soit dans la cavité de l'œil, soit sur le sommet du fruit. A la maturité, **octobre,** le vert fondamental passe au jaune citron brillant et le côté du soleil, sur les fruits bien exposés, se couvre d'un roux doré.

**Œil** grand, ouvert ou demi-ouvert, placé presque à fleur de la base du fruit dans une cavité étroite, très-peu profonde, dont les bords peu épais se divisent en côtes plus ou moins prononcées qui se prolongent d'une manière plus ou moins sensible sur la hauteur du fruit.

**Queue** un peu longue, un peu forte, un peu élastique, souvent courbée ou contournée, épaissie à son point d'attache dans un pli charnu et irrégulier formé par la pointe du fruit.

**Chair** jaune, bien fine, tassée, beurrée, fondante, abondante en eau richement sucrée, vineuse, parfumée à la manière du Bon-Chrétien d'été, constituant un fruit de première qualité, cependant parfois un peu entaché d'âpreté.

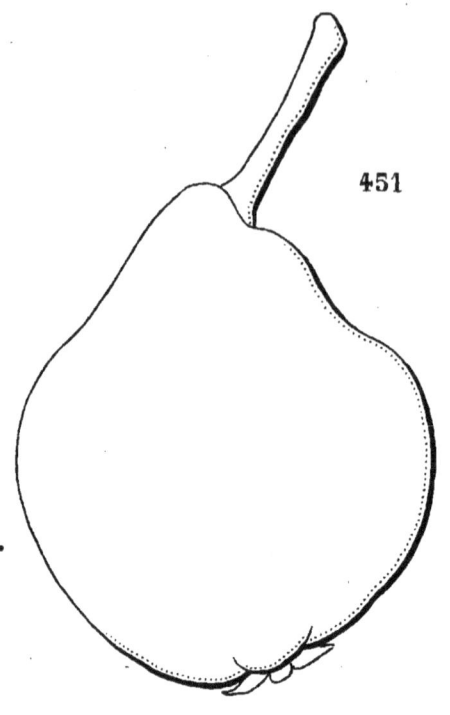
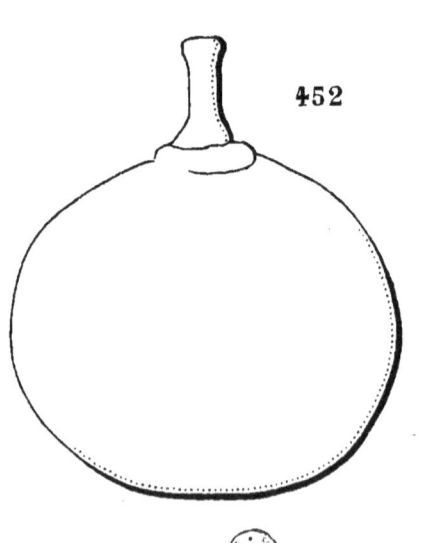

**451. POIRE DES CHARTRIERS.   452. PRÉSIDENT FELTON.**

# PRÉSIDENT FELTON

(N° 452)

*The Fruits and the fruit-trees of America.* Downing.

Observations. — D'après Downing, cette variété serait un gain du docteur Brinckle, mais nous restons dans l'incertitude sur le lieu où elle aurait été obtenue. — L'arbre semble d'une vigueur assez insuffisante sur cognassier, et sa fertilité, grande et très-précoce, fait présumer que sur franc elle serait peu retardée et que, dès lors, ce sujet serait le plus convenable toutes les fois qu'on veut en obtenir de grandes formes.

## DESCRIPTION.

**Rameaux** forts, peu allongés, épaissis à leur sommet souvent surmonté d'un bouton à fruit, unis dans leur contour, droits, à entre-nœuds courts, jaunâtres du côté de l'ombre, un peu teintés de rouge du côté du soleil ; lenticelles blanchâtres, petites, nombreuses et peu apparentes.

**Boutons à bois** petits, coniques, courts, obtus, appliqués ou presque appliqués au rameau, soutenus sur des supports très-peu saillants dont l'arête médiane se prolonge très-peu sensiblement ; écailles d'un marron rougeâtre presque entièrement recouvert de gris blanchâtre.

**Pousses d'été** d'un vert clair, lavées de rouge et à peine duveteuses à leur sommet.

**Feuilles des pousses d'été** moyennes ou petites, ovales-elliptiques, se terminant un peu brusquement en une pointe un peu longue, repliées sur leur nervure médiane et un peu arquées, bordées de dents un peu écartées, peu profondes et émoussées, soutenues horizontalement sur des pétioles de moyenne longueur, grêles et peu redressés.

**Stipules** longues, linéaires très-étroites, presque filiformes.

**Feuilles stipulaires** assez rares.

**Boutons à fruit** assez gros, conico-ovoïdes, un peu épais et aigus; écailles d'un marron foncé.

**Fleurs** petites; pétales elliptiques, concaves, à onglet court, peu écartés entre eux; divisions du calice courtes et recourbées en dessous; pédicelles de moyenne longueur, de moyenne force et presque glabres.

**Feuilles des productions fruitières** petites, obovales-elliptiques, se terminant très-brusquement en une pointe extraordinairement courte et fine, souvent à peine appréciables, un peu concaves ou presque planes, bordées de dents extraordinairement peu profondes et émoussées, s'abaissant un peu sur des pétioles courts, très-grêles et un peu flexibles.

**Caractère saillant de l'arbre** : teinte générale du feuillage d'un vert herbacé peu foncé; toutes les feuilles petites ou assez petites et très-peu profondément dentées ; tous les pétioles grêles.

**Fruit** petit ou presque moyen, sphérique-turbiné ou parfois un peu conique, ordinairement uni dans son contour, atteignant sa plus grande épaisseur très-peu au-dessous du milieu de sa hauteur; au-dessus de ce point, s'atténuant par une courbe largement convexe en une pointe plus ou moins courte et obtuse; au-dessous du même point, s'arrondissant par une courbe bien convexe pour ensuite s'aplatir un peu autour de la cavité de l'œil.

**Peau** un peu épaisse, d'abord d'un vert très-clair sur lequel il est difficile de reconnaître des points. Une rouille fine, d'un fauve clair, s'étend ordinairement en étoile dans la cavité de l'œil. A la maturité, **octobre,** le vert fondamental passe au jaune paille et le côté du soleil est largement lavé d'un rouge cramoisi vif.

**Œil** petit, bien fermé, à divisions très-courtes, placé dans une cavité un peu profonde, un peu évasée et finement plissée dans ses parois.

**Queue** courte, forte, ligneuse, épaissie à ses deux extrémités, attachée le plus souvent perpendiculairement à un bourrelet charnu et circulaire formé par la pointe du fruit.

**Chair** blanche, demi-fine, demi-beurrée, suffisante en eau douce, sucrée, délicatement parfumée, constituant un fruit d'assez bonne qualité.

# EPINE DU SUFFOLK

(SUFFOLK THORN)

(N° 453)

The Fruit Manual. ROBERT HOGG.
The Fruits and the fruit-trees of America. DOWNING.

OBSERVATIONS. — D'après Downing, cette variété d'origine anglaise aurait été obtenue de pepins de la Bergamotte Gansel et probablement dans le Comté dont elle porte le nom. — L'arbre, d'une vigueur contenue sur cognassier, se plie facilement aux formes régulières dont la fertilité doit être ménagée par une taille courte. Son fruit, de bonne qualité, réclame un terrain riche et frais; dans les sols secs et maigres, son eau devient trop acide et sa saveur en est dénaturée.

## DESCRIPTION.

**Rameaux** de moyenne force, souvent surmontés d'un bouton à fruit à leur sommet, un peu anguleux dans leur contour, un peu flexueux, à entrenœuds courts, jaunâtres du côté de l'ombre et un peu teintés de rouge clair du côté du soleil; lenticelles blanchâtres, petites, assez nombreuses et très-peu apparentes.

**Boutons à bois** moyens, coniques, épais et peu aigus, à direction un peu écartée du rameau, soutenus sur des supports saillants dont les côtés et l'arête médiane se prolongent assez distinctement; écailles presque noires, brillantes et bordées de blanc argenté.

**Pousses d'été** d'un vert un peu jaune, à peine teintées de rouge à leur sommet couvert d'un duvet blanc, soyeux et épais.

**Feuilles des pousses d'été** petites, ovales-elliptiques, se terminant un peu brusquement en une pointe longue, finement aiguë et bien recourbée en dessous, à peine repliées sur leur nervure médiane et convexes par leurs côtés, bordées de dents fines, peu profondes, bien couchées et aiguës, se recourbant sur des pétioles de moyenne longueur, grêles et peu redressés.

**Stipules** de moyenne longueur, tantôt filiformes, tantôt linéaires très-étroites.

**Feuilles stipulaires** fréquentes.

**Boutons à fruit** petits, conico-ovoïdes, aigus; écailles d'un marron rougeâtre très-foncé et largement maculées de blanc argenté.

**Fleurs** moyennes; pétales elliptiques-arrondis, peu concaves, à onglet court, peu écartés entre eux; divisions du calice à peine de moyenne longueur, un peu recourbées en dessous; pédicelles courts, peu forts et duveteux.

**Feuilles des productions fruitières** moyennes, ovales bien élargies, quelques-unes presque cordiformes, se terminant un peu brusquement en une pointe un peu longue et bien aiguë, creusées en gouttière et arquées, bordées de dents fines, peu profondes, couchées et aiguës, bien soutenues sur des pétioles un peu longs, bien grêles, fermes et redressés.

**Caractère saillant de l'arbre** : teinte générale du feuillage d'un vert clair et gai ; toutes les feuilles petites et surtout celles des pousses d'été tourmentées dans leur surface.

**Fruit** petit ou presque moyen, turbiné-sphérique, ordinairement uni dans son contour, atteignant sa plus grande épaisseur au-dessous du milieu de sa hauteur; au-dessus de ce point, s'atténuant par une courbe largement convexe en une pointe courte, épaisse et bien obtuse ; au-dessous du même point, s'arrondissant par une courbe bien convexe jusque dans la cavité de l'œil.

**Peau** épaisse et ferme, d'abord d'un vert peu foncé semé de points bruns, petits, nombreux et un peu visibles seulement du côté du soleil. Une rouille brune assez dense couvre le sommet du fruit et la cavité de l'œil dont elle dépasse un peu les bords. A la maturité, **septembre, octobre,** le vert fondamental s'éclaircit un peu en jaune et le côté du soleil, sur les fruits bien exposés, se lave d'un peu de rouge.

**Œil** petit, ouvert ou demi-fermé, à divisions courtes, placé dans une cavité profonde, bien évasée et souvent un peu plissée dans ses parois et par ses bords.

**Queue** courte, forte, un peu élastique, attachée perpendiculairement à fleur de la pointe du fruit ou dans un pli peu prononcé.

**Chair** jaunâtre, fine, serrée, beurrée, fondante, pierreuse vers le cœur, suffisante en eau richement sucrée et relevée.

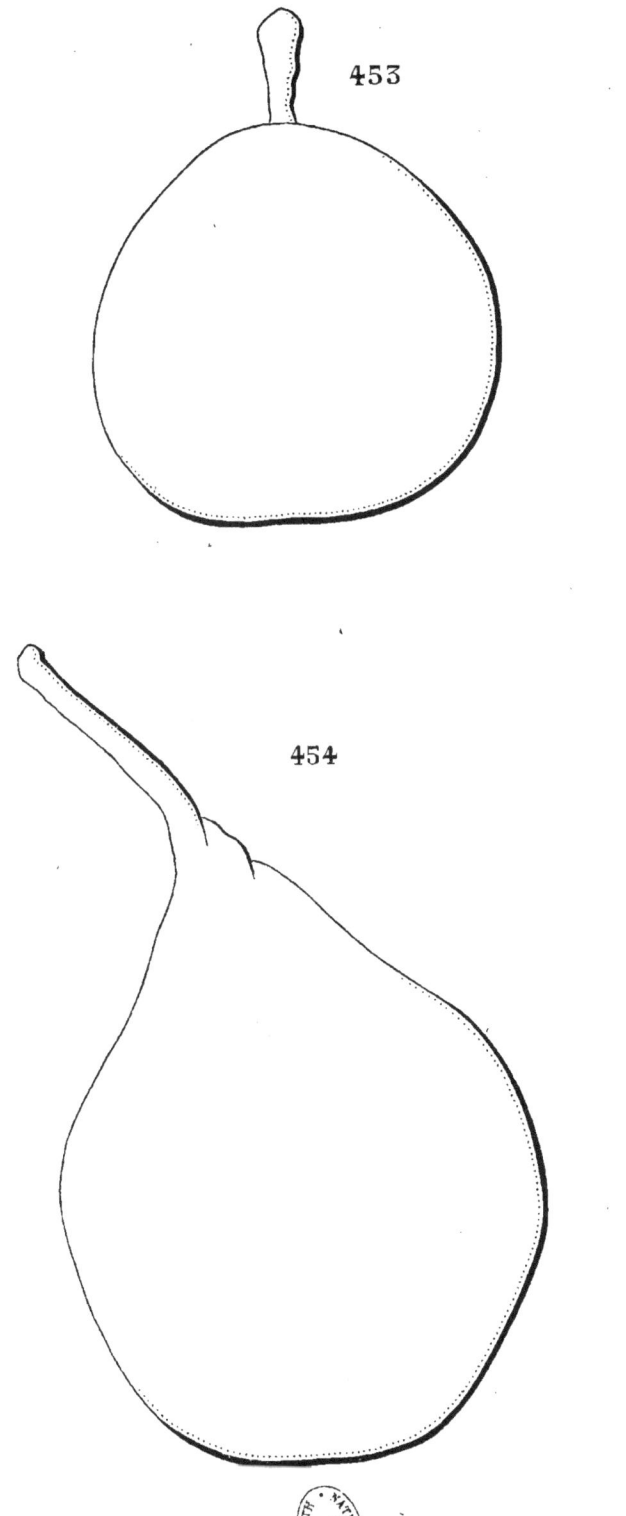

453. ÉPINE DU SUFFOLK.   454. BOUCQUIA.

# BOUCQUIA

(N° 454)

*The Fruits and the fruit-trees of America.* DOWNING.
*The American fruit Culturist.* THOMAS.

OBSERVATIONS. — J'ai reçu cette variété de M. Downing qui l'indique dans son ouvrage comme d'origine belge ; je n'ai pu cependant en trouver aucune mention ni dans les Catalogues belges, ni dans les listes de fruits de la Société Van Mons. Elle est sans doute bien peu connue, et ne mérite pas effectivement une grande multiplication. — L'arbre, d'une vigueur contenue, est cependant d'une bonne végétation et très-propre par la force de son bois bien fructifère à former des fuseaux solides et de bon rapport. Par sa rusticité, il convient au grand verger, et sa fertilité est précoce, grande et soutenue.

DESCRIPTION.

**Rameaux** de moyenne force, finement anguleux dans leur contour, presque droits, à entre-nœuds de moyenne longueur, d'un rouge sanguin vif ; lenticelles blanches, très-petites, nombreuses et peu apparentes.

**Boutons à bois** gros, coniques, peu aigus, à direction parallèle au rameau, soutenus sur des supports saillants dont les côtés et l'arête médiane se prolongent très-finement ; écailles d'un rouge amaranthe foncé et presque entièrement recouvert de gris blanchâtre.

**Pousses d'été** d'un vert vif, bien colorées de rouge et duveteuses à leur sommet.

**Feuilles des pousses d'été** petites, ovales, un peu brusquement atténuées vers le pétiole, se terminant à leur autre extrémité en une pointe courte et très-fine, bien creusées en gouttière et un peu arquées, bordées de dents fines, peu profondes et aiguës, bien soutenues sur des pétioles de moyenne longueur, grêles et redressés.

**Stipules** très-caduques.

**Feuilles stipulaires** assez fréquentes.

**Boutons à fruit** assez gros, conico-ovoïdes, un peu allongés et un peu aigus ; écailles d'un rouge amaranthe foncé et largement taché de gris blanchâtre.

**Fleurs** petites ; pétales elliptiques-arrondis, peu concaves, à onglet très-court, se touchant entre eux ; divisions du calice courtes et un peu recourbées en dessous ; pédicelles courts, grêles et presque glabres.

**Feuilles des productions fruitières** grandes, ovales un peu élargies et allongées, se terminant peu brusquement en une pointe courte, à peine repliées sur leur nervure médiane ou presque planes, bordées de dents peu profondes et émoussées, pendantes sur des pétioles longs, assez forts et cependant bien souples.

**Caractère saillant de l'arbre :** teinte générale du feuillage d'un vert herbacé peu foncé ; feuilles des productions fruitières remarquablement pendantes sur leurs pétioles mollement souples.

**Fruit** moyen ou presque gros, ovoïde ou turbiné-ovoïde, souvent un peu déformé dans son contour par des côtes peu prononcées, atteignant sa plus grande épaisseur tantôt au milieu, tantôt au-dessous du milieu de sa hauteur ; au-dessus de ce point, s'atténuant brusquement par une courbe largement concave en une pointe peu longue, maigre et aiguë à son sommet ; au-dessous du même point, s'atténuant bien par une courbe à peine convexe pour diminuer très-sensiblement d'épaisseur vers la cavité de l'œil.

**Peau** épaisse, d'abord d'un vert pâle semé de points gris cernés de vert plus foncé, larges et assez apparents. On remarque parfois quelques traces de rouille autour de l'œil. A la maturité, **octobre,** le vert fondamental passe au jaune citron brillant, et le côté du soleil est moucheté de points d'un rouge sanguin, nombreux, serrés et bien distincts.

**Œil** grand, ouvert, à divisions longues, étroites et finement aiguës, à peine enfoncé dans une cavité très-peu profonde, évasée et plissée par ses bords, et souvent ces plis se continuent d'une manière obscure jusque vers le ventre du fruit.

**Queue** longue, de moyenne force, souple, élastique, courbée ou contournée, charnue à son attache à la pointe du fruit dont elle forme exactement la continuation.

**Chair** d'un blanc un peu teinté de jaune, grossière, demi-cassante, peu abondante en eau sucrée et vineuse, mais parfois assez acerbe pour constituer alors un fruit seulement de troisième qualité.

# MADAME DURIEUX

(N° 455)

*Album de pomologie.* Bivort.
*Belgique horticole.*
*Annales de Pomologie belge.* Bivort.
*Notice pomologique.* de Liron d'Airoles.
*The Fruit Manual.* Robert Hogg.
*Dictionnaire de pomologie.* André Leroy.
*Illustrirtes Handbuch der Obstkunde.* Jahn.
*Sichere Führer.* Dochnahl.

Observations. — Cette variété, dont le premier rapport eut lieu en 1845, est un gain de M. Bivort, qu'il dédia à M^me Durieux, de Bruxelles.—L'arbre est d'une vigueur normale sur cognassier. Par sa végétation bien équilibrée, il se prête facilement à toutes formes. Sa fertilité est bonne et sujette à alternat.

DESCRIPTION.

**Rameaux** de moyenne force, allongés et fluets à leur partie supérieure, presque unis dans leur contour, droits, à entre-nœuds de moyenne longueur, de couleur jaunâtre ; lenticelles blanches, un peu larges, assez nombreuses et un peu apparentes.

**Boutons à bois** petits, coniques, un peu courts, un peu épais et émoussés, à direction bien écartée du rameau, soutenus sur des supports peu saillants dont l'arête médiane se prolonge très-finement ; écailles d'un marron brillant et bordé de blanc argenté.

**Pousses d'été** d'un vert intense, un peu lavées de rouge et un peu duveteuses à leur sommet.

**Feuilles des pousses d'été** moyennes, ovales-allongées, maintenant bien leur largeur, puis s'atténuant promptement pour se terminer en une pointe longue et finement aiguë, peu creusées en gouttière et non arquées, bordées de dents assez larges, profondes et bien obtuses, retombant sur des pétioles longs, peu forts et le plus souvent horizontaux.

**Stipules** longues, linéaires-étroites et dentées.

**Feuilles stipulaires** assez fréquentes.

**Boutons à fruit** petits, coniques, un peu renflés et obtus ; écailles de couleur marron.

**Fleurs** moyennes ; pétales ovales, concaves, un peu écartés entre eux, entièrement blancs avant l'épanouissement ; divisions du calice assez courtes et finement aiguës ; pédicelles de moyenne longueur, de moyenne force et peu duveteux.

**Feuilles des productions fruitières** moyennes, ovales-allongées ou ovales-elliptiques, s'atténuant lentement pour se terminer tantôt régulièrement, tantôt brusquement en une pointe courte, très-fine, quelquefois très-courte ou nulle, bien concaves, régulièrement bordées de dents très-peu profondes et émoussées, assez mal soutenues sur des pétioles longs, grêles et un peu flexibles.

**Caractère saillant de l'arbre** : feuilles des productions fruitières d'un vert bleu très-intense et quelques-unes tellement concaves qu'elles ne peuvent être étalées ; tous les pétioles longs et grêles.

**Fruit** petit ou presque moyen, sphérico-conique, uni dans son contour, atteignant sa plus grande épaisseur peu au-dessous du milieu de sa hauteur ; au-dessus de ce point, s'atténuant par une courbe largement convexe en une pointe courte, épaisse et tronquée à son sommet ; au-dessous du même point, s'arrondissant par une courbe un peu plus convexe pour s'aplatir ensuite sur une petite étendue autour de la cavité de l'œil.

**Peau** épaisse et ferme, d'abord d'un vert clair et gai semé de points gris cernés de vert plus foncé, nombreux et apparents. On remarque aussi des traces d'une rouille brune et fine, soit dans la cavité de l'œil, soit dans celle de la queue. A la maturité, **octobre**, le vert fondamental passe au jaune paille clair et brillant, et le côté du soleil se distingue seulement par un ton un peu plus chaud.

**Œil** petit, fermé ou demi-fermé, placé dans une cavité étroite et peu profonde.

**Queue** longue, assez forte, ligneuse, attachée et souvent repoussée obliquement dans une dépression peu sensible.

**Chair** blanche, fine, fondante, abondante en eau richement sucrée et délicatement parfumée.

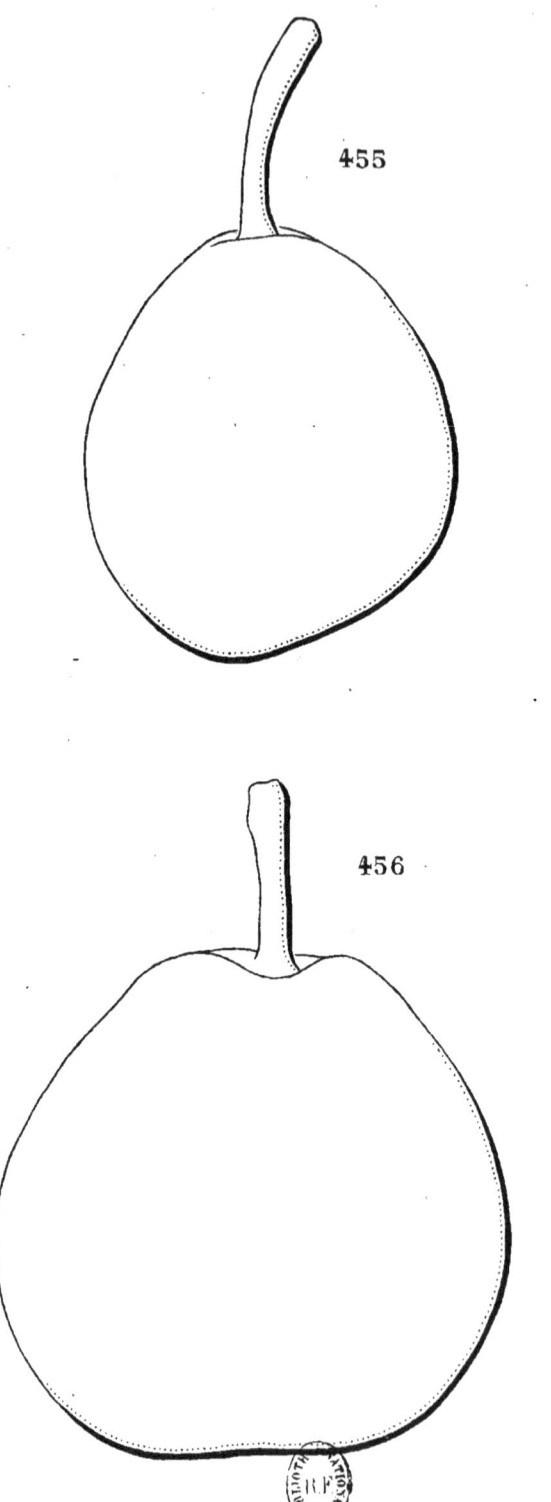

455. MADAME DURIEUX.   456. GUSTAVE BOURGOGNE.

# GUSTAVE BOURGOGNE

(N° 456)

*Bulletin de la Société Van Mons.* 1855-1857.
*Dictionnaire de pomologie.* ANDRÉ LEROY.

OBSERVATIONS. — Cette variété est un gain de Van Mons. — L'arbre, d'une végétation très-modérée sur cognassier, se prête bien sur ce sujet à la forme de fuseau. Greffé sur franc, il forme de magnifiques pyramides dont le feuillage abondant et élégant dans sa tenue leur donne un aspect vraiment remarquable. Son fruit, bien attaché, peut aussi le recommander pour le verger, et si sa chair n'est pas assez fine pour le ranger parmi ceux de premier ordre, je lui ai toujours trouvé une saveur et un parfum qui m'obligent à ne pas accepter l'opinion trop désavantageuse sur sa qualité émise par M. André Leroy.

DESCRIPTION.

**Rameaux** très-forts, un peu anguleux dans leur contour, bien droits, à entre-nœuds inégaux entre eux, verdâtres du côté de l'ombre et un peu teintés de jaune du côté du soleil; lenticelles grisâtres, arrondies, très-larges, assez nombreuses et peu apparentes.

**Boutons à bois** petits, coniques, courts et un peu aigus, à direction écartée du rameau, soutenus sur des supports très-peu saillants dont l'arête médiane se prolonge très-distinctement; écailles d'un marron peu foncé.

**Pousses d'été** d'un vert clair et un peu jaune, lavées de rouge à leur sommet couvert d'un duvet blanc, long, soyeux et épais.

**Feuilles des pousses d'été** grandes, ovales-élargies, se terminant un peu promptement et cependant assez régulièrement en une pointe peu longue, bien repliées sur leur nervure médiane et bien recourbées en dessous par leur pointe, irrégulièrement bordées de dents peu profondes et peu appréciables, bien soutenues sur des pétioles longs, forts et redressés.

**Stipules** longues, linéaires et quelquefois lancéolées-étroites.

**Feuilles stipulaires** rares.

**Boutons à fruit** petits, conico-ovoïdes et finement aigus ; écailles d'un marron clair.

**Fleurs** moyennes ; pétales ovales, minces, transparents ; pédicelles de moyenne longueur, grêles et un peu duveteux.

**Feuilles des productions fruitières** plus petites que celles des pousses d'été, arrondies ou ovales-arrondies, se terminant brusquement en une pointe courte ou nulle, peu repliées sur leur nervure médiane, largement ondulées dans leur contour ou tourmentées dans leur tenue, entières, irrégulièrement soutenues sur des pétioles un peu longs, très-grêles, divergents ou redressés.

**Caractère saillant de l'arbre** : teinte générale du feuillage d'un vert gai ; feuilles des productions fruitières bien entières par leurs bords et largement ondulées ; lenticelles jaunâtres, saillantes et apparaissant d'une manière remarquable sur l'écorce du bois de deux ans.

**Fruit** moyen, turbiné-ovoïde, bien ventru, ordinairement uni dans son contour, atteignant sa plus grande épaisseur très-peu au-dessous du milieu de sa hauteur ; au-dessus de ce point, s'atténuant peu par une courbe peu convexe pour se terminer en une pointe très-courte, très-épaisse et très-largement tronquée à son sommet ; au-dessous du même point, s'atténuant moins par une courbe un peu plus convexe pour s'aplatir ensuite autour de la cavité de l'œil.

**Peau** épaisse, d'abord d'un vert blanchâtre semé de petits points fauves. Un réseau d'une rouille d'un brun verdâtre, un peu rude au toucher, souvent recouvre toute sa surface. A la maturité, **septembre,** le vert fondamental passe au jaune pâle et le côté du soleil, sur lequel les points se concentrent, se couvre aussi, sur les fruits bien exposés, d'une teinte de roux doré.

**Œil** grand, demi-ouvert, à divisions très-courtes, fermes, dressées et quelquefois un peu réfléchies en dedans, placé dans une cavité large, tantôt plus, tantôt moins profonde, un peu plissée dans ses parois et divisée par ses bords en des rudiments de côtes qui se prolongent obscurément jusque vers le ventre du fruit.

**Queue** de moyenne longueur, brune, ligneuse, sensiblement épaissie à ses deux extrémités, attachée perpendiculairement tantôt dans une cavité, tantôt seulement dans un pli charnu.

**Chair** blanche, demi-fine, presque fondante, très-abondante en eau bien sucrée, délicatement parfumée, rafraîchissante et vraiment agréable.

# LUCIEN LECLERCQ

(N° 457)

*Album de pomologie.* BIVORT.
*Dictionnaire de pomologie.* ANDRÉ LEROY.
*Handbuch aller bekannten Obstsorten.* BIEDENFELD.
*The Fruits and the fruit-trees of America.* DOWNING.
*Sichere Führer.* DOCHNAHL.

OBSERVATIONS. — Cette variété est un gain posthume de Van Mons. Elle rapporta ses premiers fruits en 1844, dans les pépinières de Geest-Saint-Remy, et fut dédiée par M. Bivort à M. Lucien Leclercq, arboriculteur à Jodoigne. — L'arbre, d'une bonne vigueur sur cognassier, s'accommode surtout de la forme pyramidale et n'exige pas de soins particuliers. Sa haute tige forme une tête élevée, compacte, dont le rapport est précoce et la fertilité grande et soutenue.

DESCRIPTION.

**Rameaux** de moyenne force, un peu anguleux dans leur contour, presque droits, à entre-nœuds de moyenne longueur, olivâtres du côté de l'ombre et teintés de rouge du côté du soleil ; lenticelles blanchâtres, petites, rares et très-peu apparentes.

**Boutons à bois** assez gros, coniques et longuement aigus, à direction parallèle ou presque parallèle au rameau vers lequel ils se recourbent par leur pointe ; écailles d'un marron rougeâtre presque noir et bordé de gris blanchâtre.

**Pousses d'été** d'un vert clair, colorées de rouge et à peine duveteuses à leur sommet.

**Feuilles des pousses d'été** petites, elliptiques-arrondies ou seulement elliptiques, se terminant en une pointe un peu longue, peu repliées sur leur nervure médiane et à peine arquées, bordées de dents peu profondes et émoussées, assez bien soutenues sur des pétioles courts, grêles et un peu redressés.

**Stipules** assez longues, linéaires très-étroites ou souvent filiformes.

**Feuilles stipulaires** manquant le plus souvent.

**Boutons à fruit** moyens, coniques, maigres, allongés et très-longuement aigus; écailles d'un marron rougeâtre bien foncé.

**Fleurs** bien grandes; pétales arrondis-élargis, concaves, à onglet court, se recouvrant entre eux; divisions du calice assez longues, étroites et recourbées en dessous; pédicelles de moyenne longueur, grêles et à peine duveteux.

**Feuilles des productions fruitières** un peu moins petites que celles des pousses d'été, ovales-élargies, se terminant un peu brusquement en une pointe courte, un peu concaves, bordées de dents irrégulières, peu profondes et bien obtuses, s'abaissant un peu sur des pétioles de moyenne longueur, grêles et souples.

**Caractère saillant de l'arbre** : teinte générale du feuillage d'un vert bleu et terne; toutes les feuilles très-finement aiguës.

**Fruit** presque moyen, ovoïde, court et épais, parfois un peu déformé et cependant le plus souvent uni dans son contour, atteignant sa plus grande épaisseur peu au-dessous du milieu de sa hauteur; au-dessus de ce point, s'atténuant brusquement par une courbe peu convexe en une pointe courte, épaisse, tantôt obtuse, tantôt un peu aiguë; au-dessous du même point, s'arrondissant par une courbe largement convexe jusque dans la cavité de l'œil.

**Peau** fine, mince, d'abord d'un vert décidé semé de points d'un vert plus foncé, larges et bien régulièrement espacés. Rarement on remarque un peu de rouille dans la cavité de l'œil. A la maturité, **milieu et fin d'août**, le vert fondamental passe au jaune clair peu brillant sur lequel les points sont moins apparents, et le côté du soleil est largement lavé d'un rouge brun sur lequel les points sont cernés de rouge plus foncé.

**Œil** grand, demi-fermé, à divisions longues et grisâtres, placé dans une cavité étroite, peu profonde et souvent irrégulière.

**Queue** de moyenne longueur, un peu forte, un peu épaissie à son point d'attache au rameau, courbée et fixée entre des plis charnus et peu prononcés formés par la pointe du fruit.

**Chair** blanche, un peu grossière, mi-fondante et pierreuse vers le cœur, abondante en eau richement sucrée, acidulée, parfumée, constituant un fruit de bonne qualité.

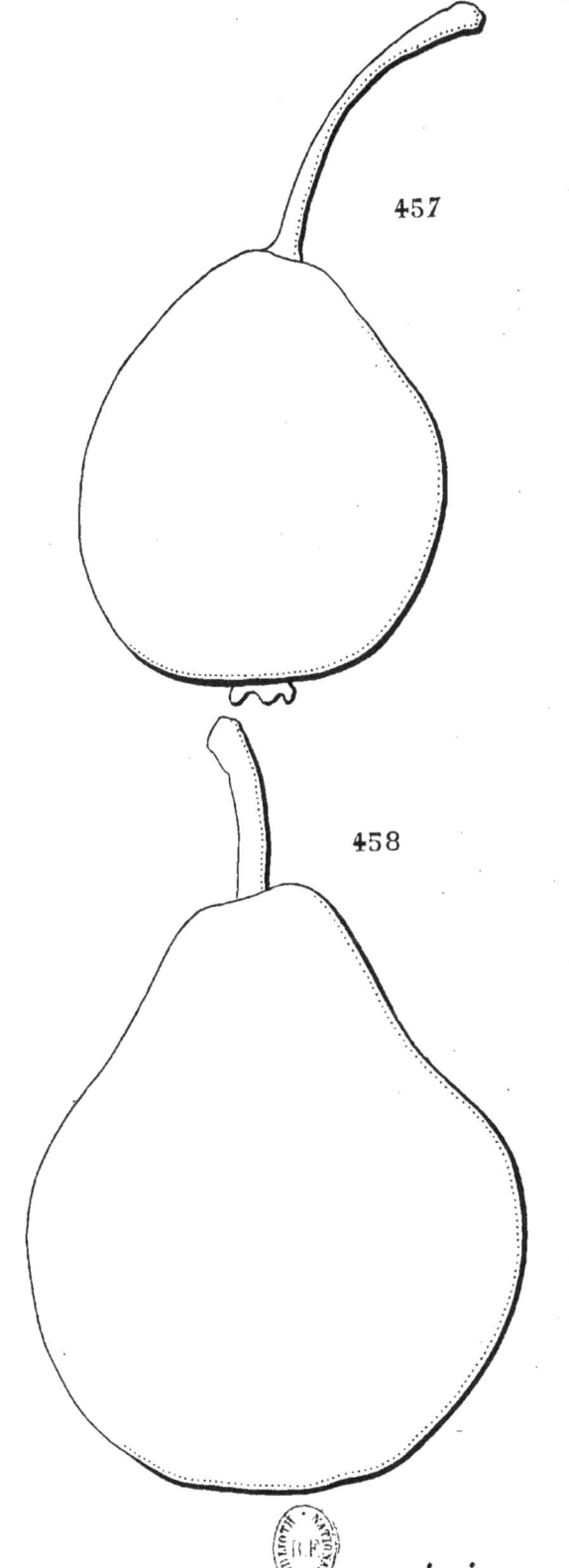

457, LUCIEN LECLERCQ. 458, ÉMÉRANCE.

# EMÉRANCE

(N° 458)

*Album de pomologie.* BIVORT.
*Bulletin de la Société Van Mons.*
*Handbuch aller bekannten Obstsorten.* BIEDENFELD.
*The Fruits and the fruit-trees of America.* DOWNING.
*Dictionnaire de pomologie.* ANDRÉ LEROY.
*Sichere Führer.* DOCHNAHL.

OBSERVATIONS. — Obtenue dans le jardin de Geest-Saint-Remy, cette variété fut dédiée par M. Bivort à une de ses parentes. Son premier rapport eut lieu en 1850. — L'arbre, d'une bonne vigueur aussi bien sur cognassier que sur franc, est merveilleusement disposé à prendre la forme pyramidale. Sa fertilité est très-précoce et très-grande. Son fruit serait de première qualité s'il ne blettissait un peu promptement; cependant ce défaut peut être bien atténué par une cueillette anticipée.

DESCRIPTION.

**Rameaux** de moyenne force, allongés, à peine anguleux dans leur contour, à peine flexueux, à entre-nœuds longs, d'un vert clair un peu jaune; lenticelles blanches, un peu larges, très-inégales entre elles, nombreuses et apparentes.
**Boutons à bois** moyens, régulièrement coniques, aigus, à direction peu écartée du rameau, soutenus sur des supports très-peu saillants dont les côtés et l'arête médiane se prolongent très-peu distinctement; écailles d'un marron peu foncé.

**Pousses d'été** très-fluettes à leur sommet, d'un vert jaune, à peine lavées de rouge et peu duveteuses à leur sommet.

**Feuilles des pousses d'été** petites, ovales, sensiblement atténuées à leur base, se terminant presque régulièrement en une pointe peu longue, bien creusées en gouttière et bien arquées, bordées de dents très-peu profondes, irrégulières et émoussées, s'abaissant un peu sur des pétioles de moyenne longueur, grêles, tantôt redressés, tantôt presque horizontaux.

**Stipules** moyennes, lancéolées, un peu recourbées.

**Feuilles stipulaires** manquant presque toujours.

**Boutons à fruit** assez gros, conico-ovoïdes, allongés et aigus ; écailles d'un marron rougeâtre peu foncé et un peu maculé de noir.

**Fleurs** assez grandes ; pétales arrondis, concaves, à onglet un peu long, écartés entre eux ; divisions du calice un peu longues, étroites, finement aiguës et bien réfléchies en dessous ; pédicelles longs, un peu forts et cotonneux.

**Feuilles des productions fruitières** à peine moyennes, exactement ovales, s'atténuant lentement pour se terminer régulièrement en une pointe très-courte ou nulle, plus ou moins concaves, bordées de dents très-peu profondes, émoussées et souvent à peine appréciables, mal soutenues sur des pétioles courts, très-grêles et très-flexibles.

**Caractère saillant de l'arbre** : teinte générale du feuillage d'un vert clair et jaune ; feuilles des pousses d'été bien creusées en gouttière et bien arquées ; tous les pétioles très-grêles.

**Fruit** moyen, turbiné-piriforme, souvent un peu bosselé dans son contour, atteignant sa plus grande épaisseur bien au-dessous du milieu de sa hauteur ; au-dessus de ce point, s'atténuant promptement par une courbe à peine concave ou à peine convexe en une pointe un peu longue et aiguë ; au-dessous du même point, s'arrondissant brusquement par une courbe bien convexe pour s'aplatir ensuite un peu autour de la cavité de l'œil.

**Peau** un peu épaisse et ferme, d'abord d'un vert clair semé de points bruns, petits, nombreux et serrés. Ordinairement on remarque un peu de rouille seulement sur la pointe du fruit. A la maturité, **fin d'août et commencement de septembre,** le vert fondamental passe au jaune terne, lavé du côté du soleil d'un rouge sur lequel les points gris sont nombreux et cernés de rouge plus foncé.

**Œil** grand, presque fermé, placé dans une cavité bien évasée, plissée dans ses parois et qui le contient à peine.

**Queue** de moyenne longueur, d'un brun clair, droite ou un peu courbée, attachée à fleur de peau à la pointe du fruit.

**Chair** blanche, demi-fine, assez fondante, suffisante en eau sucrée et assez agréablement parfumée.

# BERGAMOTTE KLINKHARDT

(KLINKHARDTS BERGAMOTTE)

(N° 459)

*Catalogue* Van Mons. 1823.
*Systematische Beschreibung.* Diel.
*Systematisches Handbuch der Obstkunde.* Dittrich.
*Illustrirtes Handbuch der Obstkunde.* Oberdieck.
*Sichere Führer.* Dochnahl.

Observations. — Cette variété fut obtenue par Van Mons, comme il l'indique dans son Catalogue de 1823. Je l'ai reçue de M. Jahn, de Meiningen. — D'après une observation de plusieurs années, elle semble propre à la grande culture, et son fruit serait de premier mérite s'il n'était pas d'une maturation trop précipitée.

### DESCRIPTION.

**Rameaux** forts, épaissis à leur sommet, obscurément anguleux dans leur contour, droits, à entre-nœuds très-courts, de couleur noisette, souvent un peu teintés de rouge et longtemps voilés sur une grande partie de leur longueur d'un duvet semblable à une sorte de poussière ; lenticelles petites, le plus souvent allongées, assez nombreuses et peu apparentes.

**Boutons à bois** moyens, coniques un peu épais et cependant finement aigus, à direction tantôt parallèle au rameau, tantôt un peu écartée, soutenus sur des supports très-peu saillants dont les côtés et l'arête médiane se prolongent très-peu distinctement ; écailles d'un marron noirâtre largement bordé de gris blanchâtre.

**Pousses d'été** d'un vert clair, bien cotonneuses à leur sommet.

**Feuilles des pousses d'été** moyennes ou petites, se terminant régulièrement en une pointe bien fine et bien recourbée, bien repliées sur leur nervure médiane et très-arquées ou contournées, ondulées dans leur contour, bordées de dents fines, très-peu profondes et un peu aiguës, souvent entières sur la moitié de leur contour, se recourbant sur des pétioles longs, grêles et redressés.

**Stipules** très-caduques.

**Feuilles stipulaires** manquant le plus souvent.

**Boutons à fruit** moyens, conico-ovoïdes, un peu aigus ; écailles d'un marron rougeâtre, très-foncé et brillant.

**Fleurs** assez grandes, semi-doubles ; pétales arrondis, peu concaves, à onglet très-court, se recouvrant entre eux ; divisions du calice assez courtes, peu recourbées en dessous ; pédicelles de moyenne longueur, forts et cotonneux.

**Feuilles des productions fruitières** moyennes ou petites, ovales-allongées et étroites, se terminant assez brusquement en une pointe longue, étroite, finement aiguë et bien recourbée, repliées sur leur nervure médiane et bien arquées, largement et très-distinctement ondulées et souvent contournées, entières ou à peine dentées par leurs bords, assez peu soutenues sur des pétioles longs, bien grêles et souples.

**Caractère saillant de l'arbre** : teinte générale du feuillage d'un vert d'eau peu foncé ; les plus jeunes feuilles cotonneuses sur leur nervure médiane et par leurs bords ; toutes les feuilles bien repliées, extraordinairement arquées et ondulées ; tous les pétioles longs et grêles.

**Fruit** petit ou presque moyen, sphérico-ovoïde, parfois ovoïde-piriforme, ordinairement un peu irrégulier dans son contour, atteignant sa plus grande épaisseur peu au-dessous du milieu de sa hauteur ; au-dessus de ce point, s'atténuant par une courbe largement convexe et parfois un peu concave en une pointe courte, épaisse, tantôt obtuse, tantôt tronquée à son sommet ; au-dessous du même point, s'arrondissant par une courbe bien convexe jusque dans la cavité de l'œil.

**Peau** un peu épaisse et cependant tendre, d'abord d'un vert terne sur lequel il n'est pas facile de reconnaître de véritables points. On remarque aussi sur sa surface des traits d'une rouille fine et rousse se dispersant irrégulièrement et se condensant soit sur le sommet du fruit, soit sur sa base. A la maturité, **commencement d'octobre,** le vert fondamental passe au jaune citron bien doré et très-rarement lavé d'une légère teinte de rouge du côté du soleil.

**Œil** grand, ouvert, à divisions fines et courtes, parfois caduques, placé dans une cavité peu profonde, évasée, divisée par ses bords en côtes aplanies qui se prolongent souvent d'une manière obscure sur la hauteur du fruit.

**Queue** un peu longue, grêle, bien ligneuse, d'un beau brun, courbée, un peu épaissie à son point d'attache dans une petite cavité irrégulière ou seulement dans un pli charnu plus relevé d'un côté que de l'autre.

**Chair** blanche, assez fine, beurrée, fondante, abondante en eau richement sucrée et parfumée.

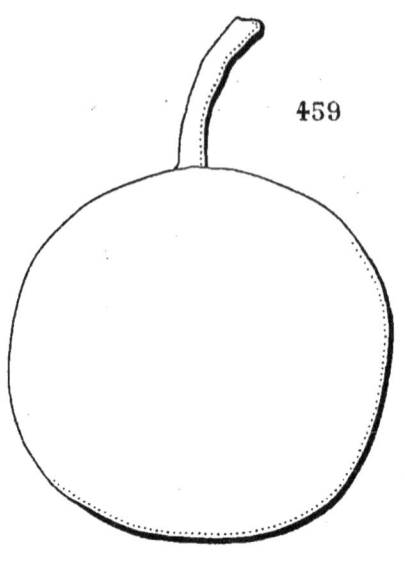

459. BERGAMOTTE KLINKHARDT.   460. CHARLES BIVORT.

# CHARLES BIVORT

(N° 460)

*Album de pomologie.* Bivort.
*Dictionnaire de pomologie.* André Leroy.
KARL BIVORT. *Sichere Führer.* Dochnahl.

Observations. — Cette variété est un semis de Van Mons, propagé par M. Bivort et dédié par lui à son parent M. Charles Bivort, conseiller provincial à Monceau-sur-Sambre (Hainaut). — L'arbre est d'une végétation très-modérée même sur franc. Sa haute tige forme une tête de petite dimension, demi-sphérique, d'un rapport très-précoce, et convient au verger par sa rusticité. Son fruit n'atteint que la seconde qualité.

DESCRIPTION.

**Rameaux** peu forts, obscurément anguleux dans leur contour, peu flexueux, à entre-nœuds courts, jaunâtres du côté de l'ombre, teintés d'un rouge peu foncé du côté du soleil; lenticelles blanches, petites, assez nombreuses et peu apparentes.

**Boutons à bois** petits, coniques, un peu épais et peu aigus, à direction bien écartée du rameau, soutenus sur des supports saillants dont les côtés et l'arête médiane se prolongent peu distinctement; écailles d'un marron rougeâtre, brillant et bordé de gris argenté.

**Pousses d'été** d'un vert décidé, colorées d'un rouge sanguin vif à leur sommet recouvert d'un duvet blanc, soyeux et abondant.

**Feuilles des pousses d'été** petites, ovales, sensiblement atténuées du côté du pétiole, souvent inégalement partagées par leur nervure médiane, se terminant plus ou moins brusquement en une pointe peu longue et fine, planes ou presque planes, un peu arquées, bordées de dents fines, peu profondes et peu aiguës, soutenues horizontalement sur des pétioles longs, peu forts et presque horizontaux.

**Stipules** de moyenne longueur, linéaires très-étroites.

**Feuilles stipulaires** peu fréquentes.

**Boutons à fruit** petits, coniques, assez courts et obtus ; écailles d'un marron rougeâtre.

**Fleurs** petites; pétales ovales, sensiblement atténués à leur sommet, légèrement roses avant l'épanouissement ; divisions du calice bien courtes, bien recourbées en dessous; pédicelles très-courts, grêles et laineux.

**Feuilles des productions fruitières** un peu plus grandes que celles des pousses d'été, ovales-elliptiques, se terminant plus ou moins brusquement en une pointe très-courte, souvent presque nulle, planes ou très-peu repliées sur leur nervure médiane et peu arquées, bordées de dents fines, peu profondes et peu aiguës, bien soutenues sur des pétioles courts, forts et divergents.

**Caractère saillant de l'arbre** : teinte générale du feuillage d'un vert jaunâtre; les plus jeunes feuilles presque entièrement rouges ainsi que les pétioles; feuilles des productions fruitières épaisses et fermes.

**Fruit** moyen ou à peine moyen, turbiné-sphérique ou turbiné-conique, ordinairement uni dans son contour, atteignant sa plus grande épaisseur bien près de sa base; au-dessus de ce point, s'atténuant promptement par une courbe peu convexe, parfois légèrement concave en une pointe courte, épaisse, obtuse ou tronquée à son sommet; au-dessous du même point, s'arrondissant très-brusquement pour ensuite s'aplatir un peu autour de la cavité de l'œil.

**Peau** un peu épaisse, d'abord d'un vert clair semé de points bruns, très-nombreux, très-rapprochés, se confondant souvent sous une couche de rouille qui s'étend sur presque toute sa surface et se condense soit sur le sommet du fruit, soit dans la cavité de l'œil. A la maturité, **octobre,** le vert fondamental passe au jaune doré qui prend un ton plus chaud du côté du soleil.

**Œil** très-grand, ouvert, à divisions courtes, souvent caduques, placé dans une cavité large, souvent profonde et très-légèrement plissée dans ses parois.

**Queue** de moyenne longueur, un peu forte, épaissie à son point d'attache au rameau, d'un brun clair un peu rouge, un peu recourbée, attachée dans un pli charnu formé par la pointe du fruit.

**Chair** d'un blanc jaunâtre, demi-fine, demi-fondante, un peu pierreuse vers le cœur, peu abondante en eau sucrée, assez agréablement musquée.

POIRES

# PETITE FONDANTE

(KLEINE SCHMALZBIRNE)

(N° 461)

*Illustrirtes Handbuch der Obsthunde.* OBERDIECK.

OBSERVATIONS. — J'ai reçu cette variété, il y a quelques années de M. Oberdieck, de Jeinsen, et la figure de son fruit, ici représentée, diffère de celle donnée par le *Illustrirtes Handbuch*. J'ai cru devoir la reproduire comme celle de la forme qui s'est montrée l plus constante chez moi. — L'arbre est d'une végétation très-con tenue sur cognassier et devient sur ce sujet d'une fertilité si précoce et si grande qu'il s'épuiserait promptement s'il ne se trouvait dan un sol très-riche. Son fruit est petit, mais il est de bonne qualité bien attaché, et peut être recommandé pour le verger.

DESCRIPTION.

**Rameaux** peu forts, finement anguleux dans leu flexueux, à entre-nœuds courts, d'un brun verdâtre un peu teintés de rouge du côté du soleil ; lenticell breuses et peu apparentes.
**Boutons à bois** petits, coniques, bien ai du rameau, soutenus sur des supports u surtout l'arête médiane se prolongent marron rougeâtre bien foncé, presque

**Pousses d'été** d'un vert très-clair, non colorées de rouge à leur sommet
t longtemps couvertes sur presque toute leur longueur d'un duvet
otonneux.

**Feuilles des pousses d'été** petites, exactement ovales, un peu
llongées, se terminant régulièrement en une pointe bien fine, à peine
epliées sur leur nervure médiane et à peine arquées, entières par leurs
ords, bien soutenues sur des pétioles de moyenne longueur, très-grêles et
ien redressés.

**Stipules** très-caduques.

**Feuilles stipulaires** manquant ordinairement.

**Boutons à fruit** gros, ovoïdes, un peu allongés et aigus; écailles de
ouleur fauve, bordées de gris blanchâtre et couvertes d'un duvet extraor-
inairement court et très-fin.

**Fleurs** moyennes; pétales ovales, presque planes, à onglet un peu long,
cartés entre eux; divisions du calice courtes et bien recourbées en dessous;
édicelles de moyenne longueur, grêles et duveteux.

**Feuilles des productions fruitières** assez petites, ovales-ellipti-
ues, quelques-unes un peu élargies, d'autres un peu allongées, se termi-
ant brusquement en une pointe extraordinairement courte et fine, peu
epliées sur leur nervure médiane, entières par leurs bords, bien soutenues
r des pétioles assez courts, très-grêles et redressés.

**Caractère saillant de l'arbre** : teinte générale du feuillage d'un
ert d'eau mat; toutes les feuilles très-courtement et très-finement acumi-
ées et entières par leurs bords; tous les pétioles très-grêles et cependant
rmes.

**Fruit** petit, presque sphérique, parfois un peu déprimé à ses deux pôles,
ni dans son contour, atteignant sa plus grande épaisseur au milieu de sa
auteur; au-dessus et au-dessous de ce point, s'arrondissant par des courbes
esque de même longueur et presque également convexes soit du côté de
queue, soit du côté de l'œil.

**Peau** un peu épaisse et cependant tendre, d'abord d'un vert d'eau pâle
é de points bruns, très-petits, nombreux et peu visibles. On remarque
un peu de rouille brune soit vers le point d'attache de la queue,
cavité de l'œil. A la maturité, **fin d'août,** le vert fondamental
n et le côté du soleil, sur les fruits bien exposés, se lave d'un

visions larges, bien étalées, placé dans une cavité
qu'il remplit exactement.

épaissie à ses deux extrémités, attachée le
t sur un bourrelet charnu, tantôt un peu
l'épaisseur du fruit.

ondante, un peu pierreuse vers le
vineuse et relevée.

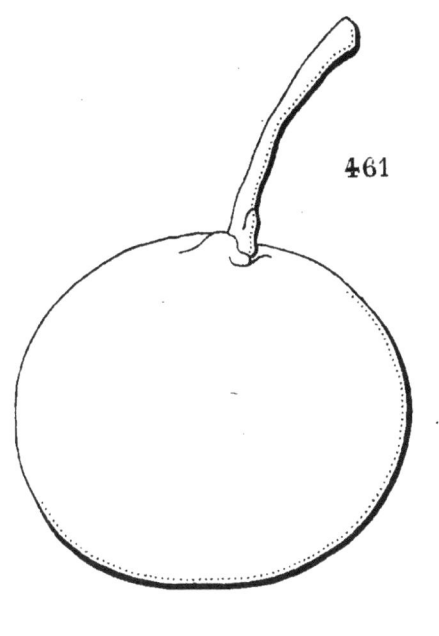
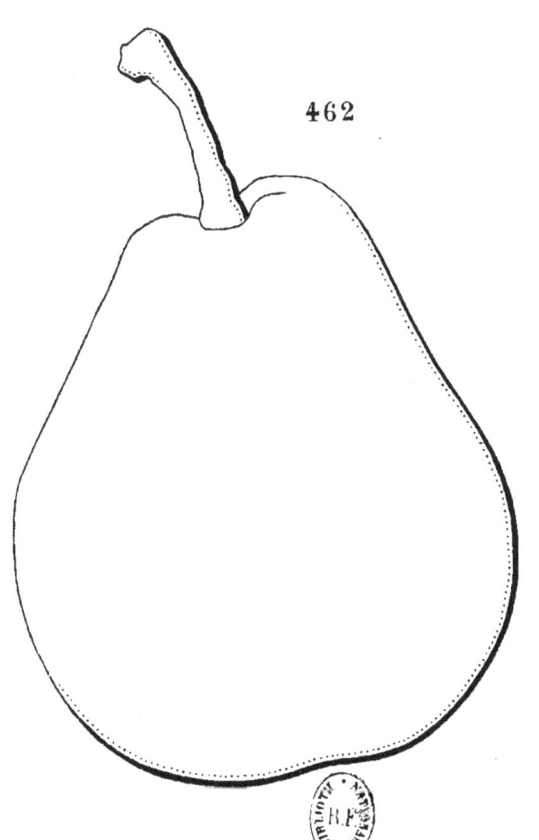

461, PETITE FONDANTE.   462, SEMIS DE ST-GERMAIN D'ÉDOUARD.

# SEMIS DE Sᵀ-GERMAIN D'ÉDOUARD

(EDWARD'S SEEDLING Sᵗ-GERMAIN)

(N° 462)

*The Fruits and the fruit-trees of America.* Downing.

Observations. — Cette variété aurait été obtenue, d'après Downing, par le docteur W. D. Brinckle et paraît être récente.—L'arbre semble être de végétation insuffisante sur cognassier. Sa fertilité est trop précoce et trop grande pour en obtenir sur ce sujet des formes d'une certaine étendue. Je n'ai pu encore l'essayer sur le franc, dont on pourrait espérer une végétation qui le rendrait propre au verger; par le beau volume de son fruit, de maturation très-prolongée et d'un transport facile, il conviendrait pour la spéculation.

DESCRIPTION.

**Rameaux** grêles, presque unis dans leur contour, presque droits, à entre-nœuds courts, d'un brun verdâtre; lenticelles blanches, peu nombreuses et un peu apparentes.

**Boutons à bois** petits, coniques, courts, épatés, émoussés, à direction écartée du rameau, soutenus sur des supports un peu saillants dont l'arête médiane se prolonge très-obscurément; écailles d'un marron peu foncé.

**Pousses d'été** d'un vert clair, lavées de rouge et peu duveteuses à leur sommet.

## POMOLOGIE GÉNÉRALE

**Feuilles des pousses d'été** petites, ovales, se terminant un peu brusquement en une pointe courte et fine, creusées en gouttière et arquées, bordées de dents fines, un peu profondes et aiguës, assez peu soutenues sur des pétioles de moyenne longueur, grêles et un peu flexibles.

**Stipules** de moyenne longueur, linéaires-étroites.

**Feuilles stipulaires** manquant ordinairement.

**Boutons à fruit** assez petits, conico-sphériques, obtus ou émoussés; écailles d'un marron clair.

**Fleurs** bien petites; pétales ovales-elliptiques, peu larges, peu concaves, à onglet court, écartés entre eux; divisions du calice assez courtes et recourbées en dessous seulement par leur pointe finement aiguë; pédicelles courts, fins et peu duveteux.

**Feuilles des productions fruitières** ovales-allongées et étroites, se terminant en une pointe extraordinairement courte et fine, souvent comme nulle, creusées en gouttière et à peine arquées, bordées de dents fines, très-peu profondes, parfois un peu écartées entre elles et un peu aiguës, mal soutenues sur des pétioles longs, très-grêles et flexibles.

**Caractère saillant de l'arbre** : teinte générale du feuillage d'un vert herbacé intense et vif; toutes les feuilles petites; feuilles des productions fruitières allongées et presque lancéolées; tous les pétioles bien grêles et flexibles.

**Fruit** moyen ou assez gros, conique-piriforme, épais, parfois un peu irrégulier dans son contour, atteignant sa plus grande épaisseur bien au-dessous du milieu de sa hauteur; au-dessus de ce point, s'atténuant par une courbe d'abord à peine convexe puis un peu concave en une pointe un peu oblique, épaisse et largement tronquée à son sommet; au-dessous du même point, s'arrondissant par une courbe largement convexe jusque dans la cavité de l'œil.

**Peau** peu épaisse et tendre, d'abord d'un vert d'eau intense semé de points d'un gris noir, largement cernés d'un vert beaucoup plus foncé. Une taille brune couvre la cavité de l'œil et s'étend, un peu au-delà de ses bords, en traits fins qui rarement se dispersent sur la surface du fruit. A sa maturité, **novembre**, le vert fondamental passe au jaune citron brillant, et le côté du soleil se dore plus ou moins chaudement.

**Œil** petit, bien fermé, à divisions courtes et bien fines, placé dans une cavité étroite et peu profonde, ordinairement régulière dans ses parois et dans ses bords.

**Queue** de moyenne longueur, un peu forte, épaissie à ses deux extrémités, un peu courbée, attachée le plus souvent un peu obliquement dans une cavité large, bien évasée par ses bords un peu irréguliers.

**Chair** blanchâtre, demi-fine, un peu granuleuse, cependant fondante, abondante en eau sucrée, acidulée et délicatement parfumée.

POIRES

# DÉLICES DE JODOIGNE

(N° 463)

*Album de Pomologie.* BIVORT.
*Pomologie de la Seine-Inférieure.* PRÉVOST.
*Notice pomologique.* DE LIRON D'AIROLES.
*Dictionnaire de Pomologie.* ANDRÉ LEROY.
*Niederlandischer Obstgarten.*
*The Fruits and the fruits-trees of America.* DOWNING.
*The Fruit Manual.* ROBERT HOGG.
*Sichere Führer.* DOCHNAHL.
JODOIGNER LECKERBISSEN. *Illustrirtes Handbuch der Obstkunde.* JAHN.

OBSERVATIONS. — Cette variété, obtenue par M. Bouvier, de Jodoigne, donna ses premiers fruits en 1826. — L'arbre, d'une vigueur normale sur cognassier, est d'une bonne végétation et forme de magnifiques pyramides sur franc. Il est d'une fertilité précoce et grande, mais son fruit, mal attaché, indique la nécessité de le fixer à un treillage ou de le placer à une exposition bien abritée.

DESCRIPTION.

**Rameaux** assez forts, presque unis dans leur contour, un peu flexueux, à entre-nœuds de moyenne longueur, bruns du côté de l'ombre et un peu teintés de rouge du côté du soleil ; lenticelles blanchâtres, larges, arrondies, nombreuses et bien apparentes.
**Boutons à bois** gros, coniques, un peu épais et aigus, à direction parallèle ou presque parallèle au rameau vers lequel ils se recourbent par

leur pointe, soutenus sur des supports un peu saillants dont l'arête médiane se prolonge peu distinctement; écailles presque noires et largement maculées de gris blanchâtre.

**Pousses d'été** d'un vert terne, lavées de rouge sanguin vif vers les nœuds et à leur sommet très-peu duveteux.

**Feuilles des pousses d'été** larges, ovales-arrondies, se terminant brusquement en une pointe courte, un peu concaves ou repliées sur leur nervure médiane et un peu arquées, irrégulièrement découpées par leurs bords garnis d'un léger duvet, retombant un peu sur des pétioles de moyenne longueur, forts et redressés.

**Stipules** de moyenne longueur, linéaires-étroites.

**Feuilles stipulaires** fréquentes.

**Boutons à fruit** moyens, conico-ovoïdes, un peu maigres, longuement et finement aigus; écailles d'un marron rougeâtre et uniforme.

**Fleurs** presque moyennes; pétales arrondis-élargis, se recouvrant entre eux, irrégulièrement découpés par leurs bords, un peu concaves, bordés de rose avant l'épanouissement; divisions du calice courtes et presque annulaires; pédicelles courts, grêles et un peu duveteux.

**Feuilles des productions fruitières** largement arrondies, tantôt se terminant très-promptement en une pointe large et courte, tantôt entièrement dépourvues de pointe, planes ou très-peu repliées sur leur nervure médiane, entières par leurs bords parfois un peu irréguliers, bien soutenues sur des pétioles longs, forts et raides.

**Caractère saillant de l'arbre** : teinte générale du feuillage d'un vert intense; toutes les feuilles tendant plus ou moins à la forme arrondie; aspect général brillant.

**Fruit** moyen, ovoïde-piriforme ou parfois turbiné-sphérique, souvent ventru et ordinairement uni dans son contour, atteignant sa plus grande épaisseur plus ou moins au-dessous du milieu de sa hauteur; au-dessus de ce point, s'atténuant par une courbe largement convexe ou d'abord à peine convexe puis à peine concave en une pointe plus ou moins longue, maigre et aiguë à son sommet; au-dessous du même point, s'atténuant plus ou moins par une courbe largement convexe et jusque vers l'œil.

**Peau** assez mince, d'abord d'un vert décidé recouvert d'une sorte de fleur blanchâtre, semé de points d'un vert plus foncé, nombreux, régulièrement espacés et un peu apparents. On remarque souvent un peu de rouille autour de l'œil. A la maturité, **fin d'août et commencement de septembre,** le vert fondamental passe au jaune conservant un ton un peu verdâtre, et le côté de soleil se lave d'un rouge sombre sur lequel apparaissent bien des points très-serrés, d'un rouge plus foncé.

**Œil** grand, ouvert, à divisions courtes, étroites et recourbées, à peine enchâssé dans la base du fruit.

**Queue** assez courte, peu forte, épaissie à son point d'attache au rameau, un peu courbée, semblant former la continuation de la pointe du fruit souvent plissée circulairement.

**Chair** blanche, assez fine, beurrée, suffisante en eau richement sucrée, agréablement parfumée, constituant un fruit de bonne qualité.

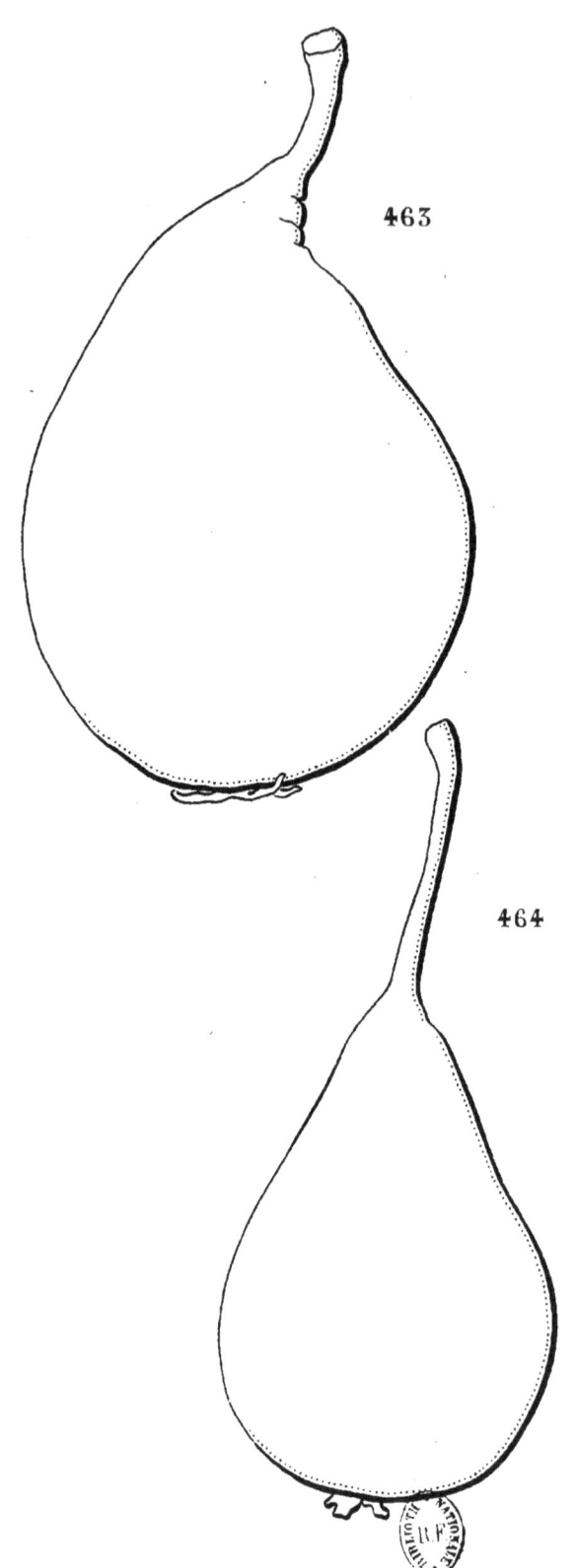

463. DÉLICES DE JODOIGNE. 464. ÉPINE D'ÉTÉ ROUGE.

# ÉPINE D'ÉTÉ ROUGE

(ROTHE SOMMERDORN)

(N° 464)

*Versuch einer Systematischen Beschreibung der Kernobstsorten.* DIEL.
*Systematisches Handbuch der Obstkunde.* DITTRICH.
*Handbuch der Pomologie.* HINKERT.
*Handbuch aller bekannten Obstsorten.* BIEDENFELD.
*Sichere Führer.* DOCHNAHL.

OBSERVATIONS. — Les auteurs allemands pensent que cette variété est originaire de la France d'où elle se serait répandue en Allemagne. Elle me semble inconnue dans le Sud, le Sud-Est et l'Ouest de notre pays. Serait-elle née dans le Nord ou le Nord-Est, d'où elle aurait pénétré de proche en proche chez nos voisins? C'est possible, mais je n'en ai trouvé aucune mention dans les ouvrages des pomologistes français que j'ai pu consulter. Son fruit a quelques rapports de forme et de saveur avec l'Epine d'été de Duhamel, mais en diffère cependant, et sa végétation offre encore plus de points de dissemblance. — L'arbre convient peu pour les formes régulières soumises à la taille. Sa haute tige forme une tête élevée, peu compacte, étendant ses branches au loin, et sa fertilité, précoce et très-grande, exige un sol riche qui puisse y suffire.

### DESCRIPTION.

**Rameaux** peu forts, finement anguleux dans leur contour, à peine flexueux, à entre-nœuds courts, d'un jaune doré et à peine teintés de rouge du côté du soleil; lenticelles blanches, petites, bien régulièrement espacées et peu apparentes.

**Boutons à bois** petits, coniques, un peu renflés et courtement aigus, à direction écartée du rameau, soutenus sur des supports peu saillants dont les côtés et l'arête médiane se prolongent très-finement ; écailles d'un marron rougeâtre très-foncé, presque noir et brillant, bordées de gris argenté.

**Pousses d'été** d'un vert vif, colorées de rouge et peu duveteuses à leur sommet.

**Feuilles des pousses d'été** moyennes ou assez petites, exactement ovales, se terminant un peu brusquement en une pointe très-courte, ferme et bien aiguë, creusées en gouttière et peu arquées, irrégulièrement bordées de dents très-peu profondes, s'abaissant sur des pétioles de moyenne longueur, de moyenne force et un peu souples.

**Stipules** très-caduques.

**Feuilles stipulaires** assez fréquentes.

**Boutons à fruit** petits, conico-ovoïdes, aigus ; écailles d'un marron rougeâtre très-foncé et brillant.

**Fleurs** presque moyennes ; pétales ovales-arrondis, souvent tronqués à leur sommet, à onglet assez long, étalés et écartés entre eux ; divisions du calice de moyenne longueur, étroites, peu recourbées en dessous et cotonneuses comme les pédicelles qui sont de moyenne longueur et grêles.

**Feuilles des productions fruitières** moyennes, ovales-elliptiques, se terminant un peu brusquement en une pointe assez courte, creusées en gouttière et peu arquées, bordées de dents extraordinairement peu profondes et peu appréciables, assez peu soutenues sur des pétioles bien longs, de moyenne force et un peu souples.

**Caractère saillant de l'arbre** : teinte générale du feuillage d'un beau vert vif et brillant ; toutes les feuilles épaisses, fermes et garnies d'une serrature très-peu distincte.

**Fruit** presque moyen, ovoïde-piriforme, allongé et peu ventru, parfois déformé dans son contour par des élévations très-aplanies, atteignant sa plus grande épaisseur bien au-dessous du milieu de sa hauteur ; au-dessus de ce point, s'atténuant par une courbe à peine convexe et rarement à peine concave en une pointe plus ou moins longue, maigre et aiguë à son sommet ; au-dessous du même point, s'atténuant par une courbe largement convexe pour diminuer sensiblement d'épaisseur vers la cavité de l'œil.

**Peau** un peu épaisse et cependant tendre, d'abord d'un vert assez intense semé de points gris, très-petits, nombreux et peu apparents. A la maturité, **fin d'août,** le vert fondamental s'éclaircit un peu en jaune et souvent on n'en aperçoit qu'une très-petite étendue, car il est presque entièrement recouvert d'un rouge terreux, distribué par bandes peu distinctes et sur lequel apparaissent des points d'un gris blanchâtre.

**Œil** grand, ouvert, à divisions très-longues et grisâtres, placé presque à fleur de la base du fruit ou dans une dépression très-peu prononcée.

**Queue** longue, grêle, ligneuse, un peu courbée, un peu charnue à son point d'attache sur la pointe du fruit, dont elle semble former la continuation.

**Chair** d'un blanc un peu teinté de jaune, assez fine, demi-beurrée, suffisante en eau sucrée et délicatement musquée, constituant un fruit d'assez bonne qualité.

# CALEBASSE D'HIVER

(N° 465)

*Catalogue* Papeleu. 1856-1857.
*Catalogue* Narcisse Gaujard. 1862-1863.
*Handbuch aller bekannten Obstsorten.* Biedenfeld.

Observations. — Cette variété est un gain du major Esperen, de Malines; nous ignorons l'époque à laquelle elle a été obtenue. — L'arbre, d'une vigueur normale sur cognassier, d'une végétation bien équilibrée, forme facilement des pyramides bien régulières. Les Catalogues belges l'indiquent comme peu fertile; chez moi, quoique sujet à des alternats complets, sa fertilité est très-grande les années de rapport. Son fruit est bon pour les usages du ménage et a le mérite d'une conservation à toute épreuve.

DESCRIPTION.

**Rameaux** d'une bonne force bien soutenue jusqu'à leur sommet, unis dans leur contour, à peine flexueux, à entre-nœuds courts et inégaux entre eux, d'un brun verdâtre à l'ombre et bruns du côté du soleil; lenticelles blanchâtres, petites, arrondies, nombreuses et un peu apparentes.
**Boutons à bois** petits ou moyens, coniques, finement aigus, à direction écartée du rameau, soutenus sur des supports peu saillants dont les côtés et l'arête médiane ne se prolongent pas; écailles d'un marron rougeâtre et finement bordées de gris.
**Pousses d'été** d'un vert clair, colorées de rouge et peu duveteuses à leur sommet.

**Feuilles des pousses d'été** moyennes, ovales-étroites et effilées, bien arquées et non repliées sur leur nervure médiane, bordées de dents extraordinairement fines et peu profondes, presque inappréciables, assez bien soutenues sur des pétioles courts, grêles, un peu redressés.

**Stipules** courtes et presque filiformes.

**Feuilles stipulaires** manquant presque toujours.

**Boutons à fruit** gros, conico-ovoïdes, un peu allongés et aigus; écailles d'un marron rougeâtre foncé.

**Fleurs** très-petites; pétales obovales, écartés entre eux, entièrement blancs avant l'épanouissement; divisions du calice longues, finement aiguës et presque étalées; pédicelles très-courts, grêles et cotonneux.

**Feuilles des productions fruitières** plus grandes que celles des pousses d'été, ovales-allongées et bien atténuées à leurs deux extrémités, planes et recourbées en dessous, bordées de dents très-fines et très-peu profondes, bien soutenues sur des pétioles courts, de moyenne force et redressés.

**Caractère saillant de l'arbre :** teinte générale du feuillage d'un vert vif; feuilles des productions fruitières exactement et régulièrement recourbées en dessous; toutes les feuilles garnies d'une serrature extraordinairement fine et peu profonde.

**Fruit** moyen ou presque gros, ovoïde-piriforme et allongé, souvent irrégulier dans sa forme et un peu courbé par sa pointe, atteignant sa plus grande épaisseur bien au-dessous du milieu de sa hauteur; au-dessus de ce point, s'atténuant par une courbe d'abord peu convexe puis très-largement concave en une pointe longue, maigre et aiguë; au-dessous du même point, s'atténuant par une courbe à peine convexe pour diminuer sensiblement d'épaisseur vers la cavité de l'œil.

**Peau** mince et cependant un peu ferme, d'abord d'un vert d'eau peu foncé semé de points bruns, petits, très-nombreux, régulièrement espacés et apparents. Une rouille fauve couvre l'extrémité de la pointe du fruit et s'étale en étoile dans la cavité de l'œil. A la maturité, **printemps,** le vert fondamental passe au jaune paille, et le côté du soleil est seulement un peu doré.

**Œil** petit, ouvert, à divisions remarquablement fines, étalées dans une cavité étroite, peu profonde et parfois irrégulière dans ses bords.

**Queue** courte, peu forte, bien élastique, charnue, formant exactement la continuation de la pointe du fruit.

**Chair** blanche, demi-fine, marcescente, cassante, peu abondante en eau douce, sucrée et sans parfum appréciable.

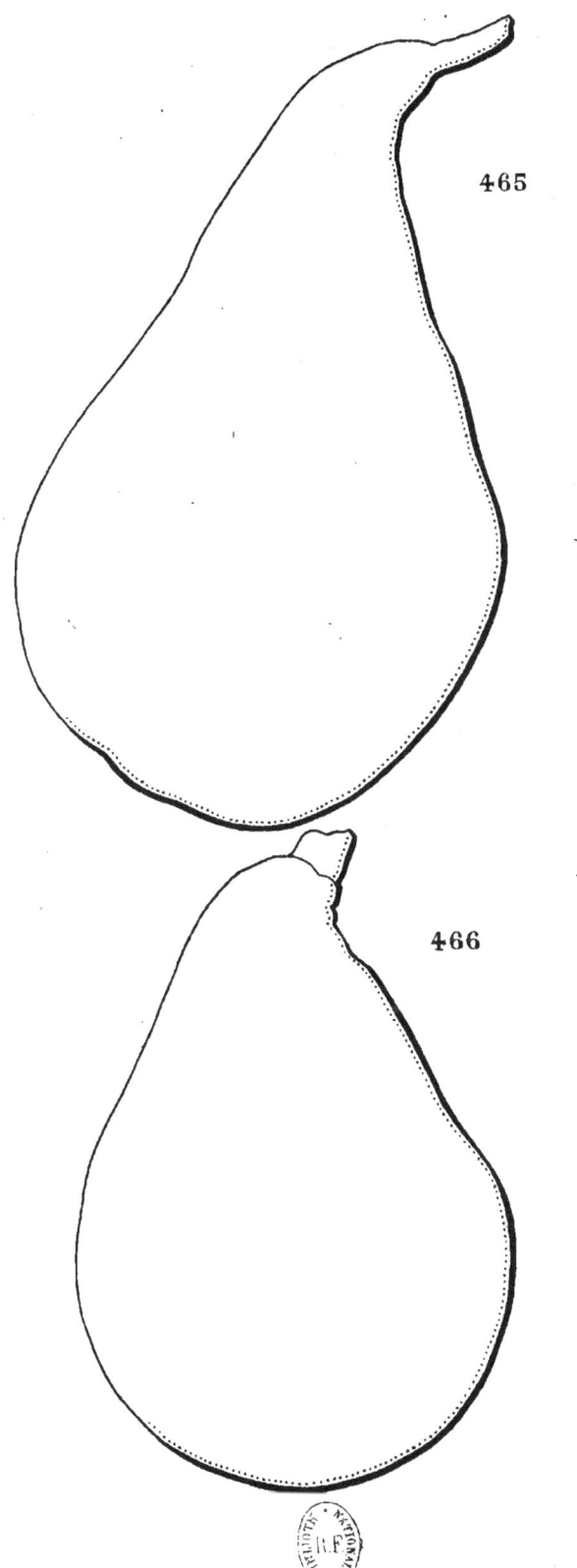

465. CALEBASSE D'HIVER. 466. PATER-NOSTER.

# PATER-NOSTER

(N° 466)

*Catalogue* VAN MONS 1823.
*Annales de pomologie belge.* A. ROYER.
*Pomologie de la Seine-Inférieure.* PRÉVOST.
*Jardin fruitier du Muséum.* DECAISNE.
*The Fruits and the fruit-trees of America.* DOWNING.
*Dictionnaire de pomologie.* ANDRÉ LEROY.
PATER NOSTER BIRNE. *Systematische Beschreibung der Kernobstsorten.* DIEL.
PATER NOSTERS BUTTERBIRNE. *Illustrirtes Handbuch der Obstkunde.* OBERDIECK.

OBSERVATIONS. — Diel annonce qu'il reçut cette variété de Cologne, où elle était cultivée sous ce nom, dans le jardin d'un couvent de religieuses. M. Auguste Royer dit qu'elle a été obtenue dans le Hainaut par un pharmacien de ce nom. Ces deux allégations ne sont pas contradictoires comme semble le supposer M. André Leroy. Diel se contente de faire connaître, comme pour toutes les variétés qu'il décrit, le lieu d'où il avait reçu la poire Pater-Noster, c'est-à-dire d'un couvent de Cologne ; mais cette assertion n'implique en aucune manière qu'elle y eut pris naissance. Cologne n'est pas si éloignée du Hainaut pour ne pas regarder, comme probable, que cette variété avait été tirée de la province belge, où elle avait été obtenue et où elle portait un nom bien fait pour a'tirer l'attention d'une association religieuse. — L'arbre, d'une vigueur normale sur cognassier, forme facilement sur ce sujet des pyramides bien régulières, dont les branches se rapprochent trop de la direction verticale et doivent être maintenues plus espacées. Sa fertilité se fait attendre quelque temps, mais il devient ensuite d'une fertilité bonne et soutenue. Son fruit, de bonne qualité, ne peut être placé tout à fait au premier rang, parce que, rarement il est vrai, il est un peu entaché d'astringence.

DESCRIPTION.

**Rameaux** forts, peu allongés et un peu épaissis à leur sommet, un peu flexueux, à entre-nœuds de moyenne longueur et un peu inégaux entre eux, olivâtres du côté de l'ombre et teintés de rouge du côté du soleil et à leur sommet; lenticelles blanches, petites, assez peu nombreuses et peu apparentes.

**Boutons à bois** moyens, coniques, un peu élargis à leur base et aigus, à direction parallèle ou presque parallèle au rameau, soutenus sur des supports renflés plutôt que saillants et dont l'arête médiane se prolonge finement; écailles un peu entr'ouvertes, d'un marron peu foncé et bordées de gris blanchâtre.

**Pousses d'été** d'un vert décidé, bien colorées de rouge et duveteuses à leur sommet.

**Feuilles des pousses d'été** moyennes, obovales, souvent inégalement partagées par leur nervure médiane, se terminant brusquement en une pointe courte, concaves et non arquées, bordées de dents parfois un peu écartées entre elles, tantôt émoussées, tantôt aiguës, s'abaissant bien sur des pétioles courts, de moyenne force et bien recourbés en dessous.

**Stipules** bien longues, linéaires, aiguës.

**Feuilles stipulaires** se présentant quelquefois.

**Boutons à fruit** moyens, coniques, un peu maigres, allongés et finement aigus; écailles d'un marron rougeâtre clair.

**Fleurs** moyennes; pétales ovales un peu allongés, un peu atténués à leur sommet, concaves; divisions du calice courtes, finement aiguës et recourbées en dessous seulement par leur pointe; pédicelles courts, forts et laineux.

**Feuilles des productions fruitières** assez grandes, obovales-allongées et peu larges, se terminant un peu brusquement en une pointe large, à peine concaves, bordées de dents très-peu appréciables ou plutôt presque entières, s'abaissant mollement sur des pétioles longs, de moyenne force et bien souples.

**Caractère saillant de l'arbre** : feuilles des pousses d'été d'un vert très-pâle; feuilles des productions fruitières d'un beau vert intense; toutes les feuilles mal soutenues sur leur pétiole; stipules remarquablement longues et persistantes.

**Fruit** au moins moyen, irrégulièrement conique-piriforme, souvent déformé dans son contour par des élévations se produisant sans aucune constance, atteignant sa plus grande épaisseur bien près de sa base; au-dessus de ce point, s'atténuant par une courbe peu convexe et irrégulière ou peu concave en une pointe longue et peu obtuse; au-dessous du même point, s'atténuant par une courbe largement convexe pour diminuer un peu sensiblement d'épaisseur vers l'œil.

**Peau** épaisse, d'abord d'un vert d'eau semé de points bruns, se confondant souvent avec des traits d'une rouille brune et épaisse, se dispersant irrégulièrement sur sa surface et se condensant soit sur le sommet du fruit, soit sur sa base. A la maturité, **octobre,** le vert fondamental passe au jaune citron conservant, par places, un ton un peu verdâtre, le côté du soleil se dore chaudement et, sur les fruits bien exposés, est moucheté de rouge vermillon ou de rouge brique.

**Œil** moyen, ouvert ou demi-ouvert, placé dans une dépression ou dans une cavité peu profonde et ordinairement largement plissée dans ses parois et par ses bords.

**Queue** courte, bien forte, charnue, formant souvent exactement la continuation de la pointe du fruit.

**Chair** blanchâtre, assez fine, assez fondante, bien pierreuse vers le cœur, abondante en eau sucrée, vineuse, acidulée et parfumée.

# LÉON LECLERC ÉPINEUX

(N° 467)

*Bulletin de la Société Van Mons.* 1857.
*Dictionnaire de pomologie.* ANDRÉ LEROY.

OBSERVATIONS. — Cette variété est inscrite au Catalogue de la Société Van Mons comme ayant été obtenue par le célèbre semeur belge. D'après M. Leroy, elle fut communiquée à M. Hutin, jardinier de M. Léon Leclerc, comme provenant de Belgique, mais sans plus ample désignation. Elle serait, d'après lui, d'obtention plus récente que le Léon Leclerc de Laval.— L'arbre, d'une végétation assez ingrate, ne se prête pas facilement aux formes régulières. Son principal mérite consiste dans sa grande fertilité, et son fruit ne peut être employé que pour les usages du ménage.

### DESCRIPTION

**Rameaux** peu forts, presque unis dans leur contour, flexueux, à entre-nœuds un peu longs et inégaux entre eux, d'un gris verdâtre à l'ombre, de couleur noisette du côté du soleil; lenticelles blanchâtres, souvent larges, un peu allongées, très-rares et un peu apparentes.
**Boutons à bois** petits, coniques, un peu maigres, finement aigus, à direction très-peu écartée du rameau, soutenus sur des supports très-peu saillants dont l'arête médiane se prolonge quelquefois et peu distinctement; écailles d'un marron brillant.
**Pousses d'été** d'un vert vif et gai, lavées de rouge sur une assez longue étendue et à peine duveteuses à leur sommet.

**Feuilles des pousses d'été** moyennes, ovales-élargies, s'atténuant lentement pour se terminer presque régulièrement en une pointe extraordinairement courte et fine, creusées en gouttière et non arquées, bordées de dents larges, un peu profondes et obtuses, assez peu soutenues sur des pétioles courts, peu forts et recourbés en dessous.

**Stipules** de moyenne longueur ou courtes et filiformes.

**Feuilles stipulaires** ne manquant presque jamais.

**Boutons à fruit** gros, coniques, s'atténuant brusquement en une pointe courte et un peu aiguë; écailles d'un beau marron rougeâtre.

**Fleurs** moyennes ; pétales ovales-étroits, bien allongés, bien écartés entre eux ; divisions du calice courtes, aiguës et recourbées en dessous seulement par leur pointe ; pédicelles courts, de moyenne force et un peu laineux.

**Feuilles des productions fruitières** plus grandes que celles des pousses d'été, les unes ovales bien élargies, les autres ovales-elliptiques, se terminant peu brusquement en une pointe extraordinairement courte, presque nulle, bien creusées en gouttière et non arquées, bordées de dents un peu larges, assez peu profondes et émoussées, assez peu soutenues sur des pétioles courts, forts et un peu flexibles.

**Caractère saillant de l'arbre** : teinte générale du feuillage d'un vert bleu ; toutes les feuilles très-courtement acuminées et bien creusées en gouttière ; tous les pétioles forts ; pousses d'été flexueuses d'une manière vraiment caractéristique ; rameaux bien divergents et étalés.

**Fruit** moyen, ovoïde-piriforme et ventru, ordinairement déformé dans son contour par des côtes inégales et souvent un peu courbé sur sa hauteur, atteignant sa plus grande épaisseur au-dessous du milieu de sa hauteur ; au-dessus de ce point, s'atténuant par une courbe d'abord largement convexe puis largement concave en une pointe plus ou moins longue, peu épaisse et aiguë ; au-dessous du même point, s'atténuant par une courbe largement convexe pour diminuer sensiblement d'épaisseur vers la cavité de l'œil.

**Peau** un peu épaisse et ferme, d'abord d'un vert clair semé de points bruns, nombreux, plus concentrés et plus apparents sur certaines parties, se confondant souvent avec des traits d'une rouille de même couleur qui se dispersent sur sa surface et se condensent sur la base du fruit. A la maturité, **octobre, novembre,** le vert fondamental passe au jaune souvent encore un peu verdâtre, et le côté du soleil, sur les fruits bien exposés, se voile d'un nuage de rouge brun qui passe au rouge orangé dans les années sèches.

**Œil** moyen, ouvert, à divisions courtes et dressées, placé dans une cavité peu profonde, évasée, divisée dans ses parois et par ses bords en de petites côtes assez prononcées qui le plus souvent se prolongent jusque sur le ventre du fruit.

**Queue** de moyenne longueur, assez peu forte, un peu épaissie à ses deux extrémités, ligneuse, attachée un peu obliquement à fleur de la pointe du fruit plissée circulairement ou dans une cavité régulière.

**Chair** blanchâtre, assez fine, demi-beurrée, peu abondante en eau peu sucrée, un peu vineuse et acidulée.

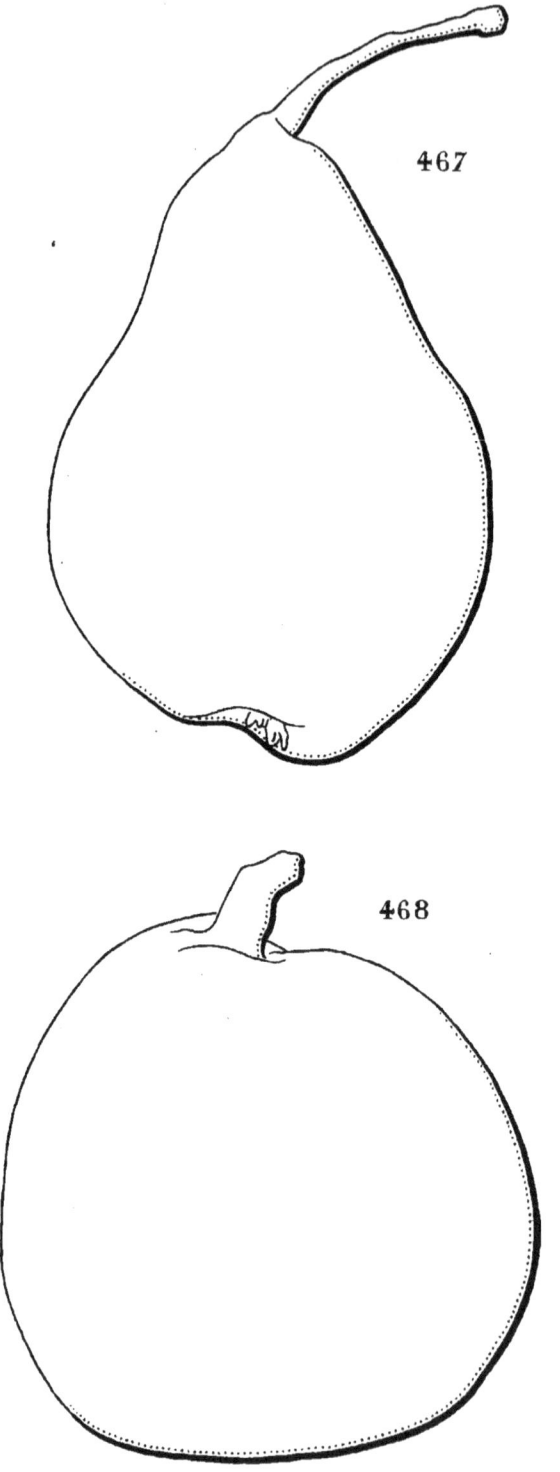

467. LÉON LECLERC ÉPINEUX. 468. EUGÈNE FÜRST.

# EUGÈNE FURST

(EUGEN FURST)

(N° 468)

*Beschreibung neuer Obstsorten.* LIEGEL.
*Catalogue* JAHN. 1864.
FURSTS WINTERBIRNE. *Anleitung des besten Obstes.* OBERDIECK.

OBSERVATIONS. — Liegel dit qu'il reçut cette variété, comme un gain de Van Mons, de M. Oberdieck qui probablement la dédia à M. Eugène Furst, le directeur des pépinières de Frauendorf, près de Vilshofen, dans la Basse-Bavière. — L'arbre, de vigueur normale sur cognassier, s'accommode bien de la forme de pyramide et de celle de fuseau. Sa fertilité est précoce et bonne. Son fruit, de première qualité, se recommande encore par sa maturation très-prolongée.

DESCRIPTION.

**Rameaux** d'une bonne force bien soutenue jusqu'à leur partie supérieure, droits, à entre-nœuds longs, d'un vert olive sombre; lenticelles jaunâtres, bien larges, assez peu nombreuses et apparentes.
**Boutons à bois** moyens, coniques, courts, épais, émoussés, à direction bien écartée du rameau, soutenus sur des supports très-peu saillants dont les côtés et l'arête médiane ne se prolongent pas; écailles d'un marron noirâtre terne.

**Pousses d'été** d'un vert très-clair, non colorées de rouge à leur sommet couvert sur une assez grande longueur d'un duvet très-court et peu abondant.

**Feuilles des pousses d'été** moyennes ou assez grandes, ovales-allongées et peu larges, parfois presque lancéolées, se terminant régulièrement en une pointe finement aiguë, très-largement creusées en gouttière ou repliées sur leur nervure médiane, à peine ou non arquées, bordées de dents larges, profondes, un peu recourbées et un peu aiguës, mal soutenues sur des pétioles longs, peu forts et souples.

**Stipules** longues, linéaires.

**Feuilles stipulaires** se présentant quelquefois.

**Boutons à fruit** moyens, ovo-ellipsoïdes, épais, obtus ou émoussés ; écailles d'un marron jaunâtre.

**Fleurs** petites ; pétales ovales-elliptiques, peu concaves, à onglet très-court, peu écartés entre eux ; divisions du calice courtes et à peine recourbées en dessous ; pédicelles courts, peu forts et peu duveteux.

**Feuilles des productions fruitières** grandes, ovales-allongées et un peu plus larges que celles des pousses d'été, se terminant régulièrement en une pointe bien aiguë, largement creusées en gouttière et non arquées, bordées de dents assez fines, peu profondes et un peu aiguës, retombant bien sur des pétioles longs, peu forts et bien souples.

**Caractère saillant de l'arbre** : teinte générale du feuillage d'un vert herbacé assez intense et brillant ; toutes les feuilles plus ou moins allongées et plus ou moins largement creusées en gouttière, mollement soutenues sur des pétioles longs et souples.

**Fruit** moyen, conique-court et épais ou sphérico-conique, uni dans son contour, atteignant sa plus grande épaisseur un peu au-dessous du milieu de sa hauteur ; au-dessus de ce point, s'atténuant par une courbe peu convexe en une pointe courte, épaisse et plus ou moins tronquée à son sommet ; au-dessous du même point, s'arrondissant par une courbe largement convexe jusque dans la cavité de l'œil.

**Peau** fine, mince, d'abord d'un vert décidé semé de points bruns, un peu larges, nombreux, régulièrement espacés et apparents. Une tache de rouille d'un fauve rougeâtre couvre la cavité de l'œil. A la maturité, **novembre et décembre**, le vert fondamental passe au jaune citron mat, et le côté du soleil est plus ou moins largement lavé de rouge brun.

**Œil** moyen, ouvert, à divisions courtes, étalées dans une cavité étroite, un peu profonde et ordinairement régulière.

**Queue** courte ou très-courte, forte, un peu courbée, charnue, tantôt attachée dans un pli large et irrégulier, tantôt formant la continuation de la pointe du fruit.

**Chair** blanche, fine, beurrée, fondante, sans pierres, abondante en eau sucrée, acidulée, relevée d'un parfum distingué.

# CHERROISE

(N° 469)

*Dictionnaire de pomologie.* André Leroy.

Observations. — M. André Leroy nous fait connaître que cette variété fut trouvée dans un bois de la commune de Cherré (Maine-et-Loire), et commença à être propagée vers 1848. — L'arbre, de vigueur normale sur cognassier, s'accommode bien des formes régulières et surtout de celle de pyramide qui lui est naturelle ; toutefois sa véritable destination est la haute tige dans le verger. Sa fertilité est très-précoce et grande. Son fruit, de bonne qualité, vient fournir à l'approvisionnement du ménage par sa longue et facile conservation.

DESCRIPTION.

**Rameaux** de moyenne force, souvent un peu épaissis à leur sommet, presque unis dans leur contour, un peu flexueux, à entre-nœuds assez courts, d'un vert sombre ; lenticelles blanchâtres, petites, assez nombreuses et peu apparentes.

**Boutons à bois** moyens ou assez gros, très-courts, épais et obtus, à direction bien écartée du rameau, soutenus sur des supports bien saillants dont l'arête médiane se prolonge très-peu distinctement ; écailles d'un marron noirâtre.

**Pousses d'été** d'un vert vif, à peine ou non lavées de rouge à leur sommet, et longtemps couvertes sur une assez grande longueur d'un duvet blanc et laineux.

**Feuilles des pousses d'été** moyennes, ovales-arrondies, se terminant un peu brusquement en une pointe courte et large, presque planes et non arquées, irrégulièrement bordées de dents larges, peu profondes et obtuses, soutenues horizontalement sur des pétioles de moyenne longueur, assez fermes et un peu redressés.

**Stipules** de moyenne longueur ou assez longues, presque filiformes.

**Feuilles stipulaires** manquant le plus souvent.

**Boutons à fruit** assez petits, ovo-ellipsoïdes, courts et obtus; écailles d'un marron très-foncé.

**Fleurs** très-petites; pétales arrondis, concaves, à onglet très-court, se touchant entre eux; divisions du calice très-courtes, très-aiguës et à peine recourbées en dessous; pédicelles courts, très-grêles et peu laineux.

**Feuilles des productions fruitières** à peu près de même grandeur que celles des pousses d'été, elliptiques-élargies ou elliptiques-arrondies, obtuses ou parfois un peu arrondies à leur extrémité, largement creusées en gouttière ou concaves et arquées, bordées de dents peu larges, très-peu profondes et obtuses, bien soutenues sur des pétioles très-courts, de moyenne force, fermes, divergents ou un peu redressés.

**Caractère saillant de l'arbre** : teinte générale du feuillage d'un vert d'eau un peu teinté de jaune; la plupart des feuilles tendant à la forme arrondie; pétioles des feuilles des productions fruitières remarquablement courts.

**Fruit** moyen, sphérico-turbiné, bien uni dans son contour, atteignant sa plus grande épaisseur bien au-dessous du milieu de sa hauteur; au-dessus de ce point, s'arrondissant par une courbe largement convexe en une demi-sphère un peu aiguë; au-dessous du même point, s'arrondissant par une courbe bien convexe pour ensuite s'aplatir sur une petite étendue autour de la cavité de l'œil.

**Peau** un peu ferme, d'abord d'un vert d'eau semé de points bruns, un peu larges, arrondis, nombreux et bien régulièrement espacés. Une rouille fine et de couleur fauve couvre la cavité de l'œil, parfois le sommet du fruit, et se disperse rarement sur sa surface. A la maturité, **courant d'hiver**, le vert fondamental passe au jaune citron intense, doré du côté du soleil ou parfois lavé d'un nuage de rouge vermillon.

**Œil** grand, ouvert, à divisions fermes, placé dans une cavité peu profonde, évasée, parfois plissée dans ses parois, régulière et unie par ses bords.

**Queue** plus ou moins courte, un peu forte, bien ligneuse, attachée le plus souvent obliquement à fleur de la pointe du fruit, ou un peu repoussée dans un pli.

**Chair** d'un blanc à peine teinté de jaune, grossière, cassante, un peu pierreuse vers le cœur, suffisante en eau richement sucrée, vineuse et parfumée.

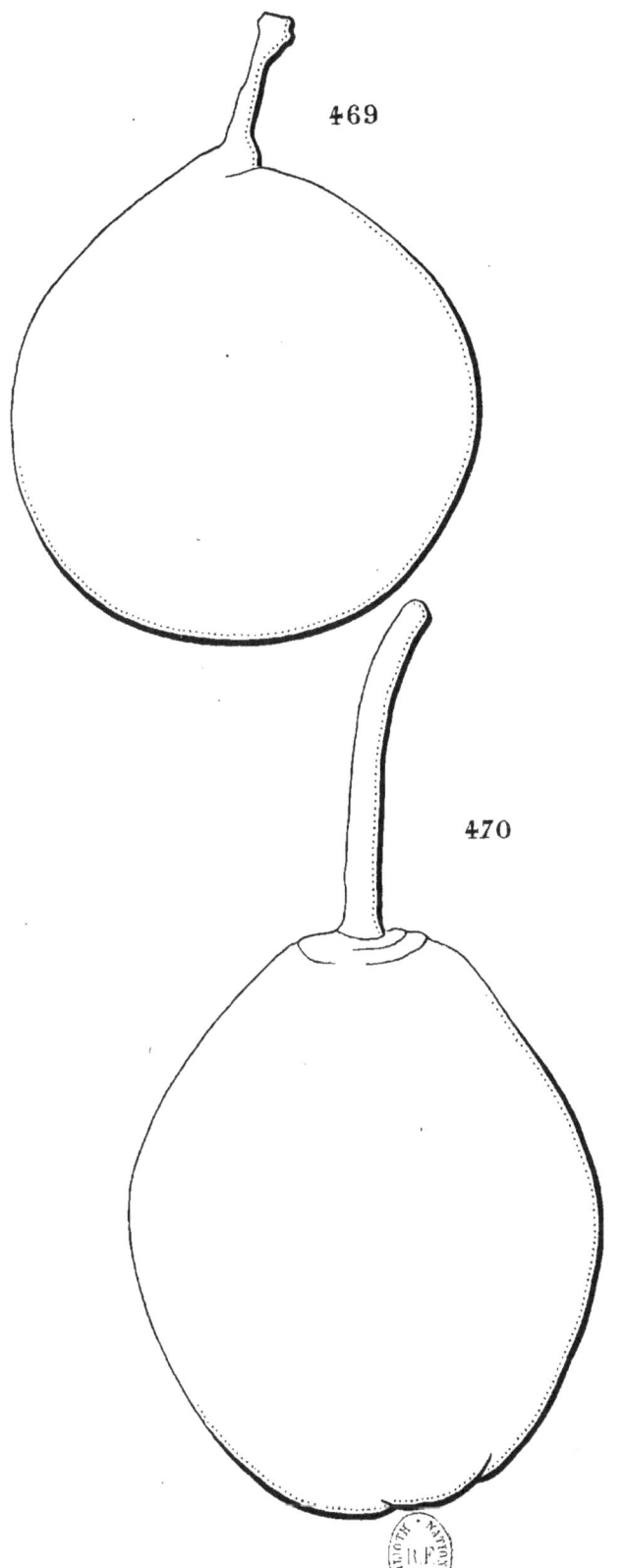

469. CHERROISE. 470. BELMONT.

# BELMONT

(N° 470)

*The Fruit Manual.* ROBERT HOGG.
*The Fruits and the fruit-trees of America.* DOWNING.

OBSERVATIONS. — Cette variété, d'origine anglaise, semble être d'obtention assez récente, car on n'en trouve aucune mention dans les ouvrages des pomologistes anglais qui ont écrit, il y a plus de trente ans. — Elle est saine, rustique, d'une très-grande fertilité, mais son fruit n'est propre qu'aux usages de la cuisine.

### DESCRIPTION.

**Rameaux** de moyenne force, obscurément anguleux dans leur contour, flexueux, à entre-nœuds longs, jaunâtres et un peu teintés de vert du côté de l'ombre; lenticelles petites, blanchâtres, arrondies, assez nombreuses et peu apparentes.

**Boutons à bois** petits, coniques, un peu courts et à pointe courte et aiguë, à direction parallèle au rameau, soutenus sur des supports saillants dont les côtés et l'arête médiane se prolongent peu distinctement; écailles d'un marron foncé et brillant largement bordé de blanc argenté.

**Pousses d'été** bien fluettes à leur sommet, d'un vert jaunâtre intense, très-légèrement lavées de rouge à leur sommet couvert d'un duvet très-court et peu serré.

**Feuilles des pousses d'été** moyennes, exactement ovales, peu repliées sur leur nervure médiane, crénelées plutôt que dentées par leurs bords, assez bien soutenues sur des pétioles de moyenne longueur, grêles et un peu redressés.

**Stipules** de moyenne longueur, linéaires, très-étroites.

**Feuilles stipulaires** assez fréquentes.

**Boutons à fruit** gros, conico-ovoïdes, peu aigus; écailles d'un marron clair un peu ombré de gris.

**Fleurs** moyennes; pétales ovales-arrondis, concaves, roses avant l'épanouissement; divisions du calice assez courtes, bien étroites, presque étalées; pédicelles longs, assez grêles et glabres.

**Feuilles des productions fruitières** plus grandes, plus élargies que celles des pousses d'été, ovales-cordiformes, se terminant en une pointe courte, bien repliées sur leur nervure médiane et un peu arquées, bordées de dents fines et peu profondes, retombant sur des pétioles longs, de moyenne force et le plus souvent divergents.

**Caractère saillant de l'arbre** : teinte générale du feuillage d'un vert blond.

**Fruit** moyen ou assez gros, obovale-tronqué à ses deux extrémités, uni dans son contour, atteignant sa plus grande épaisseur au-dessus du milieu de sa hauteur; au-dessus de ce point, s'atténuant par une courbe largement convexe en une pointe courte, épaisse et tronquée à son sommet; au-dessous du même point, s'atténuant bien par une courbe peu convexe pour diminuer sensiblement d'épaisseur vers la cavité de l'œil.

**Peau** un peu épaisse et ferme, d'abord d'un vert herbacé semé de points d'un gris noirâtre, larges, nombreux, serrés et régulièrement espacés. On remarque aussi de larges taches d'une rouille épaisse, d'un brun sombre, se dispersant sur sa surface et se condensant souvent dans la cavité de l'œil. A la maturité, **courant d'hiver,** le vert fondamental passe au vert jaunâtre et quelquefois au jaune paille terne, légèrement doré ou recouvert de rouille du côté du soleil.

**Œil** petit, demi-fermé, à divisions courtes, fines, fermes et dressées, placé dans une cavité étroite, très-peu profonde et souvent divisée par ses bords en côtes inégales entre elles.

**Queue** très-longue, grêle, ligneuse, d'un brun rougeâtre, un peu épaissie à son point d'attache entre des plis circulaires formés par la pointe du fruit.

**Chair** blanche, demi-fine, demi-cassante, laissant trop de marc dans la bouche, suffisante en eau sucrée, vineuse et un peu mélangée d'âpreté.

# PRINCESSE ROYALE DE GROOM

(GROOM'S PRINCESS ROYAL)

(N° 471)

*The Fruit Manual.* ROBERT HOGG.
*The Fruits and the fruit-trees of America.* DOWNING.
PRINCESSE ROYALE. *Dictionnaire de pomologie.* ANDRÉ LEROY.
BERGAMOTTE ELIZA MATTHEWS. *Dictionnaire de pomologie.* ANDRÉ LEROY.

OBSERVATIONS. — Cette variété fut obtenue par M. Groom, le célèbre cultivateur de tulipes, en Angleterre, et fut dédiée par lui à la reine Victoria avant qu'elle prit le titre de Reine. M. André Leroy dit que la synonymie Bergamotte Eliza Matthews est le fait de M. Matthews, gendre de M. Groom, qui voulut s'en servir dans un but de spéculation peu louable, et j'ai reçu effectivement la même variété sous les deux noms différents. — L'arbre, d'une vigueur contenue sur cognassier, est d'une conduite facile sur ce sujet. Greffé sur franc, sa vigueur est seulement moyenne ; il s'accommode peu de la taille, et son rapport est beaucoup trop retardé pour lui donner une autre destination que celle de la haute tige abandonnée à elle-même. Sa fertilité est seulement moyenne. Son fruit, savoureux et de maturation prolongée, est bien digne d'attirer l'attention de l'amateur.

## DESCRIPTION.

**Rameaux** peu forts, unis dans leur contour, un peu flexueux, à entrenœuds longs, d'un jaune verdâtre terne du côté de l'ombre et un peu brunis du côté du soleil ; lenticelles petites, tantôt un peu allongées, tantôt arrondies, assez peu nombreuses et peu apparentes.

**Boutons à bois** petits, coniques, courts, bien épaissis à leur base et un peu aigus, à direction presque parallèle au rameau, soutenus sur des supports saillants dont les côtés et l'arête médiane ne se prolongent pas ; écailles rougeâtres presque entièrement recouvertes de gris blanchâtre.

**Pousses d'été** d'un vert clair et à peine lavées de rouge à leur sommet, longtemps couvertes sur la plus grande partie de leur longueur d'un duvet blanc et abondant.

**Feuilles des pousses d'été** petites, ovales, sensiblement atténuées à leur base, se rétrécissant promptement pour se terminer peu brusquement en une pointe courte, bien repliées sur leur nervure médiane et arquées, irrégulièrement bordées de dents peu profondes et obtuses, s'abaissant un peu sur des pétioles de moyenne longueur, grêles et un peu flexibles.

**Stipules** linéaires-étroites.

**Feuilles stipulaires** fréquentes.

**Boutons à fruit** moyens, ovo-ellipsoïdes, un peu émoussés ; écailles d'un beau marron foncé et uniforme, largement maculées de gris blanchâtre.

**Fleurs** petites ; pétales ovales-elliptiques, peu concaves, irrégulièrement découpés par leurs bords et caractéristiquement ondulés dans leur contour, à onglet nul, se touchant presque entre eux ; divisions du calice très-courtes et à peine recourbées en dessous ; pédicelles courts, forts et cotonneux.

**Feuilles des productions fruitières** plus grandes que celles des pousses d'été, ovales, tantôt étroites, tantôt un peu élargies, s'atténuant lentement pour se terminer peu brusquement en une pointe courte, bien creusées en gouttière et bien arquées, bordées de dents fines, très-peu profondes, émoussées, souvent irrégulières et très-peu appréciables, pendantes sur des pétioles longs, très-grêles et très-flexibles.

**Caractère saillant de l'arbre** : teinte générale du feuillage d'un vert clair ; pousses d'été longtemps duveteuses ; toutes les feuilles bien creusées en gouttière et bien arquées ; tous les pétioles grêles.

**Fruit** moyen, presque sphérique, un peu déprimé seulement du côté de l'œil, atteignant sa plus grande épaisseur à peu près au milieu de sa hauteur ; au-dessus de ce point, s'arrondissant par une courbe largement convexe pour se terminer presque exactement en demi-sphère ; au-dessous du même point, s'arrondissant régulièrement pour s'aplatir ensuite un peu autour de la cavité de l'œil.

**Peau** très-épaisse, très-ferme, très-résistante sous le couteau, d'abord d'un vert d'eau terne et semé de points gris, nombreux et apparents par leur centre blanchâtre. Une rouille brune, sombre et épaisse couvre le sommet du fruit et devient un peu écailleuse dans la cavité de l'œil. A la maturité, **courant d'hiver,** le vert fondamental s'éclaircit en jaune, et le côté du soleil se dore légèrement ou se lave d'un peu de rouge terreux.

**Œil** moyen, ouvert ou demi-ouvert, placé dans une petite cavité finement sillonnée dans ses parois.

**Queue** très-courte, forte, ligneuse, d'un brun foncé moucheté de blanc, attachée à fleur du sommet du fruit.

**Chair** jaune, grenue, beurrée, pierreuse vers le cœur, suffisante en eau bien sucrée, relevée et agréablement parfumée à la manière de celle de la Bergamotte Silvange, constituant un fruit de bonne qualité.

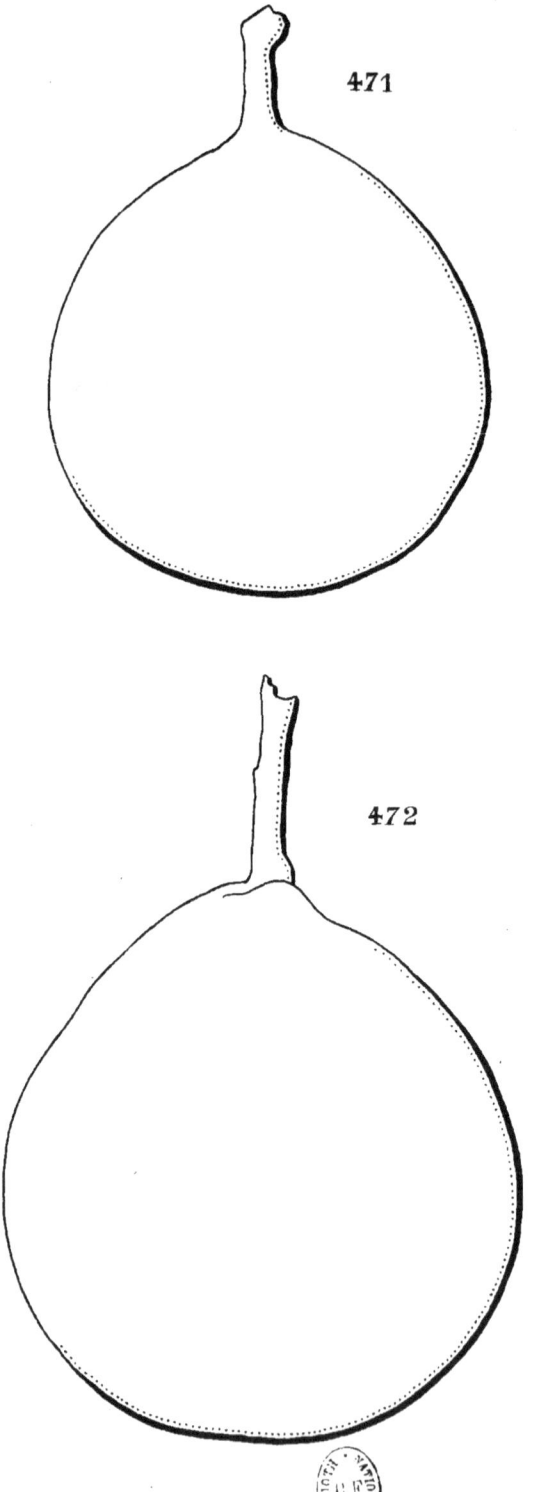

471. PRINCESSE ROYALE DE GROOM. 472. LOUISE DE PRUSSE.

# LOUISE DE PRUSSE

(N° 472)

*Album de pomologie.* BIVORT.
*Notice pomologique.* DE LIRON D'AIROLES.

OBSERVATIONS. — Cette variété est un gain de Van Mons; l'époque de son premier rapport reste inconnue. M. Noisette donne la description d'une Louise de Prusse, sans doute la même que M. André Leroy, mais qui n'est pas la nôtre. — L'arbre, de vigueur un peu insuffisante sur cognassier, s'accommode peu des formes régulières. Il conviendrait mieux à la haute tige. Sa fertilité est peu précoce, moyenne et interrompue par des alternats complets. Son fruit est de bonne qualité.

DESCRIPTION.

**Rameaux** grêles, obscurément anguleux dans leur contour, bien droits, à entre-nœuds de moyenne longueur ou un peu longs, d'un jaune rougeâtre; lenticelles blanchâtres, peu larges, largement espacées et un peu apparentes.

**Boutons à bois** petits, coniques, un peu comprimés, obtus, parallèles ou presque appliqués au rameau, soutenus sur des supports peu saillants dont l'arête médiane se prolonge peu distinctement; écailles entièrement recouvertes de gris blanchâtre.

**Pousses d'été** d'un vert clair et terne, presque glabres et lavées de rouge clair sur une grande longueur à leur sommet.

**Feuilles des pousses d'été** moyennes, régulièrement ovales, se terminant un peu brusquement en une pointe longue et peu large, peu repliées et non arquées, très-largement crénelées par leurs bords, bien fermes sur leurs pétioles courts, de moyenne force et bien dressés.

**Stipules** moyennes ou un peu longues, linéaires très-étroites.

**Feuilles stipulaires** assez fréquentes.

**Boutons à fruit** gros, conico-ovoïdes, allongés et peu aigus ; écailles d'un marron rougeâtre foncé.

**Fleurs** petites ; pétales largement arrondis, concaves, se recouvrant entre eux ; divisions du calice courtes et bien recourbées en dessous ; pédicelles courts, forts et peu duveteux.

**Feuilles des productions fruitières** assez petites, ovales-allongées, assez sensiblement atténuées vers le pétiole, se terminant presque régulièrement en une pointe aiguë, un peu creusées en gouttière et à peine arquées, bordées de dents très-peu profondes, couchées et peu appréciables, bien soutenues sur des pétioles moyens, grêles et dressés.

**Caractère saillant de l'arbre** : teinte générale du feuillage d'un vert vif et brillant ; feuilles des pousses d'été remarquablement crénelées ; toutes les feuilles bien dressées sur leurs pétioles.

**Fruit** gros ou assez gros, sphérico-ovoïde ou ovoïde, souvent un peu déformé dans son contour, atteignant sa plus grande épaisseur peu au-dessous du milieu de sa hauteur ; au-dessus de ce point, s'atténuant promptement par une courbe largement convexe en une pointe courte, épaisse et un peu obtuse à son sommet ; au-dessous du même point, s'arrondissant par une courbe un peu plus convexe jusque dans la cavité de l'œil.

**Peau** fine, tendre, d'abord d'un vert vif semé de points d'un gris vert, nombreux, régulièrement espacés et bien apparents. On remarque parfois quelques traces d'une fine rouille brune soit sur le sommet du fruit, soit dans la cavité de l'œil. A la maturité, **septembre**, le vert fondamental s'éclaircit un peu en jaune, et le côté du soleil est lavé d'un ton un peu plus chaud ou rarement d'un nuage de rouge sombre.

**Œil** assez grand, ouvert, placé dans une cavité étroite et un peu profonde, ordinairement régulière dans ses parois et par ses bords.

**Queue** assez courte, forte, bien ligneuse, attachée le plus souvent un peu obliquement dans un pli charnu formé par la pointe du fruit.

**Chair** blanche, fine, bien fondante, abondante en eau douce, sucrée, peu relevée, mais constituant cependant un fruit de bonne qualité.

# POIRE THOUIN

(N° 473)

BEURRÉ THOUIN. *Catalogue* Van Mons. 1823.
THOUIN. *Jardin fruitier du Muséum.* Decaisne.
DIE THOUIN. *Systematische Beschreibung Kernobstsorten.* Diel.
*Illustrirtes Handbuch der Obstkunde.* Jahn.

Observations. — D'après Diel, cette variété, obtenue par Van Mons, fut dédiée par lui à Jean Thouin, directeur du Jardin des Plantes à Paris. Il est possible que l'on ait donné le nom de Thouin à la variété Nélis d'hiver, mais la Poire Thouin de Diel est différente ; l'époque de sa maturité comme le facies et la qualité du fruit l'en distinguent complètement.—L'arbre, de vigueur contenue sur cognassier, normale sur franc, forme de belles pyramides, bien régulières, mais il conviendrait mieux à la haute tige. Sa fertilité est assez précoce, moyenne et soutenue. Son fruit, pour l'époque où il mûrit, ne peut être classé que parmi ceux de la troisième qualité.

DESCRIPTION.

**Rameaux** forts et d'une force bien soutenue jusqu'à leur sommet, très-obscurément anguleux dans leur contour, bien droits, à entre-nœuds assez longs, d'un jaunâtre terne du côté de l'ombre, d'un gris jaunâtre du côté du soleil ; lenticelles blanchâtres, assez petites, très-nombreuses, bien régulièrement espacées et un peu apparentes.

**Boutons à bois** petits, coniques un peu comprimés et bien aigus, à direction parallèle au rameau, soutenus sur des supports peu saillants dont l'arête médiane se prolonge peu distinctement ; écailles d'un marron rougeâtre bien foncé et largement maculé de gris blanchâtre.

**Pousses d'été** d'un vert jaune, de bonne heure lavées de rouge et surtout à leur sommet, longtemps duveteuses sur la plus grande partie de leur longueur.

**Feuilles des pousses d'été** petites, un peu obovales, se terminant assez brusquement en une pointe longue et bien aiguë, bien creusées en gouttière et largement ondulées, bordées de dents extraordinairement fines, très-peu profondes et bien aiguës, bien soutenues sur des pétioles longs, très-grêles et redressés.

**Stipules** moyennes, presque filiformes.

**Feuilles stipulaires** manquant parfois.

**Boutons à fruit** assez gros, conico-ovoïdes, allongés et aigus ; écailles d'un marron rougeâtre bien foncé.

**Fleurs** moyennes ou presque moyennes ; pétales ovales, atténués et parfois presque aigus à leur sommet, concaves, à onglet court, un peu écartés entre eux ; divisions du calice longues, bien finement aiguës, peu recourbées en dessous ; pédicelles assez longs, peu forts, peu duveteux.

**Feuilles des productions fruitières** très-inégales entre elles, les plus amples ovales bien élargies, se terminant peu brusquement en une pointe courte, très-fine et quelquefois contournée, souvent très-largement ondulées, peu repliées et arquées, entières ou presque entières par leurs bords, longtemps garnies d'un duvet fin, assez bien soutenues sur des pétioles peu longs, grêles et cependant fermes.

**Caractère saillant de l'arbre** : teinte générale du feuillage d'un vert d'eau voilé par une sorte de réseau aranéeux ; feuilles des pousses d'été remarquablement ondulées et duveteuses ; tous les pétioles grêles et cependant fermes.

**Fruit** moyen, ovoïde plus ou moins court, ordinairement uni dans son contour, atteignant sa plus grande épaisseur peu au-dessous du milieu de sa hauteur ; au-dessus de ce point, s'atténuant par une courbe largement convexe ou d'abord convexe puis un peu concave en une pointe plus ou moins courte et obtuse ; au-dessous du même point, s'atténuant par une courbe largement convexe pour se terminer en forme de demi-sphère.

**Peau** un peu épaisse et ferme, d'abord d'un vert clair semé de points d'un vert plus foncé, très-nombreux et peu apparents. On remarque souvent des traces de rouille sur la base du fruit. A la maturité, **fin d'août, commencement de septembre,** le vert fondamental passe au jaune paille et le côté du soleil, sur les fruits bien exposés, est lavé d'un peu de rouge orangé.

**Œil** fermé, comme enchâssé dans la base du fruit entre des plis courts et divergents.

**Queue** longue, forte, bien ligneuse, épaissie à ses deux extrémités, attachée le plus souvent perpendiculairement sur la pointe du fruit parfois plissée circulairement.

**Chair** blanche, grossière, cassante, marcescente, abondante en jus sucré, assez agréablement parfumée, constituant un fruit seulement de troisième qualité pour l'époque où il mûrit.

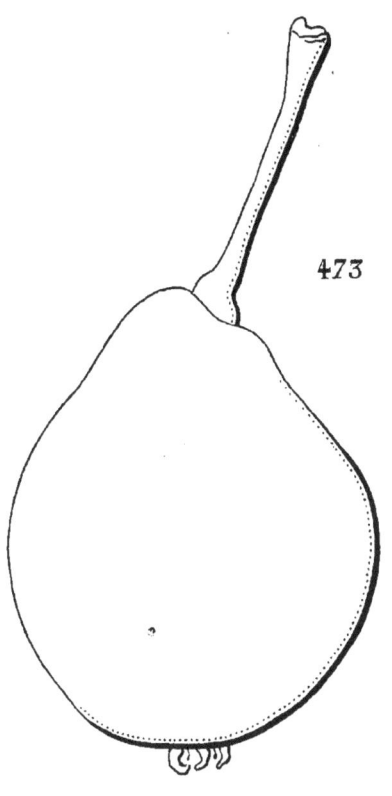
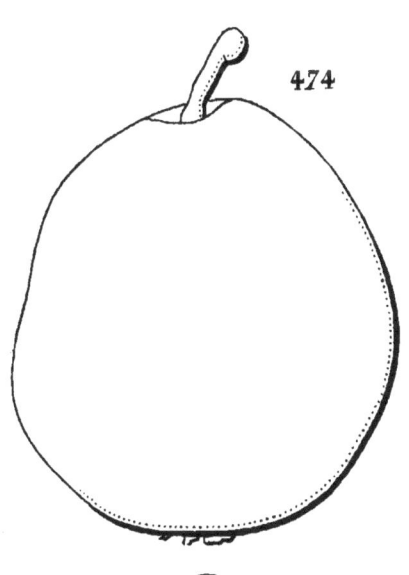

473. POIRE THOUIN.   474. AUGUSTE DE BOULOGNE

# AUGUSTE DE BOULOGNE

(N° 474)

*Dictionnaire de pomologie.* ANDRÉ LEROY.
*Bulletin de la Société Van Mons.*

OBSERVATIONS. — Cette variété est probablement un semis de Van Mons, et fut propagée par M. Bonnet, de Boulogne, auquel le célèbre semeur belge transmit plusieurs fois des plants obtenus par lui.—L'arbre, de végétation grêle sur cognassier, s'accommoderait bien des formes appliquées à un treillage. Sa fertilité, seulement moyenne, exige un sol riche. Son fruit n'est que de seconde qualité.

DESCRIPTION.

**Rameaux** grêles, allongés, presque unis dans leur contour, bien coudés à leurs entre-nœuds inégaux entre eux, jaunâtres ; lenticelles blanchâtres, plutôt allongées, peu nombreuses, petites et cependant un peu apparentes.
**Boutons à bois** petits, coniques, courts, un peu épaissis à leur base, aigus, à direction bien écartée du rameau, soutenus sur des supports presque nuls ; écailles d'un marron rougeâtre peu foncé bordé de gris blanchâtre.
**Pousses d'été** grêles, d'un vert très-clair, légèrement lavées de rouge et peu duveteuses à leur sommet.
**Feuilles des pousses d'été** assez petites, exactement ovales, se terminant presque régulièrement en une pointe courte et fine, un peu concaves et non arquées, bordées de dents larges, profondes et bien obtuses, soutenues horizontalement sur des pétioles longs, grêles et un peu flexibles.
**Stipules** en alènes courtes, fines et attachées loin du point d'insertion du pétiole.

**Feuilles stipulaires** manquant ordinairement.

**Boutons à fruit** petits, coniques, à peine renflés et aigus; écailles d'un beau marron brillant.

**Fleurs** petites; pétales ovales, aigus à leur sommet, concaves, à onglet un peu long, bien écartés entre eux; divisions du calice de moyenne longueur et recourbées en dessous; pédicelles courts, peu forts et peu duveteux.

**Feuilles des productions fruitières** presque moyennes, elliptiques, tantôt courtes et un peu élargies, tantôt longues et étroites, se terminant très-brusquement en une pointe extraordinairement courte ou nulle, à peine concaves ou presque planes, bordées de dents fines, très-peu profondes et émoussées, mal soutenues sur des pétioles très-longs, très-grêles et très-flexibles.

**Caractère saillant de l'arbre** : teinte générale du feuillage d'un vert très-clair; tous les pétioles longs et grêles.

**Fruit** petit ou presque moyen, irrégulièrement ovoïde, ordinairement bosselé dans son contour, atteignant sa plus grande épaisseur au-dessous du milieu de sa hauteur; au-dessus de ce point, s'atténuant par une courbe souvent irrégulièrement convexe en une pointe un peu longue, épaisse, plus ou moins promptement atténuée et plus ou moins obtuse; au-dessous du même point, s'atténuant par une courbe largement convexe pour diminuer sensiblement d'épaisseur vers la cavité de l'œil.

**Peau** épaisse et ferme, d'abord d'un vert clair semé de petits points gris brun, nombreux, bien régulièrement espacés. On trouve aussi quelques traces de rouille sur le sommet du fruit et rarement vers l'œil. A la maturité, **fin d'octobre et commencement de novembre,** le vert fondamental passe au jaune citron clair, et le côté du soleil est seulement un peu doré et couvert de points plus serrés.

**Œil** moyen, irrégulièrement ouvert, un peu saillant dans une très-légère dépression.

**Queue** courte ou de moyenne longueur, un peu épaissie à son point d'attache au rameau, ligneuse, tantôt repoussée obliquement par une protubérance charnue qui termine le fruit, tantôt attachée dans une petite cavité irrégulière.

**Chair** blanche, fine, beurrée, fondante, pierreuse vers le cœur, suffisante en eau douce, sucrée, légèrement parfumée, constituant un fruit seulement de deuxième qualité.

# BLANQUET DE SAINTONGE

(N° 475)

*Dictionnaire de pomologie.* André Leroy.
SPATE GROSSE SOMMERBLANKETTE. *Versuch einer Systematischen Beschreibung Kernobstsorten.* Diel.

Observations. — Cette variété est probablement d'origine très-ancienne et le nom que je lui donne, d'après M. André Leroy, est-il bien le premier qu'elle ait porté ? Je l'ai reçue aussi d'Allemagne, où elle est répandue sous le nom de Gros Blanquet d'été tardif ; elle appartient bien à la classe des Blanquets. — L'arbre peut former sur cognassier de très-belles pyramides auxquelles on pourrait seulement reprocher que le fruit se trouve trop caché dans un feuillage touffu. Il faudrait alors prendre la précaution d'espacer un peu plus les branches de charpente. Sur franc, il convient à la haute tige et forme un grand et bel arbre, d'un riche produit, mais sujet à un alternat complet. Variété à multiplier pour le marché.

DESCRIPTION.

**Rameaux** forts, plutôt courts, épaissis à leur sommet et bien anguleux dans leur contour, droits, à entre-nœuds très-inégaux entre eux, d'un jaune verdâtre à l'ombre, d'un jaune rougeâtre au soleil ; lenticelles blanchâtres, un peu larges et allongées, peu nombreuses et apparentes.
**Boutons à bois** petits, coniques, très-courts, épaissis à leur base et bien aigus quoique leur pointe soit très-courte, à direction un peu écartée du rameau, comme encastrés dans des supports renflés dont les côtés et

l'arête médiane se prolongent sensiblement; écailles d'un marron rougeâtre, largement bordées de gris argenté.

**Pousses d'été** ........

**Feuilles des pousses d'été** obovales-élargies, se terminant très-brusquement en une pointe très-courte, très-atténuées à leur base, arquées et peu repliées sur leur nervure médiane, souvent contournées, entières ou bordées d'inégalités et non de dents, soutenues si verticalement par des pétioles longs, gros, appliqués contre le bourgeon, que souvent elles montrent à l'observateur leur page inférieure.

**Stipules** de moyenne longueur, lancéolées, un peu vertes, caduques.

**Feuilles stipulaires** manquant presque toujours.

**Boutons à fruit** assez gros, conico-ovoïdes, allongés et finement aigus; écailles d'un marron rougeâtre terne finement ombré de gris.

**Fleurs** presque petites; pétales bien arrondis, concaves, légèrement lavés de rose; divisions du calice élargies, courtes, bien réfléchies en dessous, laineuses comme les pédicelles qui sont assez courts et de moyenne force.

**Feuilles des productions fruitières** elliptiques-arrondies, se terminant brusquement en une pointe extraordinairement courte et fine, planes ou un peu recourbées en dessous, entières dans leurs bords et soutenues horizontalement par de très-longs pétioles minces et légèrement flexibles.

**Caractère saillant de l'arbre** : feuillage touffu, d'un vert jaune; arbre dont l'aspect annonce la vigueur; toutes les feuilles tendant à la forme ronde et entières; feuilles des pousses d'été bien dressées.

**Fruit** moyen, piriforme-ventru, atteignant sa plus grande épaisseur au milieu de sa hauteur; au-dessus de ce point, s'atténuant par une courbe d'abord convexe puis largement concave pour se terminer en une pointe courte; au-dessous du même point, s'atténuant sensiblement par une courbe largement convexe pour se terminer en une base tronquée sur une petite étendue autour de la cavité de l'œil.

**Peau** un peu épaisse, d'un vert clair et mat semé de points nombreux, régulièrement espacés, gros, d'un vert plus foncé avec une petite tache blanchâtre au centre. A la maturité, **fin juillet,** le vert clair se teinte généralement et très-légèrement de jaune.

**Œil** petit pour la grosseur du fruit, presque ouvert, à divisions dressées, courtes, élargies, d'un vert jaune et un peu cotonneuses, placé dans une cavité évasée en soucoupe et régulièrement arrondie par ses bords.

**Queue** de moyenne longueur, assez grosse, charnue, formée par une série d'anneaux qui lui donnent le même aspect que si elle eût été comprimée perpendiculairement au centre du fruit dont elle forme exactement la continuation.

**Chair** blanche, grosse, cassante, mais bien abondante en eau sucrée, acidulée, vineuse.

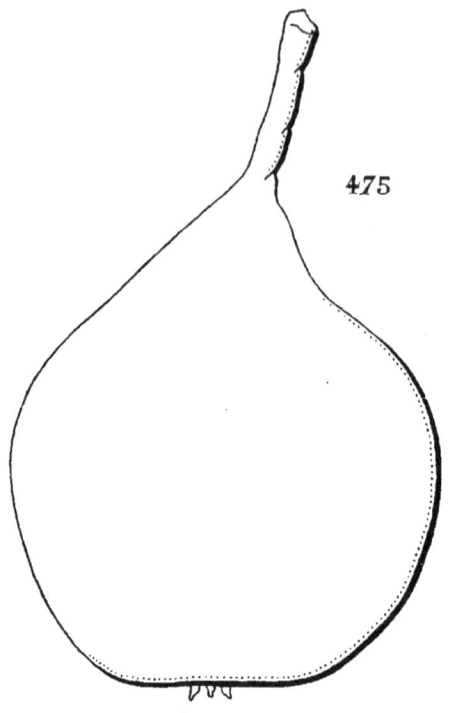
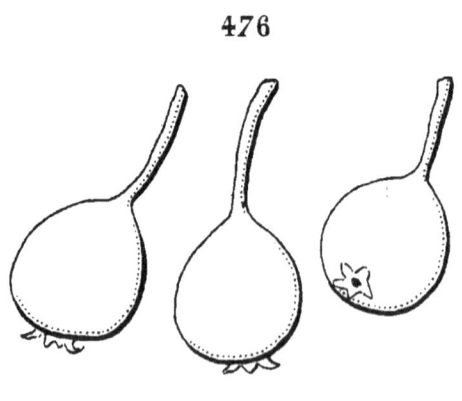

475. BLANQUET DE SAINTONGE.   476. PETIT MUSCAT.

# PETIT MUSCAT

(SEPT-EN-GUEULE)

(N° 476)

*Traité des Arbres fruitiers.* Duhamel.
*Dictionnaire de pomologie.* André Leroy.
*Jardin fruitier du Muséum.* Decaisne.
KLEINE MUSKATELLERBIRNE SIEBEN IN'S MAUL. *Versuch einer Systematisches Beschreibung Kernobstsorten.* Diel.
KLEINE MUSKATELLER. *Illustrirtes Handbuch der Obstkunde.* Jahn.
KLEINSTE MUSKATELLERBIRNE. *Systematisches Handbuch der Obstkunde.* Dittrich.
LITTLE MUSCAT. *A Guide to the Orchard.* Lindley.
*The Fruits and the fruits-trees of America.* Downing.

Observations. — Cette variété est d'origine ancienne et inconnue; elle est à multiplier dans le jardin fruitier et dans le verger; elle est saine, rustique, d'une jolie végétation, et si elle paraît peu digne de la culture à cause de la petitesse de son fruit, je répondrai avec l'abbé Rosier, auquel on reprochait de s'en être occupé, que sa bonne qualité me décide à la recommander. Je connais plus d'un amateur qui ont une véritable prédilection pour cette petite poire dont le parfum excitant ne provoque jamais la satiété, et, comme eux, je m'inquiète peu du préjugé qui la fait mépriser de quelques-uns. — L'arbre est d'une vigueur suffisante sur cognassier pour en obtenir des mi-tiges, forme sous laquelle il se comporte bien et n'exige pas les soins qui seraient un peu superflus pour obtenir un fruit d'aussi petit volume que celui qu'il produit. Sa haute tige sur franc atteint d'assez grandes dimensions et forme une tête élevée, régulière et de bonne tenue.

## DESCRIPTION.

**Rameaux** peu forts, finement anguleux dans leur contour, à peine flexueux, à entre-nœuds courts, jaunâtres du côté de l'ombre et un peu teintés de rouge vineux du côté du soleil; lenticelles grisâtres, larges, allongées, assez peu nombreuses et apparentes.

**Boutons à bois** très-petits, coniques, courts et obtus vers la base du rameau auquel ils sont appliqués, plus gros, coniques, un peu aigus vers son sommet dont ils s'écartent un peu, soutenus sur des supports saillants dont les côtés et l'arête médiane se prolongent très-finement; écailles d'un marron rougeâtre foncé bordé de gris argenté.

**Pousses d'été** d'un vert jaunâtre, colorées de rouge à leur sommet couvert d'un duvet court et cotonneux.

**Feuilles des pousses d'été** petites, cordiformes-arrondies, se terminant brusquement en une pointe courte, creusées en gouttière et très-peu arquées, bordées de dents très-fines, très-peu profondes et aiguës ou presque entières, bien soutenues sur des pétioles courts, grêles et redressés.

**Stipules** courtes, en forme d'alènes, très-caduques.

**Feuilles stipulaires** rares.

**Boutons à fruit** petits, exactement ovoïdes et un peu aigus; écailles d'un beau marron foncé et uniforme.

**Fleurs** assez petites; pétales ovales un peu allongés, aigus et concaves, écartés entre eux, entièrement blancs avant l'épanouissement; pédicelles longs, grêles et peu duveteux.

**Feuilles des productions fruitières** plus petites que celles des pousses d'été et de la même forme, bien creusées en gouttière, presque entières par leurs bords, bien soutenues sur des pétioles très-courts, très-grêles et bien redressés.

**Caractère saillant de l'arbre :** toutes les feuilles cordiformes-arrondies; branchage et feuillage menus.

**Fruit** très-petit, turbiné-court ou parfois un peu piriforme, atteignant sa plus grande épaisseur peu au-dessous du milieu de sa hauteur; au-dessus de ce point, s'atténuant par une courbe tantôt convexe, tantôt très-légèrement concave en une pointe plus ou moins courte et obtuse; au-dessous du même point, s'arrondissant par une courbe bien convexe jusque vers l'œil. Il est presque toujours réuni en bouquets.

**Peau** fine, d'abord d'un vert pâle semé de petits points d'un vert plus foncé et à peine visibles. A la maturité, **mi-juillet**, le vert fondamental passe au jaune citron et les points presque imperceptibles deviennent gris, le côté du soleil se teint d'un rouge brun clair ou d'un rouge vif suivant la saison.

**Œil** grand pour le volume du fruit, ouvert, à divisions fragiles, dressées et recourbées en dehors, saillant sur la base du fruit ou placé dans une dépression très-peu sensible.

**Queue** plus ou moins longue, grêle, un peu courbée vers son point d'attache au rameau, semblant former la continuation de la pointe du fruit à laquelle elle est attachée perpendiculairement.

**Chair** d'un blanc jaunâtre, un peu grosse, croquante, assez abondante en eau bien sucrée, vineuse et relevée d'un parfum de musc un peu enivrant, constituant un fruit de bonne qualité.

# MARIE BENOIT

(N° 477)

*Dictionnaire de pomologie.* ANDRÉ LEROY.

OBSERVATIONS. — Cette variété a été obtenue par M. Auguste Benoît, pépiniériste à Brissac (Maine-et-Loire), et dédiée par lui à sa fille Marie. Son premier rapport eut lieu en 1863 [1]. — L'arbre, de bonne vigueur sur cognassier, forme naturellement de belles pyramides, bien régulières. Sa fertilité est précoce, bien régulièrement répartie sur toute la charpente de l'arbre, de telle manière que son fruit se produit toujours avec son volume normal, et sa bonne qualité se complète du mérite d'une maturation prolongée.

## DESCRIPTION.

**Rameaux** assez forts, obscurément anguleux dans leur contour, flexueux, à entre-nœuds de moyenne longueur, d'un rouge sanguin clair teinté de jaunâtre par places; lenticelles jaunâtres, un peu larges, assez nombreuses et peu apparentes.

**Boutons à bois** moyens, coniques, un peu comprimés et émoussés, à direction tantôt plus, tantôt moins écartée du rameau, soutenus sur des supports bien saillants dont l'arête médiane se prolonge plus ou moins obscurément; écailles d'un marron rougeâtre brillant.

**Pousses d'été** d'un vert assez intense, lavées de rouge vif et un peu soyeuses sur une assez grande longueur à leur partie supérieure.

[1] M. Benoît est l'obtenteur du Beurré qui porte son nom, depuis assez longtemps répandu et estimé et que j'ai reçu sous le nom de Comte Odart.

**Feuilles des pousses d'été** moyennes, ovales, un peu sensiblement atténuées vers le pétiole, se terminant un peu brusquement en une pointe bien longue, large et bien aiguë, bien repliées sur leur nervure médiane et bien arquées, bordées de dents assez larges, un peu profondes et émoussées ou même obtuses, se recourbant sur des pétioles très-courts, un peu forts, fermes et redressés.

**Stipules** extraordinairement longues, linéaires-lancéolées.

**Feuilles stipulaires** très-fréquentes.

**Boutons à fruit** gros, conico-ovoïdes, peu aigus; écailles d'un marron rougeâtre.

**Fleurs** moyennes; pétales elliptiques, concaves, à onglet peu long, écartés entre eux; divisions du calice courtes, bien aiguës et peu recourbées en dessous; pédicelles courts, grêles et peu duveteux.

**Feuilles des productions fruitières** à peu près de même dimension que celles des pousses d'été, ovales-elliptiques, se terminant brusquement en une pointe courte et fine, creusées en gouttière et à peine arquées, bordées de dents bien couchées, peu profondes et peu aiguës, assez bien soutenues sur des pétioles courts, de moyenne force et fermes.

**Caractère saillant de l'arbre** : teinte générale du feuillage d'un vert bleu peu foncé et peu brillant; stipules remarquablement longues; tous les pétioles courts, un peu forts et fermes.

**Fruit** gros, irrégulièrement turbiné-ovoïde et bien ventru, bien déformé dans son contour par des élévations aplanies, atteignant sa plus grande épaisseur au-dessous du milieu de sa hauteur; au-dessus de ce point, s'atténuant plus ou moins promptement par une courbe d'abord bien convexe puis largement et irrégulièrement concave en une pointe courte, peu obtuse ou presque aiguë à son sommet; au-dessous du même point, s'atténuant par une courbe largement convexe pour diminuer plus ou moins sensiblement d'épaisseur vers la cavité de l'œil.

**Peau** un peu épaisse, d'abord d'un vert vif semé de très-petits points bruns, très-irrégulièrement espacés et souvent entièrement ou presque entièrement cachés sous un nuage de rouille qui recouvre presque toute la surface du fruit et se condense, en prenant un ton fauve, soit sur son sommet, soit dans la cavité de l'œil. A la maturité, **courant d'hiver,** le vert fondamental s'éclaircit un peu en jaune, et sur le côté du soleil la rouille prend souvent un ton d'un vert bronzé.

**Œil** moyen, ouvert ou demi-ouvert, placé dans une cavité plus ou moins profonde, évasée, plissée dans ses parois et par ses bords.

**Queue** courte, forte, charnue, formant la continuation de la pointe du fruit, et prenant une direction plus ou moins oblique à proportion qu'elle est plus ou moins recourbée.

**Chair** d'un blanc un peu teinté de vert sous la peau, fine, fondante, à peine pierreuse vers le cœur, abondante en eau sucrée, vineuse, finement acidulée et délicatement parfumée, constituant un fruit de première qualité.

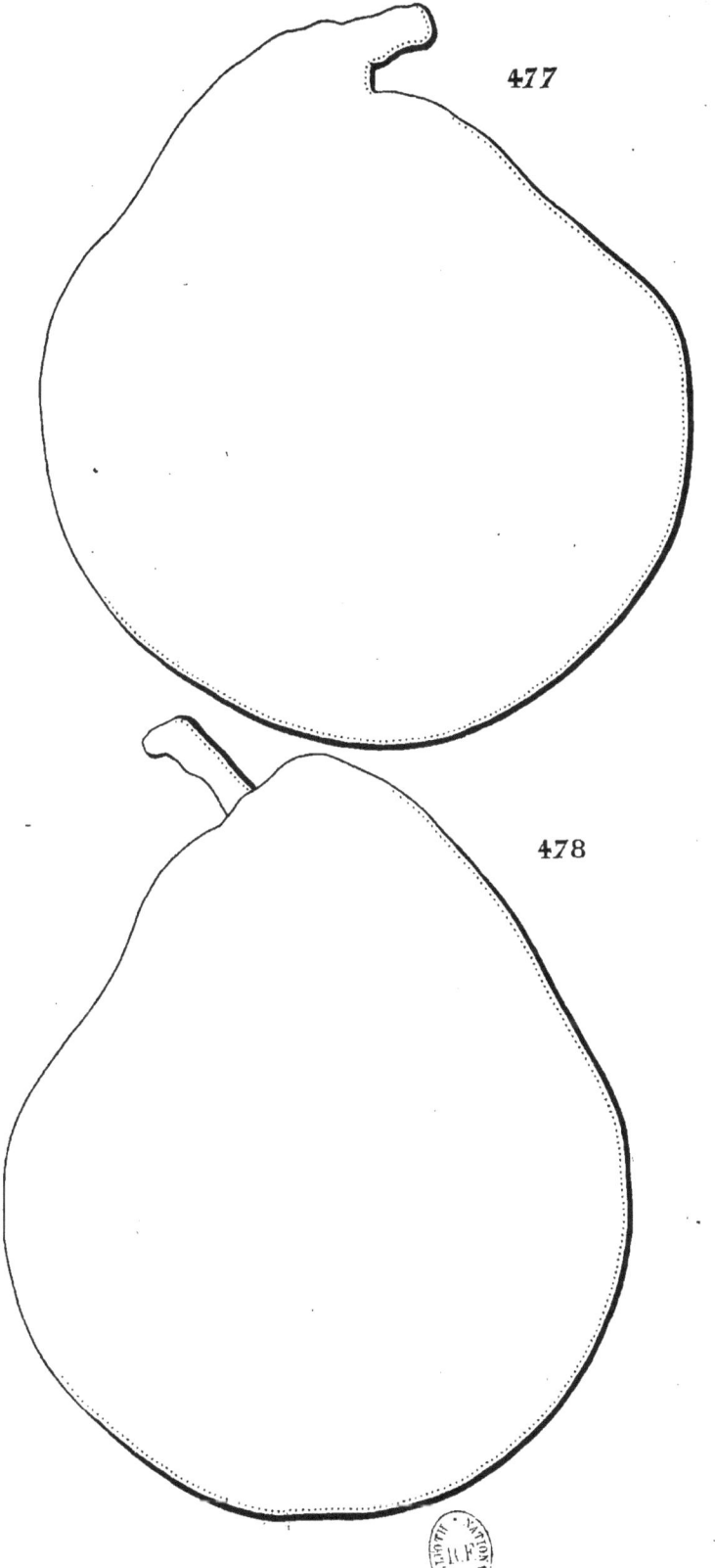

477. MARIE BENOIT.   478. DUC DE MORNY.

# DUC DE MORNY

(N° 478)

*Dictionnaire de pomologie.* André Leroy.

Observations. — Cette variété a été obtenue par M. Boisbunel, de Rouen, et dédiée par lui à M. le duc de Morny. Son premier rapport eut lieu en 1862. — L'arbre, vigoureux sur cognassier, est propre aux grandes formes sur ce sujet et surtout à celle de pyramide. Sa végétation est régulière et sa fécondité précoce. Cette variété est recommandable pour sa bonne fertilité et la beauté de son fruit dont la qualité semble réclamer un sol léger et une exposition chaude. Sa culture en plein air peut être essayée dans les localités privilégiées des régions du Nord et du Centre de la France, mais ne donnera probablement les meilleurs résultats que dans celles du Midi.

## DESCRIPTION.

**Rameaux** de moyenne force, bien fluets à leur sommet souvent terminé par un bouton à fruit, sensiblement coudés à leurs entre-nœuds, d'un brun rougeâtre terne; lenticelles grisâtres, ovales et peu apparentes.

**Boutons à bois** gros, coniques, se terminant en une pointe courte et peu aiguë, à direction presque parallèle au rameau, soutenus sur des supports bien saillants et dont l'arête médiane se prolonge sensiblement; écailles d'un marron rougeâtre foncé, largement bordées de gris argenté.

**Pousses d'été** diminuant sensiblement de force de leur base à leur sommet, d'un vert intense à leur base, bien colorées de rouge à leur sommet couvert d'un duvet blanc.

**Feuilles des pousses d'été** assez grandes, ovales-élargies, s'atténuant un peu promptement pour se terminer régulièrement en une pointe courte, peu repliées sur leur nervure médiane et largement contournées, très-largement crénelées dans leurs bords et bien soutenues sur des pétioles longs, forts, raides, tantôt redressés, tantôt horizontaux.

**Stipules** plus ou moins longues, linéaires-élargies et dentées.

**Feuilles stipulaires** nombreuses.

**Boutons à fruit** petits, coniques, courts, à pointe courte et un peu aiguë; écailles de couleur marron, presque entièrement recouvertes de gris argenté.

**Fleurs** moyennes; pétales ovales-elliptiques, à onglet court, peu concaves, peu roses avant l'épanouissement; divisions du calice larges à leur base et s'atténuant promptement; pédicelles courts, forts et peu duveteux.

**Feuilles des productions fruitières** plus étroites, plus allongées que celles des pousses d'été, s'atténuant régulièrement en une pointe courte, peu repliées sur leur nervure médiane et arquées, largement ondulées dans leur contour, bordées de dents larges, peu profondes et émoussées, assez peu soutenues sur des pétioles peu longs, peu forts et un peu flexibles.

**Caractère saillant de l'arbre**: teinte générale du feuillage d'un vert intense; toutes les feuilles largement ondulées ou largement contournées; fréquence des feuilles stipulaires.

**Fruit** gros, piriforme-ventru, ordinairement presque uni dans son contour, atteignant sa plus grande épaisseur bien au-dessous du milieu de sa hauteur; au-dessus de ce point, s'atténuant par une courbe d'abord convexe puis ensuite largement concave en une pointe longue, peu obtuse ou presque aiguë; au-dessous du même point, s'atténuant sensiblement par une courbe plus ou moins convexe pour diminuer sensiblement d'épaisseur autour de la cavité de l'œil.

**Peau** mince et cependant un peu ferme, d'abord d'un beau vert, vif et luisant d'une manière caractéristique, semé de quelques points gris manquant souvent ou très-peu visibles. On trouve quelques traces d'une rouille un peu écailleuse seulement dans la cavité de l'œil. A la maturité, **fin d'hiver et printemps**, le vert fondamental passe au jaune citron, et le côté du soleil se maintient vert plus longtemps que les parties à l'ombre.

**Œil** grand, fermé, à divisions de consistance cornée, serré dans une cavité étroite, un peu profonde, presque unie dans ses parois, parfois un peu irrégulière dans ses bords.

**Queue** courte, assez peu forte, boutonnée à son point d'attache au rameau, insérée obliquement dans une cavité étroite, peu profonde, dont les bords coupés obliquement présentent peu d'épaisseur.

**Chair** blanche, fine, un peu verte sous la peau, fondante, abondante en eau douce, sucrée, légèrement parfumée, mais pas assez relevée pour constituer un fruit de première qualité.

# LÉOPOLD I<sup>er</sup>

(N° 479)

*Album de pomologie.* BIVORT.
*Annales de Pomologie belge.* BIVORT.
*The Fruits and the fruit-trees of America.* DOWNING.
*Illustrirtes Handbuch der Obstkunde.* OBERDIECK.
*Dictionnaire de pomologie.* ANDRÉ LEROY.

OBSERVATIONS. — Cette variété a été obtenue par M Bivort et dédiée à Léopold I<sup>er</sup>, roi des Belges. Son premier rapport eut lieu en 1848. — L'arbre, d'une végétation contenue sur cognassier, peut cependant suffire sur ce sujet à des formes de moyenne étendue. Sa végétation naturelle le dispose à être élevé en pyramide, dont les branches trop perpendiculaires doivent être ramenées à une direction un peu oblique, si l'on veut laisser pénétrer l'air et le soleil dans l'intérieur de la charpente. Cette variété est à multiplier dans le jardin fruitier ; sans être très-vigoureuse, elle est cependant belle par son port et par son feuillage. Sa fertilité est suffisante et son fruit est d'une maturation assez prolongée pour la recommander à la culture de spéculation.

### DESCRIPTION.

**Rameaux** d'une force bien soutenue jusqu'à leur sommet, unis dans leur contour, presque droits, de couleur noisette à peine teintée de rouge du côté du soleil ; lenticelles jaunâtres, larges, saillantes et un peu apparentes.

**Boutons à bois** gros, coniques, épaissis à leur base, aigus, à direction bien écartée du rameau, soutenus sur des supports presque nuls dont les côtés et l'arête médiane ne se prolongent pas; écailles d'un marron rougeâtre largement bordé de gris blanchâtre.

**Pousses d'été** d'un vert jaune et très-peu duveteuses à leur sommet.

**Feuilles des pousses d'été** obovales-allongées, se terminant un peu brusquement en une pointe courte, bien creusées en gouttière et un peu arquées, tantôt entières, tantôt bordées de dents presque inappréciables, mal soutenues sur des pétioles longs, de moyenne force et bien flexibles.

**Stipules** de moyenne longueur, lancéolées, aiguës et recourbées.

**Feuilles stipulaires** manquant presque toujours.

**Boutons à fruit** moyens, coniques, peu aigus; écailles d'un rouge clair maculé de marron rougeâtre foncé.

**Fleurs** moyennes; pétales ovales-arrondis, bien élargis, finement bordés de rose avant l'épanouissement; divisions du calice de moyenne longueur, étroites et recourbées en dessous; pédicelles de moyenne longueur et grêles.

**Feuilles des productions fruitières** plus grandes que celles des pousses d'été, ovales-elliptiques, se terminant brusquement en une pointe peu longue, creusées en gouttière, souvent presque entières ou bordées de dents très-peu profondes, très-mal soutenues sur des pétioles longs, grêles et très-flexibles.

**Caractère saillant de l'arbre**: teinte générale du feuillage d'un vert jaune; tous les pétioles très-souples et laissant retomber les feuilles à peine dentées et courtement acuminées.

**Fruit** moyen ou au-dessus de la moyenne, piriforme-ovoïde ou presque ovoïde, ordinairement uni dans son contour, atteignant sa plus grande épaisseur tantôt plus, tantôt moins au-dessous du milieu de sa hauteur; au-dessus de ce point, s'atténuant par une courbe tantôt convexe, tantôt un peu concave en une pointe plus ou moins longue et obtuse; au-dessous du même point, s'atténuant par une courbe peu convexe pour diminuer assez sensiblement d'épaisseur vers la cavité de l'œil.

**Peau** assez mince, d'abord d'un vert d'eau peu foncé semé de points gris assez larges, irrégulièrement espacés, serrés sur certaines parties, rares sur d'autres. On remarque aussi un peu de rouille dans la cavité de l'œil et rarement ailleurs. A la maturité, **octobre,** le vert fondamental passe au jaune paille, doré du côté du soleil et quelquefois pointillé de rouge violacé.

**Œil** grand, demi-ouvert, à divisions larges et un peu dressées, saillant dans une légère dépression.

**Queue** longue, un peu forte, ligneuse, épaissie à son point d'attache au rameau, courbée ou contournée, obliquement attachée dans une dépression irrégulière ou à fleur de la pointe du fruit.

**Chair** blanche, fine, fondante, rarement un peu granuleuse près du cœur, abondante en eau douce, sucrée, délicatement parfumée, constituant un fruit de première qualité.

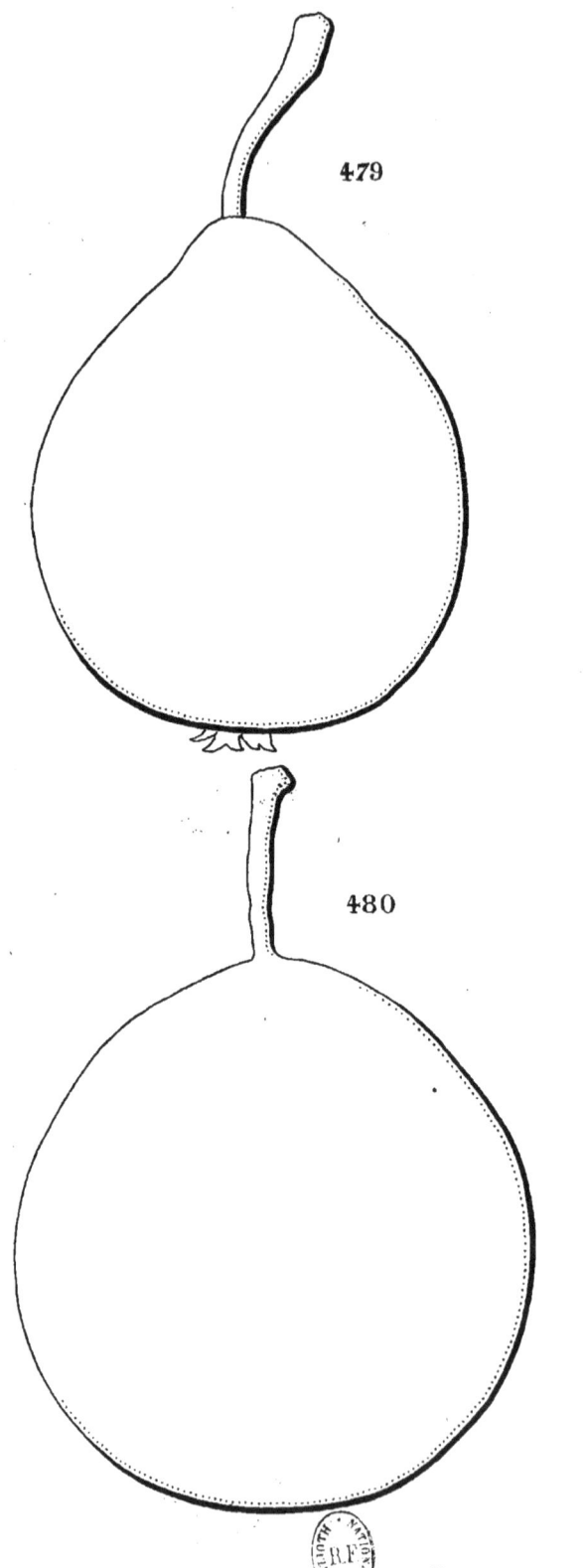

479. LÉOPOLD 1er   480. MADAME ADÉLAÏDE DE RÊVES.

# MADAME ADÉLAÏDE DE RÊVES

(N° 480)

*Annales de Pomologie belge.* Bivort.
*Dictionnaire de pomologie.* André Leroy.
*Illustrirtes Handbuch der Obstkunde.* Oberdieck.
ADÉLAÏDE DE RÊVES. *The Fruits and the fruit-trees of America.* Downing.

Observations. — Obtenue dans le jardin de la Société Van Mons, cette variété a été dédiée à M$^{me}$ Adélaïde de Burlet de Rêves, membre de cette Société. Son premier rapport eut lieu en 1854. — L'arbre, de vigueur moyenne sur cognassier, est facile à soumettre à toutes formes sur ce sujet. Sa très-grande fertilité doit être ménagée par une taille courte, sinon ses fruits trop nombreux n'atteignent pas un volume suffisant pour que leur qualité puisse se développer entièrement. Il est d'une assez bonne végétation sur franc pour être élevé en haute tige, mais sa tête n'atteint pas une grande dimension et ses fruits sont assez mal attachés pour qu'il réclame une position abritée. Cette variété est à multiplier dans le jardin fruitier et dans le verger. Elle est rustique, et son fruit, quoique de grosseur à peine moyenne, se recommande par sa bonne qualité et sa maturation assez prolongée.

## DESCRIPTION.

**Rameaux** de moyenne force, très-finement anguleux dans leur contour, légèrement coudés à leurs entre-nœuds, d'un brun jaunâtre peu foncé ; lenticelles blanchâtres, très-petites, arrondies, peu nombreuses et peu apparentes.

**Boutons à bois** moyens, coniques, un peu courts et aigus, à direction peu écartée du rameau, soutenus sur des supports très-peu saillants dont les côtés et l'arête médiane se prolongent très-finement ; écailles d'un marron presque noir largement bordé de gris argenté.

**Feuilles** petites, exactement ovales, se terminant brusquement en une pointe élargie et ferme à son extrémité, bien repliées sur leur nervure médiane et arquées, bordées de dents assez profondes et aiguës, bien dressées sur des pétioles un peu courts, un peu forts et raides.

**Stipules** filiformes, très-caduques.

**Feuilles stipulaires** peu fréquentes.

**Boutons à fruit** moyens, conico-ovoïdes, un peu allongés et finement aigus ; écailles d'un beau marron foncé, les extérieures finement bordées de gris argenté.

**Fleurs** moyennes ; pétales ovales-élargis, arrondis ou bien obtus à leur sommet, concaves, à onglet long, un peu écartés entre eux ; divisions du calice de moyenne longueur, un peu larges, recourbées en dessous seulement par leur pointe ; pédicelles assez longs, forts et presque glabres.

**Feuilles des productions fruitières** plus grandes que celles des pousses d'été, ovales bien allongées et étroites, se terminant peu brusquement en une pointe longue, repliées sur leur nervure médiane et bien arquées, ordinairement largement ondulées dans leur contour, bordées de dents fines, peu profondes et un peu aiguës, mal soutenues sur des pétioles très-longs ; de moyenne force et très-flexibles.

**Caractère saillant de l'arbre** : teinte générale du feuillage d'un vert jaune ; longueur remarquable des pétioles des feuilles des productions fruitières.

**Fruit** moyen, sphérico-ovoïde, bien uni dans son contour, atteignant sa plus grande épaisseur bien au-dessous du milieu de sa hauteur ; au-dessus de ce point, s'atténuant par une courbe largement et bien régulièrement convexe en une pointe courte, épaisse, presque demi-sphérique ; au-dessous du même point, s'atténuant peu par une courbe peu convexe pour s'aplatir ou s'arrondir régulièrement autour de la cavité de l'œil.

**Peau** fine, mince, d'abord d'un vert clair semé de points bruns, larges et bien régulièrement espacés. On remarque aussi de petites taches de rouille couvrant la cavité de la queue et celle de l'œil. A la maturité, **fin d'octobre et commencement de novembre**, le vert fondamental passe au jaune citron bien uniforme, un peu doré ou quelquefois à peine lavé de rouge du côté du soleil.

**Œil** moyen, demi-fermé, à divisions fermes, dressées, souvent caduques, placé dans une cavité étroite et profonde.

**Queue** un peu longue, grêle, courbée, d'un beau brun brillant, attachée le plus souvent perpendiculairement dans une petite cavité très-étroite, très-peu profonde ou simplement dans un pli formé par la pointe du fruit.

**Chair** blanche, fine, entièrement fondante, abondante en eau douce, sucrée, vineuse, parfumée, constituant un fruit de première qualité.

# TABLE ALPHABÉTIQUE

DU

## TOME VI. — POIRES.

---

(Les numéros d'ordre des descriptions et des planches sont indiqués à la suite de chaque fruit. Les synonymes sont en caractères italiques.)

| | Numéros d'ordre | | Numéros d'ordre |
|---|---|---|---|
| Abbé de Beaumont | 394 | *Beurré Thouin*, Poire Thouin | 473 |
| *Adélaïde de Rêves*, Madame Adélaïde de Rêves | 480 | *Beyers Meissener Eierbirne*, Œuf de Meissen | 422 |
| Agua de Valence | 397 | Blanquet de Saintonge | 475 |
| Albertine | 450 | Bois-Napoléon | 424 |
| America | 423 | Boucquia | 454 |
| Andouille | 440 | *Brielsche Pomeranzenbirne*, Orange de Briel | 408 |
| Arthur Bivort | 427 | Calebasse d'hiver | 465 |
| Aston Town | 411 | Calhoun | 421 |
| *Augert*, Augier | 444 | Canandaigua | 437 |
| Augier | 444 | *Caprons Schmalzbirne*, Henri Capron | 413 |
| Auguste de Boulogne | 474 | Catherine Gardette | 432 |
| Belle de Noisette | 393 | Charles Bivort | 460 |
| Belmont | 470 | Charli Basiner | 436 |
| Bergamotte de Souchait | 434 | Cherroise | 469 |
| Bergamotte de Tournay | 402 | *Citron de Sierentz*, Citron de Sirène | 435 |
| *Bergamotte Eliza Matthews*, Princesse royale de Groom | 471 | Citron de Sirène | 435 |
| Bergamotte Klinkhardt | 459 | Clay | 426 |
| *Bergamotte von Souchait*, Bergamotte de Souchait | 434 | Clément Van Mons | 425 |
| Beurré blanc de Nantes | 400 | Colmar d'été | 403 |
| — blanc doré | 431 | Colmar Flotow | 417 |
| — de Paimpol | 388 | Délices de Jodoigne | 463 |
| — du Champ Corbin | 414 | Délices d'hiver | 415 |
| — Jean Van Geert | 389 | *Die Thouin*, Poire Thouin | 473 |
| *Beurré Knight*, Monarque de Knight | 391 | *Dorell's herbst Muscateller*, Muscat d'automne de Dorell | 385 |
| *Beurré Spae*, Spae | 387 | | |
| Beurré Spence | 433 | | |

## TABLE ALPHABÉTIQUE.

| | Numéros d'ordre |
|---|---|
| Doyenné Fradin | 401 |
| *Ducar's Pomeranzenbirne*, Madame Ducar | 439 |
| *Duc de la Force*, Belle de Noisette | 393 |
| Duc de Morny | 478 |
| Duchesse Hélène d'Orléans | 428 |
| *Edward's Seedling Saint-Germain*, Semis de Saint-Germain d'Edouard | 462 |
| Emérance | 458 |
| Epine d'été rouge | 464 |
| Epine du Suffolk | 453 |
| Esther Comte | 404 |
| *Esther Conte*, Esther Comte | 404 |
| Esturion | 405 |
| Eugène Furst | 468 |
| *Eugen Furst*, Eugène Furst | 468 |
| Eyewood | 406 |
| *Flotows Butterbirne*, Colmar Flotow | 417 |
| Fondante de Rome ou Sucré-Romain | 407 |
| Forme de Bergamotte | 443 |
| *Forme de Bergamotte Crassane*, Forme de Bergamotte | 443 |
| *Frühe Gaishirtlebirne*, Rousselet précoce | 430 |
| *Frühe Geishirtlebirne*, Rousselet précoce | 430 |
| *Fursts Winterbirne*, Eugène Furst | 468 |
| Général de Bonchamps | 448 |
| Général Dutilleul | 449 |
| *Groom's Princess royal*, Princesse royale de Groom | 471 |
| *Grosse Petersbirne*, Poire de Pierre | 445 |
| Gustave Bourgogne | 456 |

| | Numéros d'ordre |
|---|---|
| *Hannover'sch Jacobsbirne*, Poire Jacobs de Hanovre | 386 |
| *Hannover'sch Jakobibirne*, Poire Jacobs de Hanovre | 386 |
| *Hardenponts Frühe Colmar*, Colmar d'été | 403 |
| *Hardenponts Frühzeitige Colmar*, Colmar d'été | 403 |
| Henri Capron | 413 |
| Jean-Baptiste Dediest | 396 |
| *Jodoigner Leckerbissen*, Délices de Jodoigne | 463 |
| *Karl Bivort*, Charles Bivort | 460 |
| *Kleine Muskateller*, Petit Muscat | 476 |
| *Kleine Muskatellerbirne, Sieben in's maul*, Petit Muscat | 476 |
| *Kleine Schmalzbirne*, Petite Fondante | 461 |
| *Kleinste Muskatellerbirne*, Petit Muscat | 476 |
| Knight d'hiver | 390 |
| *Knight's herbstbutterbirne*, Knight d'hiver | 390 |
| *Knight's Monarc*, Monarque de Knight | 391 |
| *Knight's Monarch*, Monarque de Knight | 391 |
| *Knight's Monarch*, Knight d'hiver | 390 |
| *Klinkhardts Bergamotte*, Bergamotte Klinkhardt | 459 |
| Kolstuck | 441 |
| Léon Leclerc épineux | 467 |
| Léopold Ier | 479 |
| *Little Muscat*, Petit Muscat | 476 |
| Louise de Prusse | 472 |
| Lucien Leclercq | 457 |
| Madame Adélaïde de Rêves | 480 |
| Madame Ducar | 439 |

## TABLE ALPHABÉTIQUE.

| | Numéros d'ordre |
|---|---|
| Madame Durieux............ | 455 |
| Marie Benoît.............. | 477 |
| *Meissener Eierbirne*, Œuf de Meissen.............. | 422 |
| Mélanie Michelin.......... | 412 |
| Merveille d'hiver, Petit Oin. | 447 |
| Milan d'hiver............. | 420 |
| *Monarch*, Monarque de Knight................. | 391 |
| Monarque de Knight....... | 391 |
| Muscat d'automne de Dorell | 385 |
| *Muskirte Schmeerbirne*, Merveille d'hiver, Petit Oin | 447 |
| *Napoléons Schmalzbirne*, Bois-Napoléon........... | 424 |
| Œuf de Cygne............. | 416 |
| Œuf de Meissen............ | 422 |
| Orange de Briel........... | 408 |
| *Paradenbirne*, Fondante de Rome.................. | 407 |
| Pater-Noster.............. | 466 |
| *Pater noster Birne*, Pater-Noster.................. | 466 |
| *Pater nosters Butterbirne*, Pater-Noster ........... | 466 |
| *Petersbirne*, Poire de Pierre | 445 |
| Petite Fondante........... | 461 |
| Petit Muscat, Sept-en-gueule | 476 |
| Petit Oin, Merveille d'hiver | 447 |
| Poire d'Amour d'hiver...... | 392 |
| — de Pierre........... | 445 |
| — des Chartriers ...... | 451 |
| — Jacobs de Hanovre .. | 386 |
| — Thouin............ | 473 |
| *Polyforme*, Andouille...... | 440 |
| Président Felton........... | 452 |
| *Princesse royale*, Princesse royale de Groom........ | 471 |
| Princesse royale de Groom. | 471 |

| | Numéros d'ordre |
|---|---|
| Raymond.................. | 409 |
| Reynaert Beernaert........ | 395 |
| *Römische Schmalzbirne*, Fondante de Rome....... | 407 |
| *Rothe Sommerdorn*, Epine d'été rouge ............. | 464 |
| Rousselet de Jodoigne...... | 419 |
| Rousselet de Pomponne.... | 418 |
| Rousselet précoce.......... | 430 |
| Saint-Vincent de Paul...... | 446 |
| Sarrasin................... | 410 |
| Semis de St-Germain d'Edouard ................. | 462 |
| Séraphine Ovyn........... | 442 |
| *Sirenen Citronenbirne*, Citron de Sirène .......... | 435 |
| Spae ..................... | 387 |
| *Spate Grosse Sommerblankette*, Blanquet de Saintonge ................. | 475 |
| *Spence*, Beurré Spence..... | 433 |
| Spinka ................... | 429 |
| Sucré-Romain ou Fondante de Rome................ | 407 |
| *Suffolk thorn*, Epine du Suffolk ................... | 453 |
| *Swan's egg*, Œuf de Cygne | 416 |
| *Thouin*, Poire Thouin...... | 473 |
| *Tronc d'arbre*, Woodstock. | 399 |
| Valette................... | 438 |
| *Vergoldete Weisse Butterbirne*, Beurré blanc doré. | 431 |
| Wiest.................... | 398 |
| *Winter Liebsbirne*, Poire d'Amour d'hiver......... | 392 |
| *Winterwunder*, *Kleine Oin*, Merveille d'hiver, Petit Oin | 447 |
| Woodstock ............... | 399 |

EN VENTE A LA LIBRAIRIE G. MASSON
120, BOULEVARD St-GERMAIN, A PARIS

OUVRAGES DU MÊME AUTEUR:

# POMOLOGIE GÉNÉRALE

Suite du VERGER

### Par Alphonse MAS

Paraissant dans le même format que le VERGER, avec planches noires.

En vente : Tome I. Poires, 96 fruits .................. 12 francs.
Tome II. Prunes, 96 fruits .................. 12 francs.
En souscription à 8 francs le volume :
Tomes III, IV, V, VI et VII. Poires ............. 480 fruits.
Tomes VIII et IX. Pommes .................... 192 fruits.
Tome X. Prunes, Pêches et Cerises ............. 96 fruits.

---

# LE VERGER

## HISTOIRE, CULTURE & DESCRIPTION

AVEC PLANCHES COLORIÉES

**Des variétés de Fruits les plus généralement connues**

### Par A. MAS

8 volumes grand in-8° jésus

Volume   I. *Poires d'hiver* ........................ 88 fruits.
        II. *Poires d'été* ........................ 120 —
        III. *Poires d'automne* .................... 176 —
        IV et V. *Pommes tardives et Pommes précoces* .... 120 —
        VI. *Prunes* ............................. 80 —
        VII. *Pêches* ............................ 120 —
        VIII. *Cerises et Abricots* ............... 88 —
Prix des 8 volumes cartonnés : 200 francs.

---

# LE VIGNOBLE

## HISTOIRE, CULTURE & DESCRIPTION

AVEC PLANCHES COLORIÉES

DES VIGNES A RAISINS DE TABLE ET A RAISINS DE CUVE

LES PLUS GÉNÉRALEMENT CONNUES

### Par MM. MAS & PULLIAT

3 VOLUMES IN-8° JÉSUS

Avec table générale des variétés de Vignes décrites et de leurs synonymies.

**Prix des trois volumes cartonnés : 200 francs.**

www.ingramcontent.com/pod-product-compliance
Lightning Source LLC
Chambersburg PA
CBHW071418150426
43191CB00008B/953